“十三五”国家重点出版物出版规划项目
岩石力学与工程研究著作丛书

防护结构试验基础

王明洋　邱艳宇　徐小辉　王德荣　著

科 学 出 版 社
北 京

内 容 简 介

本书是作者团队长期在防护工程结构试验教学、科研一线工作的成果总结，系统介绍了防护结构抗爆炸冲击模拟试验的基本原理，包括相似理论、量纲理论、冲击和爆炸作用的相似与模拟、防护结构的相似与模拟等基本知识。着眼于防护工程结构试验设备和技术的发展，本书还介绍了不同防护工程动力装置的基本功能、工作原理、测量技术和特点，包括结构材料的动态性能试验装置、抗侵爆结构试验装置、荷载效应试验装置、岩土介质中的结构试验装置等最新动力设备。

本书可作为高等院校防护工程、兵器科学与技术、爆炸力学、冲击动力学、岩土工程等专业及其相关专业师生和科技工作者的参考用书。

图书在版编目(CIP)数据

防护结构试验基础 / 王明洋等著. —北京：科学出版社，2023.3

(岩石力学与工程研究著作丛书)

“十三五”国家重点出版物出版规划项目

ISBN 978-7-03-075204-8

Ⅰ. ①防…　Ⅱ. ①王…　Ⅲ. ①防护结构-工程试验　Ⅳ. ①TU352-33

中国国家版本馆CIP数据核字(2023)第047570号

责任编辑：刘宝莉 / 责任校对：崔向琳
责任印制：赵　博 / 封面设计：蓝正设计

科学出版社出版
北京东黄城根北街16号
邮政编码: 100717
http://www.sciencep.com
天津市新科印刷有限公司印刷
科学出版社发行　各地新华书店经销
*
2023年3月第　一　版　开本：720 × 1000　1/16
2024年1月第二次印刷　印张：13 3/4
字数：275 000

定价：108.00 元

(如有印装质量问题，我社负责调换)

“岩石力学与工程研究著作丛书”编委会

“岩石力学与工程研究著作丛书”序

随着西部大开发等相关战略的实施，国家重大基础设施建设正以前所未有的速度在全国展开：在建、拟建水电工程达 30 多项，大多以地下硐室(群)为其主要水工建筑物，如龙滩、小湾、三板溪、水布垭、虎跳峡、向家坝等水电站，其中白鹤滩水电站的地下厂房高达 90m、宽达 35m、长 400 多米；锦屏二级水电站 4 条引水隧道，单洞长 16.67km，最大埋深 2525m，是世界上埋深与规模均为最大的水工引水隧洞；规划中的南水北调西线工程的隧洞埋深大多在 400~900m，最大埋深 1150m。矿产资源与石油开采向深部延伸，许多矿山采深已达 1200m 以上。高应力的作用使得地下工程冲击地压显现剧烈，岩爆危险性增加，巷(隧)道变形速度加快、持续时间长。城镇建设与地下空间开发、高速公路与高速铁路建设日新月异。海洋工程(如深海石油与矿产资源的开发等)也出现方兴未艾的发展势头。能源地下储存、高放核废物的深地质处置、天然气水合物的勘探与安全开采、CO_2 地下隔离等已引起高度重视，有的已列入国家发展规划。这些工程建设提出了许多前所未有的岩石力学前沿课题和亟待解决的工程技术难题。例如，深部高应力下地下工程安全性评价与设计优化问题，高山峡谷地区高陡边坡的稳定性问题，地下油气储库、高放核废物深地质处置库以及地下 CO_2 隔离层的安全性问题，深部岩体的分区碎裂化的演化机制与规律，等等。这些难题的解决迫切需要岩石力学理论的发展与相关技术的突破。

近几年来，863 计划、973 计划、“十一五”国家科技支撑计划、国家自然科学基金重大研究计划以及人才和面上项目、中国科学院知识创新工程项目、教育部重点(重大)与人才项目等，对攻克上述科学与工程技术难题陆续给予了有力资助，并针对重大工程在设计和施工过程中遇到的技术难题组织了一些专项科研，吸收国内外的优势力量进行攻关。在各方面的支持下，这些课题已经取得了很多很好的研究成果，并在国家重点工程建设中发挥了重要的作用。目前组织国内同行将上述领域所研究的成果进行了系统的总结，并出版“岩石力学与工程研究著作丛书”，值得钦佩、支持与鼓励。

该丛书涉及近几年来我国围绕岩石力学学科的国际前沿、国家重大工程建设中所遇到的工程技术难题的攻克等方面所取得的主要创新性研究成果，包括深部及其复杂条件下的岩体力学的室内、原位实验方法和技术，考虑复杂条件与过程

(如高应力、高渗透压、高应变速率、温度-水流-应力-化学耦合)的岩体力学特性、变形破裂过程规律及其数学模型、分析方法与理论，地质超前预报方法与技术，工程地质灾害预测预报与防治措施，断续节理岩体的加固止裂机理与设计方法，灾害环境下重大工程的安全性，岩石工程实时监测技术与应用，岩石工程施工过程仿真、动态反馈分析与设计优化，典型与特殊岩石工程(海底隧道、深埋长隧洞、高陡边坡、膨胀岩工程等)超规范的设计与实践实例，等等。

岩石力学是一门应用性很强的学科。岩石力学课题来自于工程建设，岩石力学理论以解决复杂的岩石工程技术难题为生命力，在工程实践中检验、完善和发展。该丛书较好地体现了这一岩石力学学科的属性与特色。

我深信“岩石力学与工程研究著作丛书”的出版，必将推动我国岩石力学与工程研究工作的深入开展，在人才培养、岩石工程建设难题的攻克以及推动技术进步方面将会发挥显著的作用。

钱七虎

2007 年 12 月 8 日

“岩石力学与工程研究著作丛书”编者的话

近20年来，随着我国许多举世瞩目的岩石工程不断兴建，岩石力学与工程学科各领域的理论研究和工程实践得到较广泛的发展，科研水平与工程技术能力得到大幅度提高。在岩石力学与工程基本特性、理论与建模、智能分析与计算、设计与虚拟仿真、施工控制与信息化、测试与监测、灾害性防治、工程建设与环境协调等诸多学科方向与领域都取得了辉煌成绩。特别是解决岩石工程建设中的关键性复杂技术疑难问题的方法，973计划、863计划、国家自然科学基金等重大、重点课题研究成果，为我国岩石力学与工程学科的发展发挥了重大的推动作用。

应科学出版社诚邀，由国际岩石力学学会副主席、岩土力学与工程国家重点实验室主任冯夏庭教授和黄理兴研究员策划，先后在武汉市与葫芦岛市召开“岩石力学与工程研究著作丛书”编写研讨会，组织我国岩石力学工程界的精英们参与本丛书的撰写，以反映我国近期在岩石力学与工程领域研究取得的最新成果。本丛书内容涵盖岩石力学与工程的理论研究、试验方法、试验技术、计算仿真、工程实践等各个方面。

本丛书编委会编委由75位来自全国水利水电、煤炭石油、能源矿山、铁道交通、资源环境、市镇建设、国防科研领域的科研院所、大专院校、工矿企业等单位与部门的岩石力学与工程界精英组成。编委会负责选题的审查，科学出版社负责稿件的审定与出版。

在本丛书的策划、组织与出版过程中，得到了各专著作者与编委的积极响应；得到了各界领导的关怀与支持，中国岩石力学与工程学会理事长钱七虎院士特为丛书作序；中国科学院武汉岩土力学研究所冯夏庭教授、黄理兴研究员与科学出版社刘宝莉编辑做了许多烦琐而有成效的工作，在此一并表示感谢。

“21世纪岩土力学与工程研究中心在中国”，这一理念已得到世人的共识。我们生长在这个年代里，感到无限的幸福与骄傲，同时我们也感觉到肩上的责任重大。我们组织编写这套丛书，希望能真实反映我国岩石力学与工程研究的现状与成果，希望对读者有所帮助，希望能为我国岩石力学学科发展与工程建设贡献一份力量。

“岩石力学与工程研究著作丛书”
编委会
2007年11月28日

序

实践是科学技术发展的基础，通过实践发现真理，又通过实践而证实真理和发展真理。辩证唯物主义的认识论指出，理论与实践是辩证统一的关系，两者互相补充，互相促进。随着科学技术的迅速发展，从自然科学的基础理论到应用性的工程技术，试验研究也在不断开拓新的领域。

在防灾减灾及防护工程领域内，试验研究同样具有重要的意义。当前，军事强国大当量深钻地武器、超高速动能武器、小型钻地核武器等战略打击武器的发展，以及民用爆炸安全探测、反恐排爆、精细爆破等重要目标的安全防护需求，这些都促使防护工程对试验研究提出了更广泛而迫切的要求。

爆炸和冲击属于能量高速释放转化的物理过程，是高温、高压、高应变率的复杂作用过程，现今这些物理过程的本质仍未被人们所熟知。相似物理模拟是研究防护结构爆炸冲击效应的有效方法之一，利用模型试验可以在实验室条件下再现工程中的破坏现象，试验过程中的主要因素可以被独立控制，用于模拟不同物理量的组合情况，是获取爆炸冲击过程中影响因素量化指标的有效手段。早期人们的研究是通过对大量数据的总结，归纳出经验或半经验的计算公式，这些公式在世界各国有关防护结构的设计规范或计算手册中得到广泛应用。然而经验公式使用范围狭窄，当超出了公式的适用范围，就必须通过试验来校验。另外，各种防护设备的研制和改进、防护结构设计计算理论的探索与发展也都广泛依赖于试验研究。

该书作者团队长期从事爆炸冲击防灾减灾以及防护工程的教学和科研工作。作者所在单位陆军工程大学爆炸冲击防灾减灾全国重点实验室自主研制了多套防护工程动力设备，形成了由低速到超高速冲击、由小当量到大当量、由低到高加载速率的模拟试验体系，是全国防护工程和人防工程重要的教学科研基地。全书详细介绍了爆炸冲击及其防护结构的相似模拟试验方法，可为从事防护工程的技术人员提供借鉴和参考。

王年桥

2020年8月15日

前　言

随着兵器科学技术的发展，防护结构对抗爆炸冲击能力的要求越来越高。然而大型结构的爆炸、冲击试验难以在实际工程中开展，许多试验是在野外或实验室条件下利用相似模型来进行的。模型试验较之原型试验有着以下优点：①研究周期短，耗费人力物力小，试验风险小；②可多次重复，便于进行系统的理论研究和试验论证；③可控制影响试验过程的主要因素，使试验的结论更能反映现象的本质，认识更接近实际；④工作条件比较稳定，特别是室内试验，便于采用较先进的试验设备和测量技术，从而提高试验的精度与可靠性。

防护结构模型试验一般包括三种基本情况：①对于已建立的理论计算方法，需要通过小尺寸结构的试验进行验证，此时模型试验的主要工作是解决试验方法方面的问题；②要了解某种新型防护结构的工作特性及破坏性能，已经有了定性的论证，但由于边界条件复杂、数学分析困难或其他原因，希望通过模拟试验得到真实结构工作时某些重要的特征参数；③对某个物理力学过程只有初步定性的认识，需要通过模型试验来确定影响现象物理量之间的定量关系，以建立适宜工程应用的经验或半经验公式。对于后两种情况，在拟定试验方案时，除了要解决试验技术问题外，首要考虑的就是模型试验的相似准则，即使是第一种情况，试验数据或理论分析的推证，一定程度上仍然需要相似理论的指导。由此可见，相似方法与量纲理论是指导试验研究的基本理论和科学基础。

模型试验广泛地应用于科学研究，但也存在一定的局限性。例如，在引用近似相似准则时，忽略次要因素的影响在一定条件下可能达到不可忽视的程度。因此，模型试验不能完全代替原型试验，应该将两者结合起来。实践是检验真理的唯一标准，任何理论分析与模型试验研究的结论，最后都必须经过实践的检验。

本书主要讲述防护结构试验基本原理和防护结构动力设备。对于相似方法和量纲理论介绍较为详细，选用的例子均采用了防护工程中经过实践检验可以直接引用的相似律。然而，对于新的研究课题，一般没有现成的相似准则作为试验依据，往往需要经过科学试验研究确定新模型依据的相似准则。对于防护结构动力装置，需要了解其主要功能、工作原理、技术特性和用途，以便于合理选用。

本书第 1、2 章由徐小辉、邱艳宇撰写；第 3、5 章由王明洋、邱艳宇、范鹏贤撰写；第 4 章由徐小辉、王德荣撰写；第 6~9 章是爆炸冲击防灾减灾全国重点实验室防护结构动力模拟设备建设成果的体现，其中 6.1 节由邢灏喆撰写，6.2 节和 7.4 节由李干撰写，6.3 节和 9.2 节由蒋海明、王德荣撰写，7.1 节和 8.1 节由邱艳宇、张波撰写，7.2 节由宋春明撰写，7.3 节由程怡豪撰写，8.2 节由徐小辉、王德荣撰写，8.3 节由岳松林、陈万祥撰写，9.1 节由赵跃堂撰写。

由于作者水平有限，书中难免存在不妥之处，敬请批评指正！

目　录

第1章　相似理论

相似理论是进行防护结构模型试验的基础。本章主要介绍相似现象和相似三定理，并在此基础上利用方程分析法导出模型试验的相似准数。

1.1　相似现象

1.1.1　相似概念

最简单的相似概念，就是几何学中的相似图形。例如，图 1.1 中的两个相似三角形，指的是两图形对应尺寸不同，但形状相似。这两个相似三角形的各对应边长，具有如下性质：

$$\frac{l_1}{l_1'}=\frac{l_2}{l_2'}=\frac{l_3}{l_3'}=C_l \tag{1.1}$$

式中，C_l 为几何相似比例常数，简称几何相似比。

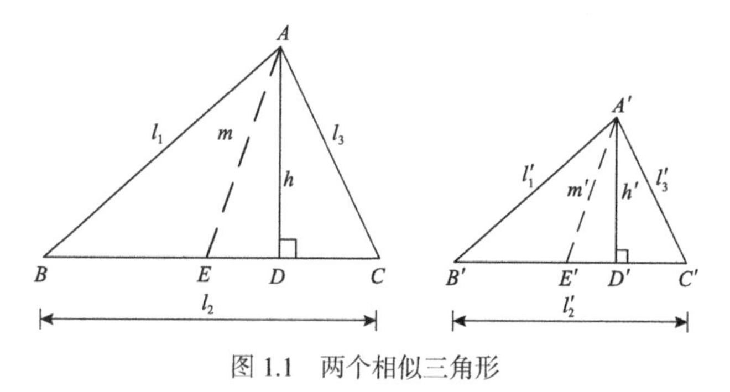

图 1.1　两个相似三角形

两个三角形中的对应高和对应中线，同样具有上述性质，即有

$$\frac{h}{h'}=\frac{m}{m'}=C_l \tag{1.2}$$

两个相似三角形中任意对应线段的长度成比例，其比值为 C_l。当 C_l 取不同的数值时，可以获得尺寸不同但相似于原图形的相似三角形，而构成一个相似三角形族。

以上是几何学中的相似现象，在科学技术问题中，物理现象的参量通常是随时间和空间变化的，因此对相似现象的概念进行推广：若两种现象对应的物理量(同一种物理量)成比例，且比值保持为常数，则称这两种现象相似，该比例常数称为相似常数。

换言之，若将一现象的各物理量分别放大(或缩小)一定的倍数，则可获得与该现象相似的另一现象。这种从一个现象转变到另一个相似现象，称为相似转换。

两个相似的单自由度振动体系如图 1.2 所示。图中 K_1、K_2 为弹簧的弹性系数，m_1、m_2 为小球质量，y_{10}、y_{20} 为小球的振幅，$y_1(t)$、$y_2(t)$ 为小球在 t 时刻的位移。

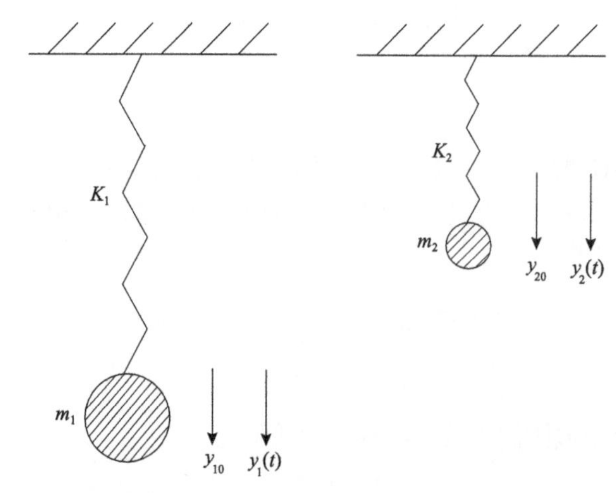

图 1.2 两个相似的单自由度振动体系

振动的一般方程可以写为

$$M\ddot{y}+Ky=0 \tag{1.3}$$

式中，M、K 为方程系数。

设初始条件($t=0$ 时刻)为

$$\begin{cases} y=y_0 \\ v=0 \end{cases} \tag{1.4}$$

式中，v 为小球的运动速度。

振动方程式(1.3)的解为

$$y(t)=y_0\cos(\omega t) \tag{1.5}$$

式中，

$$\omega=\sqrt{\frac{K}{M}} \tag{1.6}$$

根据式(1.5)，图1.2所示两个系统的振动方程分别为

$$\begin{cases} y_1(t) = y_{10}\cos(\omega_1 t_1) \\ y_2(t) = y_{20}\cos(\omega_2 t_2) \end{cases} \tag{1.7}$$

式中，有关物理量参数值(如 M、K 等)可以任意选定，为使讨论不失一般性，设 $M_1/M_2 = 2$，$K_1/K_2 = 8$，$y_{10}/y_{20} = 3$。由式(1.6)知 $\omega_1/\omega_2 = 2$，则两系统的周期 $T_1/T_2 = 1/2$。分别计算 t_1 为 $T_1/16$、$T_1/8$、$T_1/4$、$T_1/2$、$5T_1/8$ 时的位移 y_1 与 t_2 为 $T_2/16$、$T_2/8$、$T_2/4$、$T_2/2$、$5T_2/8$ 时的位移 y_2，并进行比较。

两相似系统不同时刻的位移如表1.1所示。由表1.1可知，当 $t_2=2t_1$ 时，其位移 y_2 是对应 y_1 的1/3。虽然体系的 t 与 y 是变量，但不难验证，当 t_1 取任意时刻，只要 t_2 对应 $2t_1$ 时，其相应的 y_2 值就是对应 y_1 值的1/3。因此，在这两个振动现象间，各对应的物理量都保持一个不变的比值（$M_1/M_2 = 2$，$K_1/K_2 = 8$，$t_1/t_2 = 1/2$，$y_1/y_2 = 3$），即两个现象是相似的。

表1.1 两相似系统不同时刻的位移

t_1	t_2	t_1/t_2	y_1	y_2	y_1/y_2
0	0	—	y_{10}	y_{20}	3
$T_1/16$	$T_2/16$	1/2	$0.924y_{10}$	$0.924y_{20}$	3
$T_1/8$	$T_2/8$	1/2	$0.707y_{10}$	$0.707y_{20}$	3
$T_1/4$	$T_2/4$	1/2	0	0	—
$T_1/2$	$T_2/2$	1/2	$-y_{10}$	$-y_{20}$	3
$5T_1/8$	$5T_2/8$	1/2	$-0.707y_{10}$	$-0.707y_{20}$	3

由此得出相似现象的性质：相似现象在对应的瞬时，其对应的物理量(同一种物理量)成比例，比值保持为常数。该性质也可表述为：将任一现象对应瞬时的各物理量分别进行相似转换(乘以相似常数)，可以获得与该现象相似的另一现象。

当改变相似常数值时，就能得到一个新的相似现象。因此，当讲到相似现象时，实际是指存在一族彼此相似的现象。

从一个现象的量转换到另一个相似现象的对应量时，相似转换的数学表达式可写为

$$X_{i2} = C_{Xi}X_{i1}, \quad i = 1, 2, \cdots, n \tag{1.8}$$

式中，C_{Xi} 为第 i 个物理量的相似常数；X_{i1} 为第一现象的第 i 个物理量；X_{i2} 为第二现象的第 i 个物理量。

相似规律的研究并不着眼于一个现象中各物理量间相互关系的定量变化，而是着眼于两个现象在随时间和空间的相似变化过程中，各对应物理量应保持怎样

的比例。

1.1.2　相似内容

一个给定的物理现象可以由各物理参数之间的数学关系式来表示，通常表达为微分方程或代数方程，例如自由振动，可用微分方程式(1.3)描述。

实际工程中的物理现象总是在有限的时间和空间中进行的。一个数学物理方程的适定，还必须给出问题的初始条件和边界条件。即对于一个确定的物理现象，除了有反映各物理量间关系的数学方程式外，还有确定的初始条件和边界条件。因此，两个物理现象间的相似应该包含几何相似、物理相似、初始条件相似和边界条件相似。

1. 几何相似

实际工程中的物理现象，总是在一个有限的、具有确定形状和大小的空间之内进行的，因此物理现象的几何方面应当相似，它包括参与现象的物体几何形状、大小(l)、运动轨迹(s)以及对应点的坐标(x，y，z)相似等，即

$$\frac{l_1}{l_2}=\frac{s_1}{s_2}=\frac{x_1}{x_2}=\frac{y_1}{y_2}=\frac{z_1}{z_2}=C_l \tag{1.9}$$

满足几何相似要求的范围，应以所确定的物理现象自身的物理力学性质为基础。例如，实际飞行中的飞机所受的各种力是与飞机的几何外形有关的，因此在利用风洞试验中的模型飞机来研究实际原型飞机的受力状态时，必须保持模型与原型飞机外形的几何相似。反之，如果所讨论的工程技术问题将物体视为质点，并运用质点动力学进行研究，则可不必考虑两个现象过程中物体的形状是否相似。

2. 物理相似

物理力学现象的定量变化过程，表现为参与该过程的各物理量随空间和时间的变化，具体地反映在现象过程的数学方程式中。例如，防护结构承受爆炸动载作用的强迫振动，其在弹性阶段的最大动位移和材料的质量分布、弹性模量、结构形式、跨度、截面抗弯刚度、爆炸动载的峰值及其变化规律等参数有关。这些物理参数间的关系，可表达为无限自由度无阻尼的强迫振动微分方程。因此，要使模型与原型相似，就应保证有关的各物理参数间相似。

在两个物理现象中，若系统几何相似，且其中各对应点或对应部分上，对应物理量也成比例常数时，称为两个现象物理相似。当现象物理相似时，不同物理量的相似常数在一般情况下是不同的。然而，与现象过程有关的各物理参数在研

究相似规律中的作用并非等同，有些物理参数是起决定性作用的，有些则是起非决定性作用的。

3. 初始条件相似

一个物理力学过程的进行，一方面取决于过程的性质(数学上表现为物理参数间的关系方程)，另一方面也取决于初始条件和边界条件。根据数学物理方程定解问题的适定性要求，初始条件可能包括某些物理量的初始值，例如物理过程开始时，物体表面某些部分所给定的初始位移和速度，以及物体内部的初应力和初应变等，均可以视为初始条件。

两个物理现象的初始条件相似，就是要保证两个过程对应物理量的初始值的比与该物理量在过程进行中的比保持同一数值(即该物理量的相似常数)。如表 1.1 所示，两个单自由度自由振动体系初位移的比与任意对应瞬时动位移的比相同。

4. 边界条件相似

具体现象过程总是在一定的区域范围内进行的，边界条件常常是使问题适定的必要条件之一。运用现象过程的数学方程来讨论各物理参数的相似关系时，必须考虑边界条件。如对工程结构而言，就是支承约束条件、边界受力条件等的相似，如果原型结构的边界支承是嵌固的，模型结构也必须保持相似的嵌固边界条件。

在设计试验模型时，系统的几何相似、边界条件相似容易得到保证。当已知对应物理量的相似比时，系统的初始条件相似也是容易实现的。因此，在后续讨论中将着重讲述物理参数间相似的规律性。

1.2 相 似 定 理

进行相似研究的目的主要是通过模型试验研究了解原型现象的性质。为此会提出如下的问题：怎样设计一个与原型物理力学过程相似的模型试验？在试验中应该测量哪些物理量？该如何整理试验结果？怎样将模型试验结果推广到原型过程上去？相似三定理回答了上述这些问题。

对于一个具体的物理力学过程，参与过程的各物理量的变化是彼此相互制约的。有关物理量定量变化的相互关系，又体现在描述现象过程的数学方程式中。这种方程的具体形式人们可能已经了解(如各种类型的数理方程等)，也可能尚未被发现和认识，但原则上总是客观存在的。现象过程物理关系方程的存在，是相似理论能够建立的前提。

1.2.1　相似第一定理

相似第一定理阐明了什么样的相似现象是存在的，即相似的现象应当满足的条件。

由相似现象的定义可知，相似现象的各对应物理量，相似常数的比值保持不变。然而，各物理量的相似常数并不是可以任意选择的，现象过程的物理关系方程对这些相似常数有一定的限制。

下面以质点匀变速直线运动为例来说明。设质量为 m 的质点受力为 F，初速度 $v\big|_{t=0}=0$，按照牛顿第二定律，质点的运动方程为

$$F=m\frac{v}{t} \tag{1.10}$$

若两个质点运动相似，则各对应物理量必互成比例，有下列关系：

$$\begin{cases}\dfrac{F_1}{F_2}=C_F\\ \dfrac{m_1}{m_2}=C_m\\ \dfrac{v_1}{v_2}=C_v\\ \dfrac{t_1}{t_2}=C_t\end{cases} \tag{1.11}$$

式中，C 为相似比，下标表示对应的物理量。

对于第一个现象过程，有

$$F_1=m_1\frac{v_1}{t_1} \tag{1.12}$$

对于第二个现象过程，有

$$F_2=m_2\frac{v_2}{t_2} \tag{1.13}$$

将式(1.11)代入式(1.12)，整理后可得

$$\frac{C_F C_t}{C_m C_v}F_2=m_2\frac{v_2}{t_2} \tag{1.14}$$

式(1.14)与式(1.12)是等价的，而式(1.14)与式(1.13)应分别成立，因此必须

满足下列条件：

$$\frac{C_F C_t}{C_m C_v}=1 \tag{1.15}$$

式(1.15)称为相似指标式，给出了两个现象相似的条件。只有相似常数满足相似条件时，上述两个现象才相似。

式(1.15)是相似第一定理体现在具体现象中的一个特例。相似第一定理可以表述为：相似的现象，其相似指标式等于1。

与式(1.15)等价表达相似第一定理的，还有另一种形式。将式(1.11)中相似常数的关系代入式(1.15)，可得

$$\frac{F_1 t_1}{m_1 v_1}=\frac{F_2 t_2}{m_2 v_2} \tag{1.16}$$

由于任何两个初速度为零的质点匀变速直线运动都满足这个关系，式(1.16)表明对于该族相似现象中的所有现象，综合量 $Ft/(mv)$ 相同，可以表示为

$$K=\frac{Ft}{mv}=\text{const.} \tag{1.17}$$

式中，综合量 K 称为相似准数，或相似不变量。

由此相似第一定理又可以表述为：相似的现象，其相似准数的数值相同。对于相似现象来说，一个现象在两个不同的瞬时，相似准数的值是随着时间变化的，两个现象在对应瞬时的相似准数的值是相等的，即

$$\begin{cases}\left(\dfrac{F_1 t_1}{m_1 v_1}\right)_1=\left(\dfrac{F_2 t_2}{m_2 v_2}\right)_1 \\ \left(\dfrac{F_1 t_1}{m_1 v_1}\right)_2=\left(\dfrac{F_2 t_2}{m_2 v_2}\right)_2\end{cases} \tag{1.18}$$

相似第一定理指出相似现象应当满足的条件，即什么样的现象是相似的(客观实际可能存在的相似)。

1.2.2　相似第二定理

相似第一定理阐明了确定相似现象的原则，相似第二定理指导人们如何去整理试验中所获得的数据，进而由这些试验数据得到最有效的结果。下面以图1.3所示的两个相似的质点曲线运动现象为例说明相似第二定理。

质点所受的力 F 可以分解为切向力 F_τ 和法向力 $F_{\rm n}$，如果初速度为零，且切向

加速度值保持不变，则此现象的物理方程式可写为

$$F^2=\left(m\frac{v}{t}\right)^2+\left(m\frac{v^2}{R}\right)^2 \tag{1.19}$$

式中，R 为曲率半径。

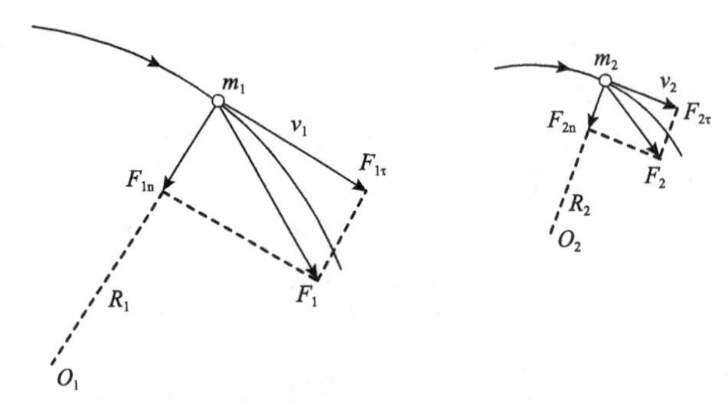

图 1.3　两个相似的质点曲线运动现象

如果图 1.3 中的两个现象相似，则存在下列关系：

$$\begin{cases}\dfrac{F_1}{F_2}=C_F\\[2mm]\dfrac{m_1}{m_2}=C_m\\[2mm]\dfrac{v_1}{v_2}=C_v\\[2mm]\dfrac{R_1}{R_2}=C_R\\[2mm]\dfrac{t_1}{t_2}=C_t\end{cases} \tag{1.20}$$

对第一现象有

$$F_1^2=\left(m_1\frac{v_1}{t_1}\right)^2+\left(m_1\frac{v_1^2}{R_1}\right)^2 \tag{1.21}$$

对第二现象有

$$F_2^2=\left(m_2\frac{v_2}{t_2}\right)^2+\left(m_2\frac{v_2^2}{R_2}\right)^2 \tag{1.22}$$

将式(1.20)代入式(1.21)，可得

$$F_2^2 = \left(\frac{C_m C_v}{C_F C_t}\right)^2 \left(m_2 \frac{v_2}{t_2}\right)^2 + \left(\frac{C_m C_v^2}{C_F C_R}\right)^2 \left(m_2 \frac{v_2^2}{R_2}\right)^2 \tag{1.23}$$

比较式(1.22)和式(1.23)，可得相似指标式

$$\begin{cases} \dfrac{C_m C_v}{C_F C_t} = 1 \\ \dfrac{C_m C_v^2}{C_F C_R} = 1 \end{cases} \tag{1.24}$$

将式(1.20)代入式(1.24)，可得

$$\begin{cases} \dfrac{m_1 v_1}{F_1 t_1} = \dfrac{m_2 v_2}{F_2 t_2} \\ \dfrac{m_1 v_1^2}{F_1 R_1} = \dfrac{m_2 v_2^2}{F_2 R_2} \end{cases} \tag{1.25a}$$

即

$$\begin{cases} \dfrac{mv}{Ft} = \text{const.} \\ \dfrac{mv^2}{FR} = \text{const.} \end{cases} \tag{1.25b}$$

由式(1.25)可以看出，在本例物理过程中有两个相似准数，即

$$\begin{cases} K_1 = \dfrac{mv}{Ft} \\ K_2 = \dfrac{mv^2}{FR} \end{cases} \tag{1.26}$$

将式(1.19)进行简单变化，用等式左边的项除等式各项，可得

$$\left(\frac{mv}{Ft}\right)^2 + \left(\frac{mv^2}{FR}\right)^2 = 1 \tag{1.27}$$

将式(1.26)代入式(1.27)，可得

$$K_1^2 + K_2^2 = 1 \tag{1.28}$$

式(1.27)和式(1.28)表明，描述物理过程的物理方程式(1.19)，可以转化为由相似准数组成的准数方程。因此，相似第二定理可表述如下：描述某一现象过程的各物理量之间的数学方程，可以表示成相似准数 $K_1, K_2,\cdots, K_m$ 的函数关系，即

$$F\left(K_1, K_2, \cdots, K_m\right)=0 \tag{1.29}$$

相似第二定理的结论看起来似乎是显而易见的，且没有明确的实际意义。其实不然，对于同一类物理现象中的各个具体现象，其物理方程式的叙述，在文字上是相同的，在数值上则是不同的。也就是说，在第一现象中测定的物理量数据只能用于该现象的方程，不能直接引用到第二现象的方程中。但试验研究的重要目的之一是要通过模型试验研究了解原型现象。由于相似现象的相似准数相同，准数方程就能适用于整个一族相似的现象。如果将关系方程式表达为准数方程式(1.29)的形式，通过第一现象的试验求得式(1.28)中的某些项，就可以直接用于相似的第二现象的计算。式(1.28)可以表示成图 1.4 中的适用于圆弧曲线质点运动的相似现象族。

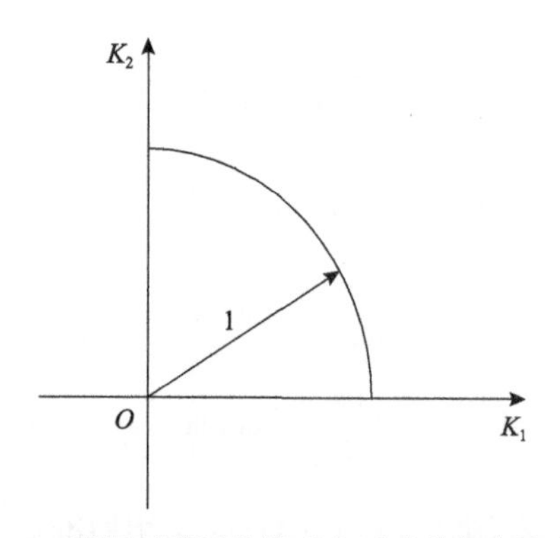

图 1.4　适用于圆弧曲线质点运动的相似现象族

准数方程适用于整个相似现象族，因此相似第二定理对试验工作具有重要的指导意义。特别是仅能列出描写现象的微分方程，而在数学上求解有困难时，就需要求助于试验。此时可以根据相似第二定理去处理试验数据。此外，相似第二定理对于理论分析工作同样也有指导作用。当需要用曲线来表达物理方程时，现象的准数方程形式比一般方程的参量少得多，能带来许多方便，有更大的适应性。

1.2.3　相似第三定理

相似第一定理与相似第二定理说明了相似现象的性质。按照相似第一定理研究第一现象所得的数据，可以按照相似条件转移到与之相似的现象上去。按照相似第二定理，为了将试验数据直接推广到相似现象上去，应当将数据以相似准数

的形式进行处理。这两个定理的前提是两个现象是相似的。例如，设计一个模型，通过模型试验研究了解原型现象的性质，就必须确定所设计的模型与原型是相似的，才能实现预期的目的。那么，试验过程中如何保证相似呢？看起来似乎确定现象的相似很简单，可以将两个现象中的所有物理量进行直接的比较，检查各物理量的相似常数是否满足相似条件。然而这就意味着需要对模型和原型测定所有的物理量，模型研究失去了意义。因此，为了确定模型与原型相似，应当找到现象相似的充分必要条件，即相似第三定理。

在相似理论中，能将一个现象从现象群中分出的物理量，称为现象的单值量。例如，图 1.5 所示的嵌固梁的强度及变形计算。该物理现象所涉及的物理量有荷载 F、结构跨度 l、材料弹性模量 E、截面惯性矩 I、弯矩 M、剪力 Q、应变 ε 与应力 σ 等。这些物理量可分为两种类型，一种是决定性的量，如 F、l、E、I 等；另一种是被决定量，如 M、Q、ε、σ 等。当 F、l、E、I 等决定性物理量给定后，M、Q、ε、σ 等被决定量也将随之确定。因此，F、l、E、I 等这类物理量能够把一个具体现象从一类现象中区别出来。

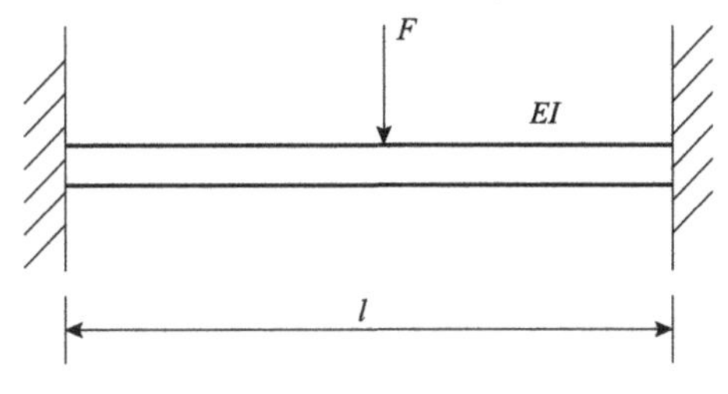

图 1.5 嵌固梁的强度及变形计算

由现象的单值量所组成的相似准数（或相似指标式），称为决定准数（或决定指标式）；包含有非单值量的相似准数（或相似指标式），称为非决定准数（或非决定指标式）。

要确定两个物理现象相似，必须要求两个现象在几何相似的系统中进行，且具有同一类性质。因此，相似第三定理的内容表述为：几何相似系统中的两个现象，若服从同一物理方程式，其单值量成常数比，且决定准数相等，则两个现象相似。

在图 1.5 所示的嵌固梁的强度及变形计算例子中，如果已知原型状态的单值量 F_1、E_1、I_1、l_1，而未知 M_1、Q_1、ε_1、σ_1 等量，需要通过模型试验研究来确定。根据相似第三定理，可以适当选择模型的单值量 F_2、E_2、I_2、l_2 的值，使之与原型的单值量成比例，并满足决定准数相等的要求，模型状态与原型状态就相似了。在试验中，可以测量模型的 M_2、Q_2、ε_2、σ_2 的值，再通过相似第一定理相似条件的关系，可以求得未知的 M_1、Q_1、ε_1、σ_1 的值。

相似第三定理明确规定了两个现象相似的充分必要条件。当考察一个新现象时，只要确定了它的单值量和已经研究过的现象相似，且二者决定准数的数值相等，就可以确定这两个现象相似。因而可以把已经研究过的现象的试验结果，应用到这一新现象上来，而不需要对这一新现象进行重复试验。

下面用逻辑推理的方法证明相似第三定理的内容。

假设在几何相似的系统中有第一、第二两个现象，服从于同一物理方程式，其单值量成常数比，且决定准数相等，要证明第二现象相似于第一现象。

由相似第一定理可知有无数个相似于第一现象的现象存在。相似现象族示意图如图 1.6 所示。所有这些现象的物理量(包括单值量和非单值量)与第一现象对应物理量的种类相同，仅数值不同，即各相似现象具有不同的相似常数。这些常数的值有不同选择，但都满足相似指标式等于1的条件。

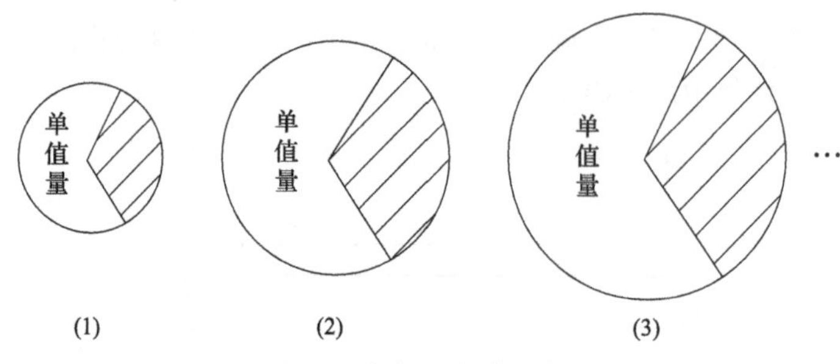

图 1.6　相似现象族示意图

选择适当的单值量比例常数，可以在第一现象的相似族中找到一个单值量数值与第二现象相同的现象，称之为第三现象。这个第三现象与第一现象的对应单值量的值是成比例的，且这些单值量的相似常数满足决定指标式等于 1 的条件。第三现象的其他非单值量的相似常数虽未提及，但也有确定的值，并且满足非决定指标式等于 1 的条件。

比较第二现象与第三现象，它们的单值量数值是相同的，所以它们必定是同一个现象，因为单值量是唯一决定一个现象的参数，不可能存在单值量相同的不同现象，否则就说明这些单值量的选择是不恰当的。现在第三现象相似于第一现象，而第二现象又与第三现象是同一现象，也就是第二现象相似于第一现象。由此可见，单值量成常数比，且决定准数相等的两个现象，必定是相似的。

1.3　相 似 准 数

相似理论应用的一个重要问题是如何根据具体的科学技术问题，确定该问题相似准数的具体形式。由相似理论的举例中可以看出，由现象的物理方程式出发，经过相似转换后可以求得物理现象的相似准数。这种导出相似准数的方法称为方程分析法。但有时会遇到一些复杂而未曾被研究过的现象，以致暂时无法用数学关系式表示出来，也不能立即写出物理量间的关系方程式。此时需要依据量纲理论定出相似准数的形式，这种方法称为量纲分析法。用量纲分析法推导出相似准数将在第 2 章中单独阐述。

1.3.1　方程分析法

方程分析法是由已经建立的物理方程出发，经过相似转换后求得相似准数的方法。由于大多物理方程是微分方程，因此举例之前先说明一下关于微分量的相似比问题。考虑函数微分 dy 的情况，假设

$$\frac{y_1}{y_2}=C_y \tag{1.30}$$

式中，y_1、y_2 为两个系统中的 y 函数；C_y 为 y 函数的相似比。

函数微分的相似比为

$$\frac{\mathrm{d}y_1}{\mathrm{d}y_2}=\frac{\mathrm{d}C_y y_2}{\mathrm{d}y_2}=\frac{C_y\,\mathrm{d}y_2}{\mathrm{d}y_2}=C_y \tag{1.31}$$

同理，对 dx 也有

$$\frac{\mathrm{d}x_1}{\mathrm{d}x_2}=\frac{x_1}{x_2}=C_x \tag{1.32}$$

简支梁单自由度振动系统示意图如图 1.7 所示。用方程分析法导出其相似准数。已知该现象的运动微分方程和定解条件有

$$\begin{cases} M\dfrac{\mathrm{d}^2y}{\mathrm{d}t^2}+Ky=0 \\ y\big|_{t=0}=y_0 \\ \dfrac{\mathrm{d}y}{\mathrm{d}t}\bigg|_{t=0}=v_0 \end{cases} \tag{1.33}$$

式中，M、K 为与简支梁单自由度振动相关的系数。

该物理过程涉及的参数有 M、K、y_0、v_0、y、t 等。在两个相似的系统中，对第一现象系统有

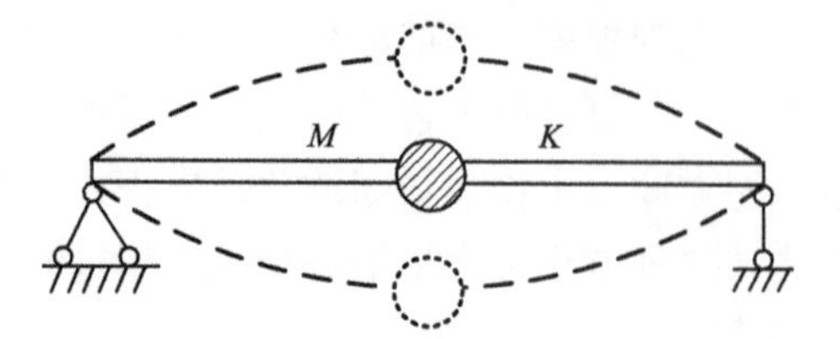

图 1.7　简支梁单自由度振动系统示意图

$$
\begin{cases}
M_1 \dfrac{\mathrm{d}^2 y_1}{\mathrm{d}t_1^2} + K_1 y_1 = 0 \\
y_1\big|_{t_1=0} = y_{10} \\
\left.\dfrac{\mathrm{d}y_1}{\mathrm{d}t_1}\right|_{t_1=0} = v_{10}
\end{cases}
\tag{1.34}
$$

对第二现象系统有

$$
\begin{cases}
M_2 \dfrac{\mathrm{d}^2 y_2}{\mathrm{d}t_2^2} + K_2 y_2 = 0 \\
y_2\big|_{t_2=0} = y_{20} \\
\left.\dfrac{\mathrm{d}y_2}{\mathrm{d}t_2}\right|_{t_2=0} = v_{20}
\end{cases}
\tag{1.35}
$$

相似现象对应的物理量成比例，存在相似关系式

$$
\begin{cases}
\dfrac{M_1}{M_2} = C_M \\
\dfrac{K_1}{K_2} = C_K \\
\dfrac{y_{10}}{y_{20}} = C_{y_0} \\
\dfrac{v_{10}}{v_{20}} = C_{v_0} \\
\dfrac{y_1}{y_2} = C_y \\
\dfrac{t_1}{t_2} = C_t
\end{cases}
\tag{1.36}
$$

将相似关系式(1.36)代入式(1.34)进行相似转换，则得

$$
\begin{cases}
\dfrac{C_M C_y}{C_t^2} M_2 \dfrac{\mathrm{d}^2 y_2}{\mathrm{d}t_2^2} + C_K C_y K_2 y_2 = 0 \\
C_y y_2 \Big|_{C_t t_2 = 0} = C_{y0} y_{20} \\
\dfrac{C_y}{C_t} \dfrac{\mathrm{d}y_2}{\mathrm{d}t_2} \bigg|_{C_t t_2 = 0} = C_{v0} v_{20}
\end{cases}
\tag{1.37}
$$

整理可得

$$
\begin{cases}
\dfrac{C_M}{C_t^2 C_K} M_2 \dfrac{\mathrm{d}^2 y_2}{\mathrm{d}t_2^2} + K_2 y_2 = 0 \\
\dfrac{C_y}{C_{y0}} y_2 \bigg|_{C_t t_2 = 0} = y_{20} \\
\dfrac{C_y}{C_t C_{v0}} \dfrac{\mathrm{d}y_2}{\mathrm{d}t_2} \bigg|_{C_t t_2 = 0} = v_{20}
\end{cases}
\tag{1.38}
$$

比较式(1.35)和式(1.38)，可得相似指标式

$$
\begin{cases}
\dfrac{C_M}{C_t^2 C_K} = 1 \\
\dfrac{C_y}{C_{y0}} = 1 \\
\dfrac{C_y}{C_t C_{v0}} = 1
\end{cases}
\tag{1.39}
$$

将相似关系式(1.36)代入式(1.39)，可得

$$
\begin{cases}
\dfrac{M_1}{t_1^2 K_1} = \dfrac{M_2}{t_2^2 K_2} \\
\dfrac{y_1}{y_{10}} = \dfrac{y_2}{y_{20}} \\
\dfrac{y_1}{t_1 v_{10}} = \dfrac{y_2}{t_2 v_{20}}
\end{cases}
\tag{1.40a}
$$

即

$$\begin{cases}\dfrac{M}{t^2K}=\text{const.}\\ \dfrac{y}{y_0}=\text{const.}\\ \dfrac{y}{tv_0}=\text{const.}\end{cases}\tag{1.40b}$$

式(1.40b)中的三个表达式为简支梁单自由度振动过程的相似准数。

相似准数是由现象过程所涉及的物理量组成的，但相似准数在形式上可以有不同的表达方式。例如式(1.39)中任意二式相乘(除)仍然等于1，得到一个新的与原指标式等价的相似指标式，它实质上表达的是与原来等价的相似条件。同理，相似准数相乘(除)仍然是一个相似准数。注意，变换后的式子只能等价地替换原来的一个相似条件，而不是全部，否则可能遗漏一些相似条件。

做进一步分析，式(1.40b)包含了问题的全部相似条件，其中 M、K、y_0、v_0 为单值量，而 y、t 非单值量。为了寻求决定准数，将式(1.40b)的各式合并，消去非单值量后可得决定准数

$$\frac{Mv_0^2}{Ky_0^2}=\text{const.}\tag{1.41}$$

或决定指标式

$$\frac{C_M C_{v_0}^2}{C_K C_{y_0}^2}=1\tag{1.42}$$

应用相似理论进行模型试验时，根据相似第三定理，式(1.41)和式(1.42)为设计相似模型所依据的充分必要条件，而式(1.39)和式(1.40)则为将模型试验测得的数据推广到原型中去的依据。

导出相似条件不需要对式(1.33)进行求解。因此，对于一些能列出微分方程但无法求解的复杂过程，就可以应用相似原理，采用直接试验的方法，来探索那些靠数学方法暂时无法研究的现象规律。

1.3.2　导出步骤

对已经明确了物理方程的现象，可以使用方程分析法直接推导出相似准数，具体分为四步。

(1)分析物理力学现象，写出描述现象的物理关系方程。这些关系方程可能是代数方程或微分方程。如果是微分方程，还应包括定解条件。

(2)写出关系方程中所包含物理量的相似关系式，即物理量相似常数的表示式。

(3)将物理量的相似关系式代入现象关系方程进行相似转换，比较两个包含同一现象物理量的独立方程式，获得相似指标式等于1的相似条件。

(4)以物理量的相似关系式代入相似指标，得到物理现象的全部相似准数。

在试验研究时，为了设计模型，并将试验结果推广到原型现象上，还应将求得的相似准数进行适当的替换，以区分出决定准数和非决定准数。

由上述介绍的方程分析法可知，其求得的相似准数是从现象物理方程的显式直接导出的，因此它包含了现象应该考虑的所有物理量，并完整地表达了全部相似条件，这是方程分析法优于量纲分析法的地方。

相似三定理奠定了相似理论的基础。它明确了试验研究时应当测量哪些物理量，并且利用相似准数间的关系来整理试验所得的数据。而在将试验结果应用到其他同一性质的现象上去时，只要满足单值量相似和决定准数相等这两个条件，就可以确定待研究的原型现象与已研究过的模型现象相似，从而将模型试验所得的结果推广应用到原型中去。

第2章　量纲理论

2.1　量纲与物理方程

导出模拟试验要求的相似准数，既可以用方程分析法，也可以用量纲分析法。然而，在无法获得物理关系方程，仅知道参与过程的物理参数的条件下，量纲分析法将成为求得相似准数的唯一方法。

2.1.1　量纲概念

防护结构的各种抗爆试验都是物理力学现象，其特征由各种物理量的变化表示出来。例如，结构的内力随爆炸荷载的大小、结构尺寸的改变以及材料物理参数的变化而变化。这种物理量间相互依赖的变化，在数学上的表现形式就是现象的物理关系方程，如工程力学中的挠曲轴方程、弦振动方程、变位公式、动力系数公式等。要正确地理解物理方程的基本性质，就必须从物理量的量纲开始。

认识一个物理量，应该从质和量两方面去理解，首先是认识物理量的类别，然后通过与同类量的比较，了解量的大小或多少。例如 50cm、$3m^3$、0.01s 完整的理解应该是 50cm 的长度、$3m^3$ 的体积、0.01s 的时间。

物理量的类别称为它的量纲，记为[ ]。例如，长度的量纲记为[L]，质量的量纲记为[M]，时间的量纲记为[T]等。

物理量的类别和性质是由它的量纲来说明的。度量一个物理量的大小，需要将它和同一类的、被选定作为一个度量单位的量去比较，并用数字来表示比较的倍数。例如某一跨度为 4m 的建筑结构，若以“厘米”为单位去度量是 400cm，若以“米”为单位去度量是 4m。用来度量物理量大小的同类量称为度量单位。

由上述可以看出量纲和单位的区别。量纲是表示物理量自身的性质，是不能人为改变的；单位则可以人为地选定。

同一物理量，可以选定任何同类单位来计量大小，例如物理量长度的单位有米、厘米、毫米等。因此，在给出一个物理量的时候，例如 4m，这个概念包含着质与量的统一。

通常，科学技术领域较多的是讨论物理量间量的关系，很少单独讨论量纲的概念。但在相似现象中，需要重点考虑的是物理量的种类，以便研究同一类物理量的比例关系，这就有必要了解量纲的性质和物理方程在量纲方面的特征。

物理力学过程反映着各种不同量纲的量的变化，其中有些物理量的量纲之间有一定的直接关系。据此可以将物理量的量纲分为两类：基本量纲和导出量纲。实际上，一般的工程问题均属于牛顿力学的范畴，因此基本量纲在力学现象中不多于三个，通常取质量[M]、长度[L]和时间[T]作为基本量纲。这是三个彼此性质完全不同的量纲，它们中的任何一个都不可能由其余两个量纲来表示。在气体动力学中，可能还涉及另一个基本的温度量纲[θ]，但温度与其他物理量的关系完全可以通过气体状态方程确定。如无特殊需要，一般不单独讨论温度参数。

导出量纲是可以用基本量纲来表示的物理量纲。用基本量纲表示导出量纲的方法有两种。一种是根据新物理量的定义，例如，面积的量纲为[L][L]，即$[L^2]$；速度量纲为[L]/[T]，即$[LT^{-1}]$；加速度量纲为$[L]/[T^2]$，即$[LT^{-2}]$；密度量纲为$[M]/[L^3]$，即$[ML^{-3}]$等。另一种则是根据力学基本定律的关系方程导出，例如根据牛顿第二定律，力的量纲[F]为[M][a]，又由定义知$[a]=[LT^{-2}]$，所以力的量纲可写成$[F]=[MLT^{-2}]$。

需要注意的是，基本量纲和导出量纲是从相对意义上讲的。当选定[M]、[L]、[T]为基本量纲时，[F]的量纲为$[MLT^{-2}]$。若选定其他的组合如[F]、[L]、[T]为基本量纲，这时[M]就成为导出量纲，并服从关系式$[M]=[F]/[a]=[FL^{-1}T^2]$。但实践中习惯的还是[M]、[L]、[T]系统。因此，一个导出量的量纲是体现在自然现象之中的，倘若脱离了自然现象，就不能确定其量纲。导出量纲不仅表示了所度量的量的种类，而且还表示了它与基本量在自然现象中的关系。另外，具有同一量纲的物理量，可以有不同的物理意义，例如应力σ和弹性模量E的量纲相同但意义不同。也有一类物理量，在表示它的大小时与度量单位的选择无关，例如材料的泊松比μ、角度的弧度值等，这种物理量称为无量纲量，记为$[M^0L^0T^0]$。

单位和量纲是相对应的，也有基本单位和导出单位，例如，取 g、cm、s 为基本单位时，密度的导出单位应为 g/cm^3。

2.1.2　量纲和谐

全面理解了物理量的量纲，就可以进一步研究物理方程的性质。实际上各物理量在物理方程中的相互联系，也表现为质和量的两个方面。通常人们比较熟悉的是量方面的联系，如已知荷载、结构、材料的参数值，求出应力、应变的大小等。在量纲理论中，着重讨论物理方程中各物理量在质方面的联系。

以 1.2.2 节中做曲线运动的质点动力学问题（见图 1.3）为例进行说明，其物理方程式为

$$F^2=(ma_\tau)^2+(ma_n)^2 \tag{2.1}$$

式中，$a_\tau=v/t$ 为质点的切向加速度；$a_n=v^2/R$ 为质点的法向加速度。

式(2.1)中各项的量纲都是相同的，都是力平方的量纲，即[$M^2L^2T^{-4}$]。只有相同性质的物理量才能相互比较，互相加减。因此，物理方程式中各项量纲必须相同，且和各项选用的统一单位的大小无关，这是物理方程的一个重要性质，称为量纲和谐。

量纲和谐揭示出物理方程式不同于一般数学方程式的重要特性，有助于了解物理量之间的函数关系。例如，假设不知道式(2.1)的具体函数形式，只知道与该曲线运动有关的物理量有 F、m、v、R、t 等参量，需要寻求这些物理量之间的函数关系。根据物理方程式量纲和谐的性质，可知这些物理量是由各自的量纲来进行适当的组合，使得物理方程的每一项的量纲都相同。这种对物理量的量纲分析，能简化求解。下面做进一步的分析说明。

在式(2.1)中各项的量纲是相同的，只要用任一项去除方程的各项就可以得到无量纲方程，即

$$\left(\frac{mv}{Ft}\right)^2+\left(\frac{mv^2}{FR}\right)^2-1=0 \tag{2.2}$$

式(2.2)中的每一项的量纲都是[$M^0L^0T^0$]。由此，物理方程式可以转化成无量纲的形式。

式(2.1)的相似准数分别为 $mv/(Ft)$ 、$mv^2/(FR)$ 。可以看出，每一个相似准数都是物理量的一个无量纲组合。在将物理方程化为无量纲的式(2.2)后，即与由相似第二定理所阐明的式(1.27)相一致。因此，相似准数就是由现象的物理量所组成的无量纲组合。这个结论是用量纲分析法获取相似准数的基础。

2.2　量纲分析原理

2.2.1　π定理

相似准数是一个无量纲组合，包括两个含义：第一，相似准数是由现象所涉及的物理量组合而成(可能包括物理量的全部或部分)；第二，这个组合量是一个无量纲量。在量纲理论中，这种无量纲组合记为符号π。如果现象的物理量为 A_1，A_2，…，A_n，则π的一般形式可以写成

$$\pi = A_1^{\alpha_1} A_2^{\alpha_2} \cdots A_n^{\alpha_n} \tag{2.3}$$

式中，α_i为相应于A_i的幂次。

式(1.26)可以写成

$$\begin{cases}\pi_1 = m^1 v^1 R^0 t^{-1} F^{-1} \\ \pi_2 = m^1 v^2 R^{-1} t^0 F^{-1}\end{cases} \tag{2.4}$$

任意无量纲组合进行乘、除或改变幂次的运算，都可以得到新的无量纲组合，因此有必要引进独立无量纲组合的概念。在1.3.1节中用方程分析法导出相似准数时，相似准数可以有不同的表达形式，相似准数相乘、相除仍然是一个新的相似准数。那么完整地描述一个具体的相似现象中，应该有多少个相似准数(或无量纲组合)呢？这个问题在方程分析法中并不重要，因为此时物理方程已知，经过相似转换，可以明确、完整地给出全部相似准数。但在使用量纲分析法求相似准数时，很多情况下是仅知物理参数而未知方程形式的，因此需要建立独立无量纲组合的概念。

一个物理力学过程的独立无量纲组合，是指其中任何一个无量纲组合，都不能由其他的无量纲组合，经过任意的代数转换(如乘、除、改变幂次等)结合而成。关于独立无量纲组合的概念可以和基本量纲的概念类比去理解。例如，在质点的曲线运动中，假设引出了三个无量纲组合：

$$\begin{cases}\pi_1 = \dfrac{mv}{Ft} \\ \pi_2 = \dfrac{mv^2}{FR} \\ \pi_3 = \dfrac{vt}{R}\end{cases} \tag{2.5}$$

式(2.5)中的三个公式中，只有两个是独立的，而第三个是不独立的。因为其中任何两个之间彼此都不能通过适当的转换获得，而第三个则可由其他两个组合而成。如取π_1、π_2为独立无量纲组合，则$\pi_3 = \pi_2/\pi_1$；如取π_1、π_3为独立无量纲组合，则$\pi_2 = \pi_1\pi_3$；如取π_2、π_3为独立无量纲组合，则$\pi_1 = \pi_2/\pi_3$。

有了独立无量纲组合的概念，就可以介绍量纲分析的π定理了。π定理又称白金汉π理论(Buckingham π theory)，表述为：当一个现象由n个物理量的函数关系来表示，而这些物理量中有m个基本量纲时，则可以求得$(n-m)$个独立的无量纲组合$\pi_1,\pi_2,\cdots,\pi_{n-m}$，该现象可以用$(n-m)$个独立无量纲组合的关系式来完全表示。

考察一个物理现象，若该现象包含有n个物理量，其物理方程的一般形式可写成

$$F(x_1, x_2, \cdots, x_m, \cdots, x_n) = 0 \tag{2.6}$$

若现象有m个基本量纲，则可求得$(n-m)$个独立的π，其物理方程可表述为

$$f(\pi_1,\pi_2,\cdots,\pi_{n-m})=0 \tag{2.7}$$

现仍以质点的曲线运动例子来说明π定理。考察两个做曲线运动的质点动力学问题，如图 1.3 所示。假设暂时未知物理方程的具体函数形式，但能初步确定现象的物理量有 m、v、R、t 和 F，则其物理关系方程可写成一般式

$$F(m,v,R,t,F)=0 \tag{2.8}$$

写出现象的无量纲组合的一般式

$$\pi = m^{\alpha_1} v^{\alpha_2} R^{\alpha_3} t^{\alpha_4} F^{\alpha_5} \tag{2.9}$$

式中，α_1~α_5 为待定的指数。

选定[M]、[L]、[T]为基本量纲，写出各物理量的量纲，$m:[\mathrm{M}]$，$v:[\mathrm{LT}^{-1}]$，$R:[\mathrm{L}]$，$t:[\mathrm{T}]$，$F:[\mathrm{MLT}^{-2}]$。将各物理量的量纲代入 π 式，写出 π 式的量纲关系式

$$[\pi]=[m]^{\alpha_1}[v]^{\alpha_2}[R]^{\alpha_3}[t]^{\alpha_4}[F]^{\alpha_5} \tag{2.10}$$

即

$$[\mathrm{M}^0\mathrm{L}^0\mathrm{T}^0]=[\mathrm{M}]^{\alpha_1}[\mathrm{LT}^{-1}]^{\alpha_2}[\mathrm{L}]^{\alpha_3}[\mathrm{T}]^{\alpha_4}[\mathrm{MLT}^{-2}]^{\alpha_5} \tag{2.11}$$

根据物理方程量纲和谐的性质，比较式(2.11)两边，可得各指数间满足

$$\begin{cases}[\mathrm{M}]:\alpha_1+\alpha_5=0\\ [\mathrm{L}]:\alpha_2+\alpha_3+\alpha_5=0\\ [\mathrm{T}]:-\alpha_2+\alpha_4-2\alpha_5=0\end{cases} \tag{2.12}$$

方程组(2.12)中，未知数有 5 个，而方程式只有 3 个，方程组的解是不定的，有无限多组解。根据量纲分析的π定理，该现象有 5 个物理量，而有 3 个基本量纲，因此只能有 2 个独立的无量纲组合。

令$\alpha_1=1$，$\alpha_2=1$，解得$\alpha_3=0$，$\alpha_4=-1$，$\alpha_5=-1$，代入式(2.9)，可得

$$\pi_1=\frac{mv}{Ft} \tag{2.13}$$

再令$\alpha_1=1$，$\alpha_2=2$，解得$\alpha_3=-1$，$\alpha_4=0$，$\alpha_5=-1$，代入式(2.9)，可得

$$\pi_2=\frac{mv^2}{FR} \tag{2.14}$$

因此，该现象的物理方程可用函数关系式表示为

$$f\left(\frac{mv}{Ft},\frac{mv^2}{FR}\right)=0 \tag{2.15}$$

式(2.15)中函数的具体形式可以由试验来确定。若π式作为参数来整理试验数据，则可以得到图 1.4 所示的曲线(图中 K_1 即π_1，K_2 即π_2)，从而可以求得该现象的关系方程式(2.2)。

上述质点曲线运动的示例说明了π定理的应用。应当注意的是，量纲分析法导出相似准数，并不要求预先已知物理方程的具体形式，而只需已知现象有关的物理量，这是量纲分析法的优点。由于π定理实质上是相似第二定理的另一种表达形式，因此π定理对试验研究的指导意义和相似第二定理是一致的。

2.2.2　量纲分析法

1. 量纲分析法的基本步骤

梁构件自由振动示意图如图 2.1 所示。现以试验方法研究该物理现象为例，阐明量纲分析法的步骤。

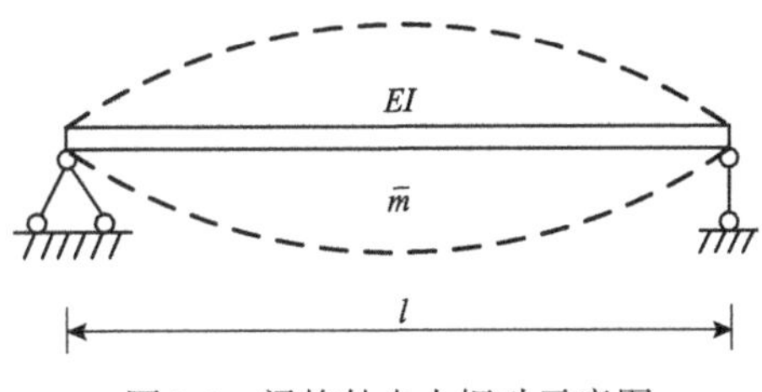

图 2.1　梁构件自由振动示意图

(1)考察所研究的物理现象，确定包含在该现象中的所有物理参数($A_1,A_2,\cdots,A_n$)，写出物理方程的一般形式

$$F\left(A_1,A_2,\cdots,A_n\right)=0 \tag{2.16}$$

假设计算梁构件自振频率的理论公式暂时未知，通过分析能够确定现象应包含梁振动角频率ω、材料弹性模量 E、横截面惯性矩 I、单位长度质量 $\bar{m}$ 及跨长 l 等参数，则物理方程的一般形式为

$$F\left(\omega,I,E,\bar{m},l\right)=0 \tag{2.17}$$

(2)参照式(2.3)写出现象的π式，即

$$\pi=\omega^{\alpha_1}I^{\alpha_2}E^{\alpha_3}\bar{m}^{\alpha_4}l^{\alpha_5} \tag{2.18}$$

(3)在 n 个物理量中，选取 m 个基本量纲(一般取[M]、[L]、[T]为基本量纲)，列出各物理量的量纲关系式

$$\begin{cases}[A_1]=[\mathrm{M}^{x_1}\mathrm{L}^{y_1}\mathrm{T}^{z_1}]\\ [A_2]=[\mathrm{M}^{x_2}\mathrm{L}^{y_2}\mathrm{T}^{z_2}]\\ \quad\vdots \qquad\qquad \vdots\\ [A_n]=[\mathrm{M}^{x_n}\mathrm{L}^{y_n}\mathrm{T}^{z_n}]\end{cases}\tag{2.19}$$

在本例中有

$$\begin{cases}[\omega]=[\mathrm{T}^{-1}]\\ [E]=[\mathrm{ML}^{-1}\mathrm{T}^{-2}]\\ [I]=[\mathrm{L}^4]\\ [\bar{m}]=[\mathrm{ML}^{-1}]\\ [l]=[\mathrm{L}]\end{cases}\tag{2.20}$$

(4)将各物理量的量纲关系式代入式(2.3)中，列出 π 的量纲关系式:

$$[\pi]=[\mathrm{M}^{x_1}\mathrm{L}^{y_1}\mathrm{T}^{z_1}]^{\alpha_1}[\mathrm{M}^{x_2}\mathrm{L}^{y_2}\mathrm{T}^{z_2}]^{\alpha_2}\cdots[\mathrm{M}^{x_n}\mathrm{L}^{y_n}\mathrm{T}^{z_n}]^{\alpha_n}\tag{2.21}$$

在本例中有

$$[\pi]=[\mathrm{T}^{-1}]^{\alpha_1}[\mathrm{L}^4]^{\alpha_2}[\mathrm{ML}^{-1}\mathrm{T}^{-2}]^{\alpha_3}[\mathrm{ML}^{-1}]^{\alpha_4}[\mathrm{L}]^{\alpha_5}\tag{2.22}$$

(5) π 为无量纲量，由量纲和谐条件，可列出各物理量的指数 $\alpha_1,\alpha_2,\cdots,\alpha_n$ 之间的关系

$$\begin{cases}[\mathrm{M}]: x_1\alpha_1+x_2\alpha_2+\cdots+x_n\alpha_n=0\\ [\mathrm{L}]: y_1\alpha_1+y_2\alpha_2+\cdots+y_n\alpha_n=0\\ [\mathrm{T}]: z_1\alpha_1+z_2\alpha_2+\cdots+z_n\alpha_n=0\end{cases}\tag{2.23}$$

由此获得包含 $\alpha_1,\alpha_2,\cdots,\alpha_n$ 共 n 个未知数的 m 个联立方程式(一般 m=3)。

在本例中有

$$\begin{cases}\alpha_3+\alpha_4=0\\ 4\alpha_2-\alpha_3-\alpha_4+\alpha_5=0\\ -\alpha_1-2\alpha_3=0\end{cases}\tag{2.24}$$

(6)赋予其中任意$(n-m)$个指数以各组不同的数值，可得联立方程式(2.24)的$(n-m)$组独立的解。以各组不同的解答代入π式，得到$(n-m)$个独立的π。

令式(2.24)中$\alpha_1=0$，$\alpha_2=0$，可得$\alpha_3=-1/2$，$\alpha_4=1/2$，$\alpha_5=0$，代入式(2.18)可得

$$\pi_1=\omega\sqrt{\frac{\overline{m}}{E}}$$

再令(2.24)中$\alpha_1=0$，$\alpha_2=1/2$，可得$\alpha_3=0$，$\alpha_4=0$，$\alpha_5=-2$，代入式(2.18)可得

$$\pi_2=\frac{\sqrt{I}}{l^2}$$

(7)用独立无量纲组合π的函数表示现象：

$$f(\pi_1,\pi_2,\cdots,\pi_{n-m})=0 \tag{2.25}$$

最后可根据试验决定此函数关系的具体形式。

如进行梁构件的自振频率试验，数据经过整理后可得π_1、π_2之间呈线性关系：$\pi_1=k\pi_2$，k为比例系数，即

$$\omega\sqrt{\frac{\overline{m}}{E}}=k\frac{\sqrt{I}}{l^2}$$

从而得到自振频率的表达式，即

$$\omega=\frac{k}{l^2}\sqrt{\frac{EI}{\overline{m}}} \tag{2.26}$$

式中，k为与边界条件有关的参数，可由试验确定。

由以上步骤可以看出量纲分析法的两个功能：①可以导出相似准数，并按照相似律推广试验结果；②可以用无量纲组合的形式整理试验数据，并根据试验结果确定现象的物理关系方程。

此处，存在疑问的是如何给多余未知数赋值。一般来说，应尽量使这些无量纲组合π的形式简单，并使得有一个π能为试验所控制，而其他各个π保持不变，这样就便于试验及数据整理。赋值工作在一定程度上依靠经验的积累，可以参考已有的研究成果及常见相似准数的形式。赋值方式有时候还需要在试验过程中

进行调整，例如数据很分散、看不出规律时，应考虑量纲分析过程中是否存在问题。

有时需要将获得的无量纲组合转化为一些熟知的或标准的准数形式，使获得的相似准数具有更明显的物理意义而便于处理。由于量纲分析法的应用早期开始于流体力学领域，因此这些常见的准数形式最早出现在流体力学试验研究中，并阐明了它们的物理意义。在防护结构专业范围内，一些常用的无量纲组合(相似准数)如表 2.1 所示。

表 2.1　一些常用的无量纲组合(相似准数)

相似准数	符号	名称	物理意义
$\frac{v^2}{gl}$	*Fr*	弗劳德准数	惯性力与重力之比
$\frac{p}{\rho v^2}$	*Eu*	欧拉准数	压力与惯性力之比
$\frac{\rho v^2}{E}$	*Ca*	柯西准数	惯性力与弹性力之比
$\frac{\rho vl}{\eta}$	*Re*	雷诺准数	惯性力与黏滞力之比
$\frac{v}{\alpha}$	*Ma*	马赫准数	质点运动速度与声速之比
$\frac{vt}{l}$	*Ho*	谐时准数	运动相似

注：η 为流体动力黏滞系数，其量纲为$[\eta]=[ML^{-1}T^{-1}]$。

量纲分析法中，通过赋值多余未知数来求解联立方程组(2.23)的方法，称为指数方法。在物理参数较少，又能以常见的无量纲组合形式作参考时，使用指数方法还是比较方便的。

2. 量纲分析矩阵法

当物理参量数目较多时，利用指数方法求解联立方程组(2.23)步骤较为繁琐，此时可以采用量纲矩阵法。量纲矩阵法和指数方法没有本质上的区别，只是采用了矩阵排列的方法使得量纲分析的过程更加整齐有序。然而，在某些情况下由于线性代数方程组数学原理上的要求，矩阵法可能一时得不到定解，此时需作适当的排列变换。

现以一个普遍性的例子来说明如何用矩阵法求独立的无量纲组合(相似准数)。

设已知某一现象的物理参量为 P、Q、R、S、G、U、V，而其量纲分别为

$$\begin{cases}[P]=[\mathrm{M}^2\mathrm{L}^1\mathrm{T}^0]\\ [Q]=[\mathrm{M}^{-1}\mathrm{L}^0\mathrm{T}^1]\\ [R]=[\mathrm{M}^3\mathrm{L}^{-1}\mathrm{T}^0]\\ [S]=[\mathrm{M}^0\mathrm{L}^0\mathrm{T}^3]\\ [G]=[\mathrm{M}^0\mathrm{L}^2\mathrm{T}^1]\\ [U]=[\mathrm{M}^{-2}\mathrm{L}^1\mathrm{T}^{-1}]\\ [V]=[\mathrm{M}^1\mathrm{L}^2\mathrm{T}^2]\end{cases} \tag{2.27}$$

现象的相似准数π可写成一般形式

$$\pi = P^{\alpha_1}Q^{\alpha_2}R^{\alpha_3}S^{\alpha_4}G^{\alpha_5}U^{\alpha_6}V^{\alpha_7} \tag{2.28}$$

将各物理量的基本量纲指数排列成量纲矩阵，如图 2.2 所示。

	α_1 P	α_2 Q	α_3 R	α_4 S	α_5 G	α_6 U	α_7 V
M	2	−1	3	0	0	−2	1
L	1	0	−1	0	2	1	2
T	0	1	0	3	1	−1	2

图 2.2 量纲矩阵

根据量纲和谐的条件可得方程组

$$\begin{cases}2\alpha_1-\alpha_2+3\alpha_3-2\alpha_6+\alpha_7=0\\ \alpha_1-\alpha_3+2\alpha_5+\alpha_6+2\alpha_7=0\\ \alpha_2+3\alpha_4+\alpha_5-\alpha_6+2\alpha_7=0\end{cases} \tag{2.29}$$

对量纲矩阵进行简单行变换，可得

$$\begin{cases}\alpha_5=-11\alpha_1+9\alpha_2-9\alpha_3+15\alpha_4\\ \alpha_6=5\alpha_1-4\alpha_2+5\alpha_3-6\alpha_4\\ \alpha_7=8\alpha_1-7\alpha_2+7\alpha_3-12\alpha_4\end{cases} \tag{2.30}$$

①令$\alpha_1=1$，$\alpha_2=\alpha_3=\alpha_4=0$，可得$\alpha_5=-11$，$\alpha_6=5$，$\alpha_7=8$。

②令$\alpha_2=1$，$\alpha_1=\alpha_3=\alpha_4=0$，可得$\alpha_5=9$，$\alpha_6=-4$，$\alpha_7=-7$。

③令$\alpha_3=1$，$\alpha_1=\alpha_2=\alpha_4=0$，可得$\alpha_5=-9$，$\alpha_6=5$，$\alpha_7=7$。

④令$\alpha_4=1$，$\alpha_1=\alpha_2=\alpha_3=0$，可得$\alpha_5=15$，$\alpha_6=6$，$\alpha_7=-12$。

将这四组解排列成矩阵，由于每一组解可得到一个无量纲组合π式(式(2.31))，这种矩阵又称为π矩阵，如图 2.3 所示。

$$
\begin{cases}
\pi_1 = PG^{-11}U^5V^8 \\
\pi_2 = QG^9U^{-4}V^{-7} \\
\pi_3 = RG^{-9}U^5V^{-7} \\
\pi_4 = SG^{15}U^{-6}V^{-12}
\end{cases}
\tag{2.31}
$$

	α_1	α_2	α_3	α_4	α_5	α_6	α_7
	P	Q	R	S	G	U	V
π_1	1	0	0	0	−11	5	8
π_2	0	1	0	0	9	−4	−7
π_3	0	0	1	0	−9	5	7
π_4	0	0	0	1	15	−6	−12

图 2.3　π矩阵

由π矩阵可以看出，π矩阵元素的第一部分是一个单位矩阵，除主对角线上的项等于 1 外，其他各元素都是 0。第一个参量 P 只出现在π_1中，第二个参量 Q 只出现在π_2中，类似地 R 只出现在π_3中，S 只出现在π_4中，因此所求得的π_1、π_2、π_3、π_4是独立的无量纲组合。

综上所述，量纲分析矩阵法的主要步骤是：

(1)写出现象物理量的量纲关系式，并排列成量纲矩阵。

(2)根据量纲和谐条件，列出各指数方程组(2.29)。

(3)写出π矩阵的行列符号，并填入第一部分单位矩阵的各元素值。

(4)依次将单位矩阵各行的元素代入式(2.30)，求出其他待定指数，并逐一填入π矩阵相应行元素的位置。

(5)由π矩阵写出相应的独立无量纲组合。

矩阵法中的一个问题是如何排列量纲矩阵中物理量的顺序。矩阵中排列顺序不同，可以得到不同形式的无量纲组合。因此，在最初排列时，应考虑有利的选择。一般来说，可以遵循这样的规则：在量纲矩阵中，将力学过程的因变量排列为第一个物理量，第二个物理量应是试验中最容易调节的那个变量，第三个量是试验中次一个便于调节的变量，并以此类推。由这样的排列所获得的无量纲组合中，一定是只在第一个π_1中包含了被决定的因变量，并且只在第二个π_2中包含了最易调节的物理量。这样就可以在试验中依次调节各个物理量的大小，以测定其对因变量的影响，并且能以无量纲组合$\pi_1, \pi_2, \cdots, \pi_n$之间的关系来处理这些试验的结果。

3. 量纲分析法的用途和局限性

量纲分析法可以导出相似准数，提供模型试验的相似条件，这是模型设计的基础，也是推广试验结果到相似现象上的依据。特别是当现象物理方程的具体函数形式未知或难于寻求时，量纲分析法就成为求得相似准数可能的唯一途径。

同时，由于π定理肯定了现象的物理方程可以表示为无量纲组合的函数式，从而简化试验，便于数据处理。为充分利用不同条件下的试验数据和成果，建立经验公式提供了一个可靠的基础。物理量的量纲分析法，在一定程度上揭示了物理量之间的相互关系，也有助于某些理论分析工作的开展。因此，量纲理论的成果不仅可以用于模型试验，也广泛应用于其他试验研究和理论分析领域，是科学研究的一个有力工具。

量纲分析法多应用于物理方程事先未知的研究工作，其结果的正确性是以正确选定与现象有关的物理量为前提。应用量纲分析法时，应该重视对现象的物理分析，不可过多地强调量纲分析的技巧，如果一开始就遗漏掉与现象有关的量，或者引进了与现象无关的量，就有可能使量纲分析出现不正确的结果。下边列出了量纲分析中容易忽略的点。

(1)没有正确地选择表示现象特征的量，或列入了与现象无关的量。

(2)在物理方程中，时常会遇到有量纲的常数，特别是在流体力学的试验研究中，这些常数容易被忽略。

(3)量纲分析法不能控制自身无量纲的物理量，如材料的泊松比μ、应变ε等，此时它们本身是最简单的无量纲组合。如果现象与此物理量有关，则应视为一个独立的相似准数。

(4)量纲分析法不能区分量纲相同且在关系方程中有着不同物理意义的量，如应力σ与弹性模量E虽然具有相同的量纲，但物理意义不同，在进行量纲分析时应作为两个物理参数来看待。有时会遇到属于不同范畴的同一名称的两个物理量，例如流体质点的运动速度(有序运动)和分子的运动速度(无序运动)，这里虽然名称相同但概念完全不同，而且物理量的相似常数也是不同的，这需要在量纲分析开始时就进行认真区分。

(5)量纲分析法在选择物理量时，应当引入物理现象的初始条件或边界条件所包含的单值量。这一点在动力学问题中很容易被忽略。

(6)对现象的物理分析，不仅在量纲分析的开始时要重视，在试验的实施过程中也同样要重视。倘若仅用作相似条件，可以容许无量纲组合(相似准数)有不同的表达形式。如果是要以无量纲组合的形式来建立物理方程，则在探讨各个π之间函数关系时，还要注意物理上的可能性。例如梁构件自由振动的例子中，得到$\pi_1=\omega\sqrt{\overline{m}/E}$，$\pi_2=\sqrt{J}/l^2$。从量纲分析来看，也可以用$\pi_1=\omega\sqrt{\overline{m}/E}$和$\pi_2'=l^2/\sqrt{J}$取代原来的一组$\pi$式。此时如果要建立一般函数关系：$\omega\sqrt{\overline{m}/E}=k'l^2/\sqrt{J}$，并以试验来确定$k'$，则无论是试验或理论分析都会指出这是不正确的。从试验的直观现象也会看出，自振频率ω与跨度l不是成正比，而是成反比的。

总之，量纲分析法是试验研究的有力工具，在科技领域中得到了广泛应用。在寻求物理现象的相似准数时，当物理方程未知时，量纲分析法是试验研究的唯一手段，而当物理方程的具体形式已知时，仍然应该采用方程分析法来导出相似准数。

2.3　量纲分析法与方程分析法的统一性

量纲分析法一般用于现象的物理方程具体函数形式未知的情况，而由量纲分析获得的无量纲组合，恰好与方程分析法导出的相似准数相同。下面简要阐明两种方法导出相似准数的共同数学基础。

一类自然现象对应一个基本量纲系统(如力学现象一般为三个基本量纲)，其他为导出量纲。同样，用于定量度量物理量的度量单位，也对应有基本度量单位系统(力学现象对应也有三个基本度量单位)，其他为导出单位。物理量的量纲不能人为进行改变，而对应的度量单位则可以人为地选定不同的单位系统。例如，5m 是以“m”为单位，记为符号 5[M]。转换为长度单位“cm”时，可得

$$5[M]=5[100CM]=5\times100[CM]=500[CM] \tag{2.32}$$

作为一个描述自然现象的完整的物理方程，其所有的项具有相同的量纲，即量纲是和谐的。物理方程量纲和谐的性质称为物理方程的量纲和谐性，或称齐次性。物理方程的齐次性反映在单位系统上，则决定了物理方程转换度量单位时不改变其形式。例如，不论是厘米-克-秒单位系统或米-千克-秒单位系统或其他系统，计算 F、m 和 a 之间定量关系时，均按牛顿第二定律 $F=ma$ 进行。

下面通过一个具体力学现象的物理方程实例，观察一下转换度量单位系统并保持物理方程形式不变时，会得出什么结果。仍以质点做曲线运动(切向加速度为常数)为例，对于这一确定的现象状态，任意选定两个不同的单位系统来度量。若该现象用第一系统度量时，各物理量值为 F_1、m_1、v_1、t_1、R_1，将单位代入，则有

$$[F_1]^2=\left([m_1]\frac{[v_1]}{[t_1]}\right)^2+\left([m_1]\frac{[{v_1}^2]}{[R_1]}\right)^2 \tag{2.33}$$

对于同一状态，仅改变度量单位系统。用第二系统度量时，各物理量值分别为 F_2、m_2、v_2、t_2、R_2。由于物理方程的形式不变，考虑第二种单位系统则有

$$[F_2]^2=\left([m_2]\frac{[v_2]}{[t_2]}\right)^2+\left([m_2]\frac{[{v_2}^2]}{[R_2]}\right)^2 \tag{2.34}$$

设两种系统各单位间的差别相应有下列关系：

$$\begin{cases}[F_1]=\lambda_F[F_2]\\ [m_1]=\lambda_m[m_2]\\ [v_1]=\lambda_v[v_2]\\ [t_1]=\lambda_t[t_2]\\ [R_1]=\lambda_R[R_2]\end{cases} \tag{2.35}$$

式中，λ为两种系统中各物理量单位间相应的转换常数。

在式(2.33)中将第一系统转换为第二系统，即将式(2.35)代入式(2.33)，可得

$$\lambda_F^2[F_2]^2=\left(\lambda_m\frac{\lambda_v}{\lambda_t}\right)^2\left([m_2]\frac{[v_2]}{[t_2]}\right)^2+\left(\lambda_m\frac{\lambda_v^2}{\lambda_R}\right)^2\left([m_2]\frac{[{v_2}^2]}{[R_2]}\right)^2 \tag{2.36}$$

即

$$[F_2]^2=\left(\frac{\lambda_m\lambda_v}{\lambda_t\lambda_F}\right)^2\left([m_2]\frac{[v_2]}{[t_2]}\right)^2+\left(\frac{\lambda_m\lambda_v^2}{\lambda_R\lambda_F}\right)^2\left([m_2]\frac{[{v_2}^2]}{[R_2]}\right)^2 \tag{2.37}$$

比较式(2.34)与式(2.37)，若两式同时成立则有

$$\begin{cases}\dfrac{\lambda_m\lambda_v}{\lambda_t\lambda_F}=1\\ \dfrac{\lambda_m\lambda_v^2}{\lambda_R\lambda_F}=1\end{cases} \tag{2.38}$$

式(2.38)说明，要满足物理方程齐次性的要求，两个单位系统的单位转换常数组成的指标式应满足等于 1 的条件。这就说明，不同的单位系统并不是任意建立的，而现有的单位系统均满足物理方程齐次性的要求。

将式(2.35)代入式(2.38)，可得

$$\begin{cases}\dfrac{[m_1][v_1]}{[F_1][t_1]}=\dfrac{[m_2][v_2]}{[F_2][t_2]}\\ \dfrac{[m_1][v_1]^2}{[F_1][R_1]}=\dfrac{[m_2][v_2]^2}{[F_2][R_2]}\end{cases} \tag{2.39}$$

又因为物理量的单位与量纲是对应的，则有

$$\begin{cases} \dfrac{m_1 v_1}{F_1 t_1} = \dfrac{m_2 v_2}{F_2 t_2} \\ \dfrac{m_1 v_1^2}{F_1 R_1} = \dfrac{m_2 v_2^2}{F_2 R_2} \end{cases} \tag{2.40}$$

对比式(2.40)和式(1.25)，可以看出在数学上是完全相同的。

由此可以看出，从同一现象不同度量单位的转换所获得的指标式(或无量纲组合)，与两个相似现象进行相似转换所获得的指标式(或相似准数)，尽管在物理性质上不同，但在数学形式上是完全相同的。因此，可以将量纲分析法获得的无量纲组合，作为相似现象的相似准数使用。然而，由于量纲分析法往往用于物理方程具体函数形式未知的情况，这就从表面上掩盖了量纲分析法和方程分析法在数学上的相似，从而不易看出二者在导出相似准数方面的统一性。

观察任一个完整的物理方程，为了满足物理方程齐次性的要求，导出量与基本量间的函数关系一般可表达为

$$A = k A_1^{\alpha_1} A_2^{\alpha_2} \cdots A_m^{\alpha_m} \tag{2.41}$$

式中，k 为无量纲常数；α_m 为基本量的指数。

因为各物理量间具有这种函数结构形式，就能在进行相似转换或单位转换时，由转换常数组成指标式，并适合物理方程的齐次性，这一点是可以得到数学证明的。由此可见，相似理论与量纲分析法，是科学试验分析以及工程结构与工程设备模型法的基础。

实践中，复杂的物理力学现象要完全满足相似理论规定的全部相似条件，通常是很困难的，这就大大限制了相似理论的应用范围。因此，在实际试验研究中广泛发展了近似相似的方法。近似相似的方法是根据试验的要求以及各个因素对现象影响的大小，抓住其中起主要作用的因素，忽略次要的因素，来进行相似模拟的试验方法。这种不是保持所有的相似条件，而是保持其主要的相似条件，获得在实际上具有足够准确性的近似相似，已经广泛地应用在工程问题的研究上。

第3章 冲击局部作用的相似与模拟

3.1 冲击局部作用的相似关系

3.1.1 物理现象描述

在炮弹或其他侵彻物高速冲击产生的巨大压力作用下，弹体材料和岩土介质相互作用过程是非常复杂的，要解析地建立其理论计算公式比较困难。在这种情况下，利用基于相似理论和模拟方法来进行试验研究，不仅非常有效，而且可以大大减小试验费用。

高速运动的侵彻物冲击目标物时，可以引起不同的破坏形态。图 3.1 为不同撞击速度下金属铝制靶体破坏区的 X 光机切片显影图。可以看出，随着冲击速度的不同，目标物大致呈现三种破坏状态：刚性侵彻、半流体侵彻和流体侵彻。

弹体超高速侵彻半无限厚靶的问题是侵彻力学问题研究的热点和难点。目前研究比较多的侵彻物是细长弹体，称为长杆弹或杆弹。在弹体侵彻中，随着撞击速度增加，弹靶接触面压力增大，弹体经历不同的物理过程，大体可以分为四种侵彻模式：

(1)刚性弹侵彻。当侵彻速度较低时，弹体几乎无变形，通常假设弹体为刚性，侵彻深度随撞击速度的增加而单调增加。

(2)变形弹侵彻。随着弹体侵彻速度提高，弹靶近区压力增大，当弹靶间接触应力超过弹体动态屈服强度时，弹体发生塑性变形，弹体头部明显变粗(弹头镦粗)，弹体长度变短，同时由于弹靶高速摩擦及岩石颗粒等对弹体的磨损切削，导致弹体头部质量有细微损失，弹体头部形状变化可导致杆弹侵彻能力降低。

(3)磨蚀弹侵彻。随着弹体侵彻速度提高，弹靶近区压力进一步增大，弹体发生严重塑性变形，同时因弹靶高速摩擦导致弹体表面温度急剧上升，甚至达到熔点，造成弹体材料软化，更加容易被切削，产生剧烈的质量损失，融化的弹体材料还可能与靶体材料融合，粘在壳体上。在这一阶段，可能由于靶体材料的非均匀性，导致弹体头部发生非对称磨蚀，造成弹体侵彻路径偏移以及弹体弯折。在磨蚀弹侵彻阶段，侵彻深度随撞击速度增加呈现显著下降的特征，质量损失主要集中于头部，而且打击速度越大，质量损失越严重。

(4)射流侵彻。在更高的撞击速度下，弹体完全达到塑性流动状态，可视为定常流体，试验后弹体质量完全损失。

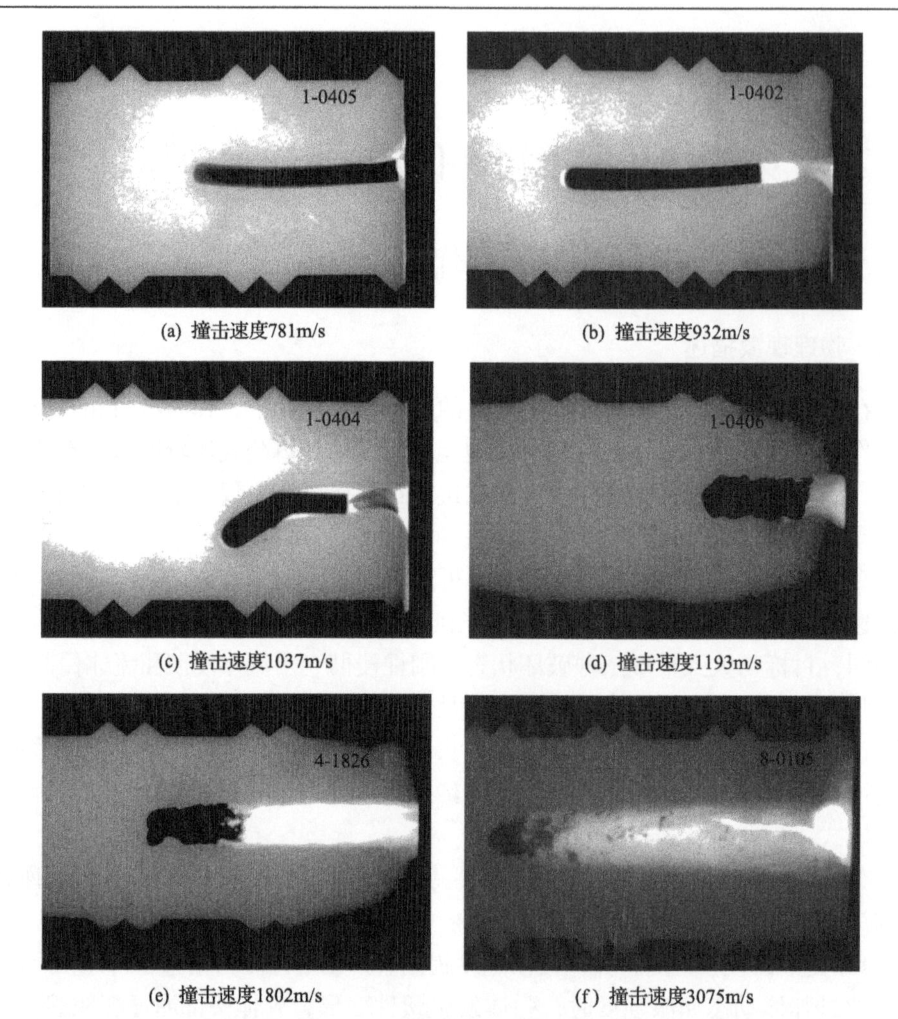

(a) 撞击速度781m/s　(b) 撞击速度932m/s

(c) 撞击速度1037m/s　(d) 撞击速度1193m/s

(e) 撞击速度1802m/s　(f) 撞击速度3075m/s

图 3.1　不同撞击速度下金属铝制靶体破坏区的 X 光机切片显影图

相应地，靶体经历了固体弹塑性状态—内摩擦拟流体状态—流体动力学状态的转变。在弹性、塑性、低压力阶段，材料的强度起主要作用，表现为固体属性；在高压力阶段，材料的体积压缩起主要作用，表现为流体动力学属性；在中间过渡区域，岩石的固体、流体属性分配份额不同，导致岩体的应力波状态、应力波衰减轨迹、应力应变状态等力学行为发生显著变化，需要研究出新的力学模型以更好地描述动载作用下过渡区的力学行为。

在杆形弹体对岩石、混凝土靶体的侵彻效应试验中，弹体侵彻深度随速度增加经历迅速增加—逆减—缓慢增加—趋于流体动力学极限的物理过程，并呈现出不同的破坏形态。当弹体速度不高时，侵彻深度随着弹体撞击速度的增加而增加；当弹体速度足够高时，存在一个侵彻深度随打击速度增加而急剧下降的阶段，发生弹体偏转和质量侵蚀破坏；当打击速度进一步增加时，由于弹靶接触面的剧烈压缩作用使介质材料破坏、融化，侵彻深度随打击速度的增加而缓慢增加并趋于流体动力学极限。图 3.2 为高强合金钢弹头侵彻花岗岩深度和残余质量与侵彻速度的关系。

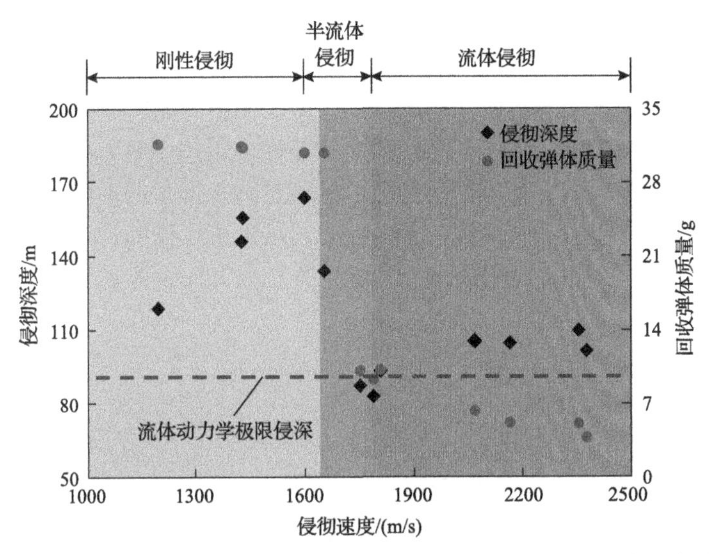

图 3.2　高强合金钢弹头侵彻花岗岩深度和残余质量与侵彻速度的关系

侵彻岩土介质和破坏防护结构的爆破弹或半穿甲弹(混凝土破坏弹)的冲击速度一般为 200~1000m/s，穿甲弹的着速更高一些。根据已有的试验观测，目标的破坏形态大致属于低速冲击区或接近过渡区。控制炮(航)弹侵彻目标物理过程的因素，主要是弹体与侵彻介质的力学特性，可以忽略热动力效应的影响。炮弹侵彻近区的破坏如图 3.3 所示。要从理论上研究侵彻近区的破坏问题仍然存在许多困难，侵彻过程与材料靠近弹体部分的破坏和粉碎，以及材料某一区域内的弹性和塑性的复杂状态有关，同时还必须研究炮弹在介质中运动所发生的弹塑性波

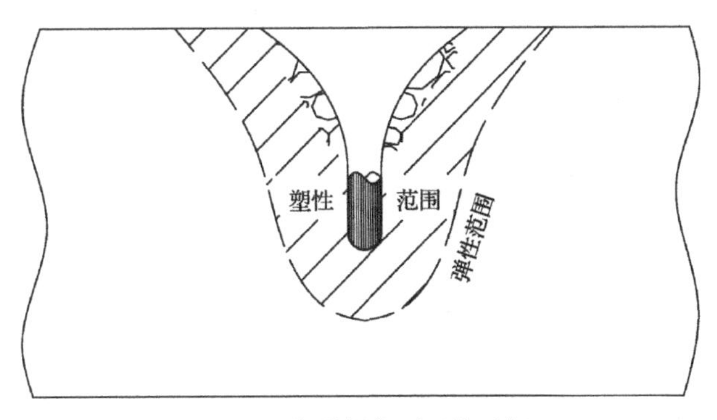

图 3.3　炮弹侵彻近区的破坏

的传播以及目标表面的反射等问题。工程上解决此类问题，通常是借助试验建立经验公式或者某些假定条件下的半经验公式。

为了建立指导试验的冲击模拟理论，需要依据对物理现象的定性理解或某些假定，应用量纲分析法来确定动力过程的相似律。研究冲击模拟现象时，可以将任一介质中运动着的炮(航)弹视为一个物理系统。图 3.4 为介质中运动着的炮(航)弹。炮弹命中介质时，其自身具有一定的动能和势能，并在侵彻过程中不断变化，克服阻力做功。炮弹侵入介质的初始瞬间，介质的阻力将与介质表面垂直，施力点即炮弹与介质的接触点。但是随后产生的摩擦力迅速使阻力向弹轴方向偏转一定角度。由于介质材料、着速、命中角，特别是弹头形状的不同，介质阻力的方向可能通过炮弹重心的不同侧方，从而在介质中形成不同的弹道弯曲。在克服介质阻力的过程中，弹丸速度迅速减小到零，直至弹丸完全停止运动。

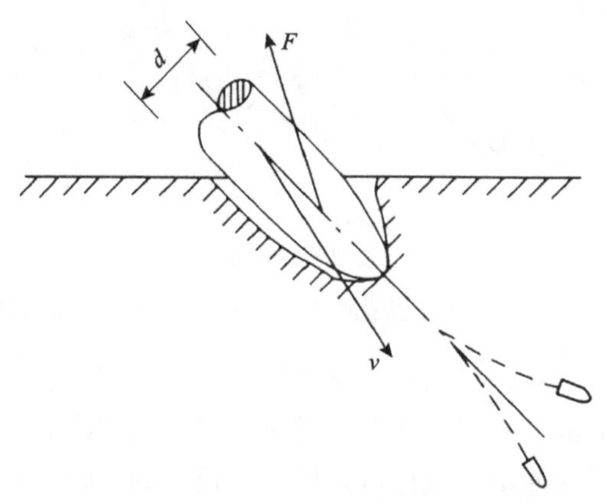

图 3.4　介质中运动着的炮(航)弹

由此可见，侵彻过程中的阻力与介质性质、弹丸的运动条件和几何性质有关。弹丸的能量(动能和势能)将消耗于粉碎介质的破坏功、介质和弹丸的弹塑性变形功(相对而言后者是很次要的)，以及弹丸表面引起的摩擦功等。对相同的弹丸和介质，着速和命中角影响着侵彻过程。此外，由于侵彻作用主要是依靠弹丸头部完成，介质的阻力也主要作用于弹丸的头部，因此其几何尺寸和头部形状也将影响各部分能量消耗的分配。

基于上述侵彻物理过程，对于固定几何形状的炮弹侵彻过程，可以认为参与现象过程的物理量有：P(总阻力)、ρ_{p}(炮弹的质量密度)、ρ_{t}(介质的质量密度)、g(重力加速度)、σ_{n}(介质材料的强度极限)、E(介质材料的弹性模量)、v(炮弹着速)、l(几何线性特征尺寸或位移)、γ_{pt}(炮弹与介质接触相应的摩擦系数)、β(炮弹命中角)等主要的物理参数。其中除 P 为被决定量外，其他均为冲击侵彻过程的单值量。将上述物理量写成一般的函数关系式，即

$$F(P,\rho_{\mathrm{p}},\rho_{\mathrm{t}},g,\sigma_{\mathrm{n}},E,v,l,\gamma_{\mathrm{pt}},\beta)=0 \tag{3.1}$$

3.1.2 低速冲击局部作用的相似与模拟

由于侵彻过程的复杂性，需要用量纲分析法进行相似模拟。同时，为了给出常见形式的相似准数以便于讨论其物理意义，下面用量纲分析的指数方法来导出低速冲击作用的相似准数。

1. 低速冲击作用的相似条件

(1) 在防护工程领域内，炮(航)弹对岩土介质及钢筋混凝土等介质的侵彻一般属于低速冲击。一定几何形状的炮(航)弹侵彻，其现象过程的主要物理量有：P、ρ_{p}、ρ_{t}、g、σ_{n}、E、v、l、γ_{pt}、β，物理方程写成一般函数式为式(3.1)。

(2) 上述物理参量中，γ_{pt}和β都是无量纲量，也即是最简单π式。而其他物理量组成的π式可写成一般形式，即

$$\pi=P^{\alpha_1}\rho_{\mathrm{p}}^{\ \alpha_2}\rho_{\mathrm{t}}^{\ \alpha_3}g^{\alpha_4}\sigma_{\mathrm{n}}^{\ \alpha_5}E^{\alpha_6}v^{\alpha_7}l^{\alpha_8} \tag{3.2}$$

(3) 取[M]、[L]、[T]为基本量纲，列出各物理量的量纲关系式，即

$$\begin{cases}[P]=[\mathrm{MLT^{-2}}]\\ [\rho_{\mathrm{p}}]=[\rho_{\mathrm{t}}]=[\mathrm{ML^{-3}}]\\ [g]=[\mathrm{LT^{-2}}]\\ [\sigma_{\mathrm{n}}]=[\mathrm{ML^{-1}T^{-2}}]\\ [E]=[\mathrm{ML^{-1}T^{-2}}]\\ [v]=[\mathrm{LT^{-1}}]\\ [l]=[\mathrm{L}]\end{cases} \tag{3.3}$$

(4) 将式(3.3)代入式(3.2)，列出π式的量纲关系式，即

$$[\pi]=[\mathrm{MLT^{-2}}]^{\alpha_1}[\mathrm{ML^{-3}}]^{\alpha_2}[\mathrm{ML^{-3}}]^{\alpha_3}[\mathrm{LT^{-2}}]^{\alpha_4}[\mathrm{ML^{-1}T^{-2}}]^{\alpha_5}[\mathrm{ML^{-1}T^{-2}}]^{\alpha_6}[\mathrm{LT^{-1}}]^{\alpha_7}[\mathrm{L}]^{\alpha_8} \tag{3.4}$$

(5) $[\pi]=[\mathrm{M^0L^0T^0}]$，由量纲和谐的条件，可得

$$\begin{cases}[\mathrm{M}]:\ \alpha_1+\alpha_2+\alpha_3+\alpha_5+\alpha_6=0\\ [\mathrm{L}]:\ \alpha_1-3\alpha_2-3\alpha_3+\alpha_4-\alpha_5-\alpha_6+\alpha_7+\alpha_8=0\\ [\mathrm{T}]:\ -2\alpha_1-2\alpha_4-2\alpha_5-2\alpha_6-\alpha_7=0\end{cases} \tag{3.5}$$

(6) 现象过程有 8 个有量纲量，因此可求得 5 个独立的无量纲组合。在式(3.5)中，每次给 5 个未知数赋值，即可求得一组解。

①令 $\alpha_1 = 1$，$\alpha_3 = \alpha_4 = \alpha_5 = \alpha_6 = 0$，代入式(3.5)，可得 $\alpha_2 = -1$，$\alpha_7 = -2$，$\alpha_8 = -2$，则

$$\pi_1 = \frac{P}{\rho_p v^2 l^2} \tag{3.6}$$

从 π_1 的形式可以看出，如将总阻力的量纲转换成压力表示的量纲，π_1 即表 2.1 中的欧拉准数 Eu。

②令 $\alpha_2 = 1$，$\alpha_1 = \alpha_4 = \alpha_5 = \alpha_6 = 0$，代入式(3.5)，可得 $\alpha_3 = -1$，$\alpha_7 = 2$，$\alpha_8 = 0$，则

$$\pi_2 = \frac{\rho_p}{\rho_t} \tag{3.7}$$

③令 $\alpha_3 = 1$，$\alpha_1 = \alpha_2 = \alpha_4 = \alpha_5 = 0$，代入式(3.5)，可得 $\alpha_3 = -1$，$\alpha_7 = 2$，$\alpha_8 = 0$，则

$$\pi_3 = \frac{\rho_t v^2}{E} \tag{3.8}$$

π_3 即为柯西准数 Ca。

④令 $\alpha_4 = -1$，$\alpha_1 = \alpha_2 = \alpha_3 = \alpha_5 = 0$，代入式(3.5)，可得 $\alpha_6 = 0$，$\alpha_7 = 2$，$\alpha_8 = -1$，则

$$\pi_4 = \frac{v^2}{gl} \tag{3.9}$$

π_4 即为弗劳德准数 Fr。

⑤令 $\alpha_5 = 1$，$\alpha_1 = \alpha_2 = \alpha_3 = \alpha_4 = 0$，代入式(3.5)，可得 $\alpha_6 = -1$，$\alpha_7 = 0$，$\alpha_8 = 0$，则

$$\pi_5 = \frac{\sigma_n}{E} \tag{3.10}$$

由此可以导出冲击作用的全部相似条件：

$$
\begin{cases}
\pi_1 = \dfrac{P}{\rho_{\mathrm{p}} v^2 l^2} \\
\pi_2 = \dfrac{\rho_{\mathrm{p}}}{\rho_{\mathrm{t}}} \\
\pi_3 = \dfrac{\rho_{\mathrm{t}} v^2}{E} \\
\pi_4 = \dfrac{v^2}{gl} \\
\pi_5 = \dfrac{\sigma_{\mathrm{n}}}{E} \\
\pi_6 = \gamma_{\mathrm{pt}} \\
\pi_7 = \beta
\end{cases}
\tag{3.11}
$$

这些条件是在低速冲击的范围内给出的，对于半流体区和流体区的高速冲击过程，还需要考虑考虑热动力效应，此时要计入温度、比热、熔热的相似分析，有些过程甚至还要考虑热传导过程和高速冲击下应变速率的相似问题。

2. 冲击作用的近似相似与模拟——几何相似律

用模拟试验来代替原型试验具有经济性和可重复性的优点。从原理上来说，只要满足相似条件，模型可以采用与原型不相同的材料。但在可能的条件下，应尽量使模型与原型采用相同的材料。这样使反映材料性质的很多物理力学参数自然地满足了相似的要求，如描述材料本构性质的应力-应变曲线、材料的屈服强度、极限强度、介质的摩擦系数等。甚至某些未曾考虑到的暂时隐蔽的因素也可能自动达到相似。当然，有时为了满足相似条件的需要，又必须改变模型材料。在防护工程领域内进行的侵彻模拟试验，一般都采用与原型相同的材料。

在式(3.11)的基础上，进一步讨论模型弹丸与原型炮弹采用同一种介质材料，保持几何相似(包括线性尺寸及弹头形状)侵彻过程的相似与模拟问题。

不论何种模型试验，如果模型与原型采用相同的介质材料，又在自然状态下进行，则柯西准数 Ca 和弗劳德准数 Fr 是不可能同时满足的。由柯西准数 Ca 可得相似指标式

$$
\frac{C_{\rho_{\mathrm{t}}} C_v^2}{C_E} = 1 \tag{3.12}
$$

由于介质材料相同，有

$$\begin{cases} C_{\rho_{\mathrm{t}}} = 1 \\ C_E = 1 \end{cases} \tag{3.13}$$

则

$$C_v = 1 \tag{3.14}$$

由弗劳德准数 *Fr* 可得相似指标式

$$\frac{C_v^2}{C_g C_l} = 1 \tag{3.15}$$

此时则要求 $C_g = 1/C_l$ ，但通常模型试验都在自然状态下的地面进行，重力加速度 g 相差不大，即 $C_g = 1$ ，则有

$$C_l = 1 \tag{3.16}$$

式(3.16)说明，若介质材料相同，要同时保持模型与原型的柯西准数 *Ca* 和弗劳德准数 *Fr* 数值相等，在自然状态下只能进行 1∶1 的原型试验。

同样地，如果侵彻模拟试验的模型和原型采用相同介质材料，也无法同时满足柯西准数 *Ca* 和弗劳德准数 *Fr* 的相似。反之，要达到完全相似则必须改变模型材料的性质。如在 $C_g = 1$ 的条件下，由 *Fr* 准数得到

$$C_v = \sqrt{C_l} \tag{3.17}$$

代入柯西准数 *Ca* 相应的指标式，则有

$$\frac{C_{\rho_{\mathrm{t}}}}{C_E} = \frac{1}{C_l} \tag{3.18a}$$

或

$$\frac{\rho_{\mathrm{t}}'}{E'} = \frac{\rho_{\mathrm{t}}}{C_l E} \tag{3.18b}$$

式(3.18)给出了模型材料的物理力学性质必须满足的条件，这大大限制了模型试验的应用范围。这就促使人们考虑如何保持试验过程主要因素的相似，而忽略次要因素的影响。这是工程实践中经常采用的近似相似方法。

在防护工程领域中，炮(航)弹对目标的侵彻，重力作用相似的要求对模拟试验影响不大。例如，着速很大、命中角很小的直接瞄准射击，以及对坚固介质的

侵彻等，弹丸在侵彻过程中重力位能相对于其他能量的分配如动能、变形能等变化是不大的。因此，在式(3.11)的相似条件中可以略去弗劳德准数 Fr 相等的要求。

在式(3.11)的其他相似条件中，总阻力 P 是取决于现象过程其他单值量的，它是在侵彻过程中被决定的有量纲量。阻力的计算可以通过一定近似假设条件下的理论分析或由试验确定。例如假定运动的阻力变化规律，或将侵彻弹丸近似作为打入介质中的桩来考虑。下面仅从量纲分析出发，定性地讨论总阻力与过程单值量的关系。为简化讨论，近似将弹丸头部视为圆锥形。圆锥形弹丸头部示意图如图 3.5 所示。

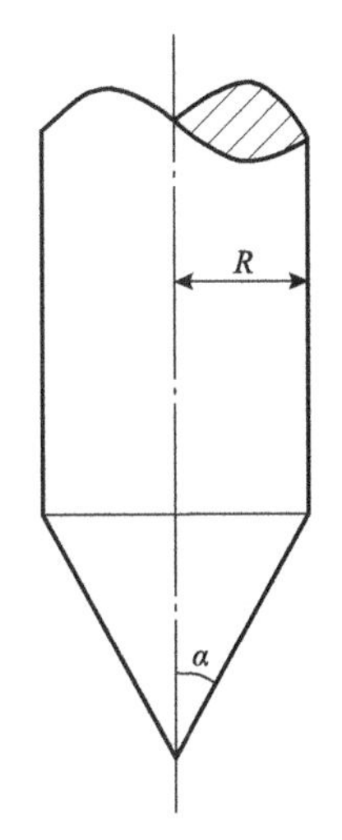

图 3.5　圆锥形弹丸头部示意图

阻力 P 主要取决于弹丸头部的几何形状(弹丸半径 R、夹角 α)和介质材料的性质(材料的强度极限 σ_n、弹丸对介质的摩擦系数 γ_{pt})。由于 α 及 γ_{pt} 均为无量纲量，从量纲关系可以知道阻力 P 满足

$$P = R^2 \sigma_n f\left(\alpha, \gamma_{pt}\right) \tag{3.19}$$

根据式(3.11)中 π_1 的条件，要求模型与原型满足

$$\frac{P}{\rho_p v^2 l^2} = \frac{P'}{\rho_p' v'^2 l'^2} \tag{3.20a}$$

即

$$\frac{R^2 \sigma_n f(\alpha, \gamma_{pt})}{\rho_p v^2 l^2} = \frac{R'^2 \sigma_n' f(\alpha', \gamma_{pt}')}{\rho_p' v'^2 l'^2} \tag{3.20b}$$

令

$$
\begin{cases}
\sigma_{\mathrm{n}}' = \sigma_{\mathrm{n}} \\
\rho_{\mathrm{p}}' = \rho_{\mathrm{p}} \\
\alpha' = \alpha \\
\gamma_{\mathrm{pt}}' = \gamma_{\mathrm{pt}} \\
v' = v
\end{cases}
\tag{3.21}
$$

当模型比例为$C_l(C_l = R'/R = L'/L)$时，式(3.21)将满足式(3.20)。

若忽略弗劳德准数π_4，再综合考虑相似条件式(3.11)中的其他准数$\pi_2\sim\pi_7$，可以得到一组满足全部相似要求的条件，即

$$
\begin{cases}
\dfrac{R'}{R} = \dfrac{l'}{l} = C_l \\
\alpha' = \alpha \\
\beta' = \beta \\
\sigma_{\mathrm{n}}' = \sigma_{\mathrm{n}} \\
\rho_{\mathrm{p}}' = \rho_{\mathrm{p}} \\
\rho_{\mathrm{t}}' = \rho_{\mathrm{t}} \\
\gamma_{\mathrm{pt}}' = \gamma_{\mathrm{pt}} \\
E' = E \\
v' = v
\end{cases}
\tag{3.22}
$$

式(3.22)给出的是侵彻过程单值量的相似条件。因此，对于炮(航)弹侵彻介质现象，如果模型试验与原型采用相同的材料，只需保持系统的几何相似(弹丸的几何尺寸、弹头形状、命中角)，且命中速度相等，则模型试验相似于原型，称为几何相似律。相同材料的几何相似律又称为复制模型相似律。

若将模型试验中测得的侵彻深度h_{p}'，除以模型比例C_l，则可转换得到原型介质中产生的侵彻深度h_{p}(即$h_{\mathrm{p}}'/h_{\mathrm{p}} = C_l$)。

当侵彻对象为非均质材料组成的混凝土介质时，还必须考虑混凝土最大骨料尺寸的几何相似问题。在模型比例较大时，不考虑此因素会带来较大的误差。这是容易理解的，如果模型与原型最大骨料尺寸相同，原型弹丸侵彻遇到的骨料只相当于小石块，而模型弹丸则相当于遇到了巨大的岩块。

因此，侵彻模拟试验时，几何相似还应包括混凝土最大骨料尺寸的相似(即$d_{\max}'/d_{\max} = C_l$)。图 3.6 为钢筋混凝土材料原型和模型侵彻试验。图中原型射弹

是直径 D=3 时的舰炮炮弹，模型是 0.3 时的步枪射弹。模型介质采用了两种不同配筋情况的钢筋混凝土块，一种是钢筋抗拉极限强度与原型相同，另一种是钢筋屈服强度与原型相同。由图 3.6 可以看出，当弹丸命中速度相同时，模型与原型将有相同的比例侵彻深度。

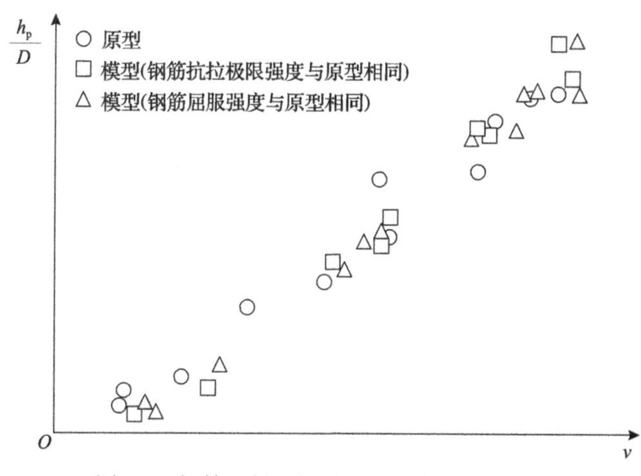

图 3.6　钢筋混凝土材料原型和模型侵彻试验

在杆式穿甲弹侵彻钢筋混凝土的模拟试验中，原型射弹为 100mm 滑膛炮杆式脱壳穿甲弹，侵彻目标的命中速度为 $v_0 = 1500\,\text{m/s}$。模型弹丸为 25mm 滑膛炮炮弹。几何比尺 $C_l = 1/4$，靶板采用相同的介质材料，混凝土最大骨料和配筋也大致保持几何相似。25mm 模拟弹对钢筋混凝土靶的侵彻深度如表 3.1 所示。可以看出，相同介质材料的几何相似律与侵彻模拟试验结果符合。

表 3.1　25mm 模拟弹对钢筋混凝土靶的侵彻深度

靶厚/mm	弹丸着速/(m/s)	侵彻深度/mm	换算原型侵彻深度/mm	模拟试验相对误差/%
440	1270	364	430	4.2
440	1270	333	393	–4.7
500	1537	354	345	–16.3
560	1540	420	409	–0.3
410	1535	405	396	–4.0

注：表中相对误差是依据实弹射击的数据换算得出。

几何相似律忽略了重力相似及应变速率对材料性质相似的影响，在模型比例不大的工程范围内是可行的。此外，侵彻作用的几何相似律虽然是从实体弹丸侵彻作用的讨论引出的，但对于具有“带金属药形罩聚能装药”这种侵彻破坏作用的破甲弹模型试验也是适用的。

3.2 侵彻公式

根据相似第二定理(或π定理)，物理过程的关系方程可以表示为相似准数间的函数关系。在防护工程计算中，有侵彻经验公式

$$h_p = \lambda_1 \lambda_2 K_p \frac{G_p}{d^2} v \cos\left(\frac{1+n}{2}\beta\right) \tag{3.23}$$

式中，d 为弹丸直径；G_p 为弹丸重量；h_p 为侵彻深度；K_p 为侵彻屈服系数；n 为偏转系数；β 为命中角；λ_1 为弹形系数；λ_2 为弹径系数。

式(3.23)是侵彻作用准数方程一般函数关系的具体形式之一。借助于量纲分析，可以加强对经验公式(3.23)物理含义的理解。

为了导出式(3.23)的函数关系，先将式(3.11)的相似准数写成

$$\pi_1 = \frac{P}{\rho_p v^2 l^2} = \text{const.} \tag{3.24a}$$

$$\pi_2 = \frac{\rho_p}{\rho_t} = \text{const.} \tag{3.24b}$$

$$\pi_3 = \frac{\rho_t v^2}{E} = \text{const.} \tag{3.24c}$$

$$\pi_4 = \frac{v^2}{gl} = \text{const.} \tag{3.24d}$$

$$\pi_5 = \frac{\sigma_n}{E} = \text{const.} \tag{3.24e}$$

$$\pi_6 = \gamma_{pt} = \text{const.} \tag{3.24f}$$

$$\pi_7 = \beta = \text{const.} \tag{3.24g}$$

$$\pi_8 = \frac{d}{d_{a,\max}} = \text{const.} \tag{3.24h}$$

式(3.24h)是考虑混凝土目标骨料最大粒径的相似条件。

将阻力近似计算公式(3.19)改写为

$$P = d^2 f_1\left(\sigma_n, \gamma_{pt}\right) f_2(\alpha) \tag{3.25}$$

将式(3.25)代入$1/(\pi_1\pi_4)$，可得

$$\frac{\rho_{\mathrm{p}} l^3 g}{d^2 f_1(\sigma_{\mathrm{n}}, \gamma_{\mathrm{pt}}) f_2(\alpha)} = \text{const.} \tag{3.26a}$$

由量纲关系可知$G_{\mathrm{p}} = K\rho_{\mathrm{p}} l^3 g$，对于相同材料的几何相似体，$k$为无量纲的常系数，在相似准数式中可以略去，因此式(3.26a)又可以写成

$$\frac{G_{\mathrm{p}}}{d^2 f_1(\sigma_n, \gamma_{\mathrm{pt}}) f_2(\alpha)} = \text{const.} \tag{3.26b}$$

因为固体介质中声速$v_{\mathrm{s}} = \sqrt{E/\rho_{\mathrm{t}}}$，所以式(3.24c)可以写成

$$\frac{v^2}{v_{\mathrm{s}}^2} = \text{const.} \tag{3.27a}$$

或

$$\frac{v}{v_{\mathrm{s}}} = \text{const.} \tag{3.27b}$$

将式(3.24d)中的线性特征尺寸取为侵彻深度h_{p}，可得

$$\frac{v^2}{h_{\mathrm{p}} g} = \text{const.} \tag{3.28}$$

经上述变换后，在讨论侵彻深度模拟时，可用下列一组相似准数代替原有的一组相似准数，即

$$\begin{cases} \dfrac{v}{v_{\mathrm{s}}} = \text{const.} \\ \dfrac{v^2}{h_{\mathrm{p}} g} = \text{const.} \\ \dfrac{G_{\mathrm{p}}}{d^2 f_1(\sigma_{\mathrm{n}}, \gamma_{\mathrm{pt}}) f_2(\alpha)} = \text{const.} \\ \dfrac{\rho_{\mathrm{p}}}{\rho_{\mathrm{t}}} = \text{const.} \\ \dfrac{\sigma_{\mathrm{n}}}{E} = \text{const.} \\ \gamma_{\mathrm{pt}} = \text{const.} \\ \beta = \text{const.} \\ \dfrac{d}{d_{\mathrm{a,max}}} = \text{const.} \end{cases} \tag{3.29}$$

由于相似准数可以有不同的表达形式，只要考虑了影响相似的相同因素，这种替代是等价的。

根据相似第二定理，可以将侵彻过程的准数方程写成

$$\frac{v}{v_{\mathrm{s}}}=\frac{v^2}{h_{\mathrm{p}}g}\frac{G_{\mathrm{p}}}{d^2 f_1\left(\sigma_{\mathrm{n}},\gamma_{\mathrm{pt}}\right)f_2\left(\alpha\right)}f_3\left(\frac{\rho_{\mathrm{p}}}{\rho_{\mathrm{t}}}\right)f_4\left(\frac{\sigma_{\mathrm{n}}}{E},\gamma_{\mathrm{pt}}\right)f_5\left(\beta\right)f_6\left(\frac{d}{d_{\mathrm{a,max}}}\right) \tag{3.30a}$$

或

$$h_{\mathrm{p}}=\frac{1}{f_2\left(\alpha\right)}f_6\left(\frac{d}{d_{\mathrm{a,max}}}\right)f_3\left(\frac{\rho_{\mathrm{p}}}{\rho_{\mathrm{t}}}\right)\frac{v_{\mathrm{s}}}{g}\frac{f_4\left(\frac{\sigma_{\mathrm{n}}}{E},\gamma_{\mathrm{pt}}\right)}{f_1\left(\sigma_{\mathrm{n}},\gamma_{\mathrm{pt}}\right)}\frac{G_{\mathrm{p}}}{d^2}vf_5\left(\beta\right) \tag{3.30b}$$

式中待定函数可直接由试验确定。

式(3.30)中各参数的特征是：对于承受各种口径炮(航)弹冲击作用的钢筋混凝土工事，可以认为$d_{\mathrm{a,max}}$和$\rho_{\mathrm{p}}/\rho_{\mathrm{t}}$是常数；$\sigma_{\mathrm{n}}$、$E$、$v_{\mathrm{s}}$、$\gamma_{\mathrm{pt}}$皆取决于介质材料的性质；$\alpha$为弹头几何形状的参数；$\beta$为命中角。

将式(3.30b)改写为更一般的形式

$$h_{\mathrm{p}}=F_1\left(\alpha\right)F_2\left(d\right)F_3\left(\sigma_{\mathrm{n}},E,v_{\mathrm{s}},\gamma_{\mathrm{pt}}\right)\frac{G_{\mathrm{p}}}{d^2}vF_4\left(\beta\right) \tag{3.31}$$

式中，$F_1\left(\alpha\right)$为弹丸头部几何形状参数的函数；α为弹头卵形部长度与弹径之比，$\alpha=l_{\mathrm{p}}/d$。

侵彻计算公式中的弹形系数λ_1即相当于式(3.31)中的函数F_1；弹径系数λ_2相当于函数F_2；侵彻屈服系数K_{p}相当于取决于介质性质的函数F_3；余弦函数则相当于F_4。当由试验确定F_1、F_2、F_3和F_4的具体形式后，即可得到防护工程设计中采用的侵彻公式(3.23)。

3.3 高超声速局部作用的相似与模拟

3.3.1 射流侵彻的相似关系

杆形弹体超高速侵彻的理论模型最早来自高速射流的流体动力学理论。当弹体的冲击速度极高，弹靶接触面压力极大，导致可忽略弹体和靶体的强度时，可将杆形弹侵彻简化为聚能射流问题，弹靶接触面的压力平衡关系可由 Birkhoff 等[1]建议的伯努利方程描述：

$$\frac{1}{2}\rho_p(v_i - v_g)^2 = \frac{1}{2}\rho_t v_g^2 + H_t \tag{3.32}$$

式中，ρ_p 为射流（弹体）密度；v_i 为射流速度；v_g 为弹靶接触面粒子速度；ρ_t 为靶体密度；H_t 为动力硬度。

假设侵彻为定常过程，由式(3.32)可得

$$v_g = \frac{\lambda_\rho v_i}{\lambda_\rho^2 - 1}\left[\lambda_\rho - \sqrt{1 + \left(1 - \frac{1}{\lambda_\rho^2}\right)\frac{2H_t}{\rho_t v_i^2}}\right] \tag{3.33}$$

式中，

$$\lambda_\rho = \sqrt{\frac{\rho_p}{\rho_t}} \tag{3.34}$$

射流侵蚀时间为

$$t = \frac{L}{v_i - v_g} \tag{3.35}$$

式中，L 为弹长。

射流侵蚀时间与侵彻时间相同，则得到侵彻深度为

$$\frac{h_p}{L} = \frac{v_g}{v_i - v_g} \tag{3.36}$$

将式(3.33)代入式(3.36)，可得

$$\frac{h_p}{L} = \frac{\lambda_\rho^2 - \sqrt{\lambda_\rho^2 + \left(\lambda_\rho^2 - 1\right)\frac{2H_t}{\rho_t v_i^2}}}{\sqrt{\lambda_\rho^2 + \left(\lambda_\rho^2 - 1\right)\frac{2H_t}{\rho_t v_i^2}} - 1} \tag{3.37}$$

也就得到了射流超高速侵彻下靶体强度不可忽略时的相似关系，即

$$\frac{h_p}{L} = f\left(\frac{\rho_p}{\rho_t}, \frac{\rho_t v_i^2}{H_t}\right) \tag{3.38}$$

如果 $H_t \to 0$ 或 $v_i \to \infty$，式(3.37)变为

$$\frac{h_{\mathrm{p}}}{L}=\frac{\lambda_{\rho}\left(\lambda_{\rho}-1\right)}{\lambda_{\rho}-1}=\lambda_{\rho}=\sqrt{\frac{\rho_{\mathrm{p}}}{\rho_{\mathrm{t}}}} \tag{3.39}$$

式(3.39)是射流侵彻的流体动力学模型计算公式。

通过式(3.38)和式(3.39)可知，在试验过程中可以分别用不同密度和硬度的靶体进行射流侵彻模拟，实现较低速度对较高速度侵彻的相似模拟，从而为超高速侵彻局部破坏效应的室内相似模拟试验提供了理论基础。

3.3.2 超高速侵彻半无限厚靶的理论模型

1. 基于射流理论的修正模型

射流侵彻流体动力学模型计算结果经常被视作连续射流和长杆弹体在速度趋于无穷时的侵彻深度理论极限值，但在现有试验冲击速度条件下，实际的侵彻深度往往与之存在显著偏差，因此必须对上述模型进行修正。侵蚀弹侵彻时，只是弹靶接触部分呈流体状态，其余部分还处于刚体状态，因此实际上不能忽略弹体和靶体的强度特征。流体动力学理论的最大不足在于未考虑材料强度，因而只适用于速度极高情况下的侵彻行为，对于半流体侵彻阶段，弹靶相互作用的描述一般采用修正的流体动力学模型。经典的修正流体动力学模型是基于金属靶体侵彻理论提出的，包括 Allen-Rogers 模型(A-R 模型)[2]、Alekseevskii-Tate 模型(A-T 模型)[3,4]等。

1) Allen-Rogers 模型(A-R 模型)

在聚能射流理论的流体动力学模型基础上，Allen 等[2]于伯努利方程中加入强度项考虑靶体强度效应的影响，形成 Allen-Rogers 模型，即

$$\frac{1}{2}\rho_{\mathrm{p}}\left(v_{\mathrm{i}}-v_{\mathrm{g}}\right)^{2}=\frac{1}{2}\rho_{\mathrm{t}}v_{\mathrm{g}}^{2}+\sigma \tag{3.40}$$

式中，σ为与靶体材料强度相关的物理量。

将式(3.40)对时间积分，可得无量纲侵彻深度表达式

$$\frac{h_{\mathrm{p}}}{L}=\frac{v_{\mathrm{i}}-\sqrt{\lambda_{\rho}^{2}v_{\mathrm{i}}^{2}+\dfrac{2\left(1-\lambda_{\rho}^{2}\right)\sigma}{\rho_{\mathrm{p}}}}}{\sqrt{\lambda_{\rho}^{2}v_{\mathrm{i}}^{2}+\dfrac{2\left(1-\lambda_{\rho}^{2}\right)\sigma}{\rho_{\mathrm{p}}}}-\lambda_{\rho}^{2}v_{\mathrm{i}}} \tag{3.41}$$

当忽略σ时，式(3.41)可退化成式(3.37)。Allen 等[2]成功用该模型解释了镁、铝、锡等杆形弹高速撞击铝靶的试验数据，在高速侵彻作用下，侵彻深度趋近于流体

动力学极限。

2) Alekseevskii-Tate 模型(A-T 模型)

A-T 模型是杆形弹高速侵彻的理论模型，该模型由 Alekseevskii[3]和 Tate[4]分别提出，他们将弹体和靶体材料的强度(Y_p和R_t)引入伯努利方程中，并联合弹长变化方程、侵彻方程和弹体减速运动方程，建立了侵彻计算的流体力学模型，即

$$\frac{1}{2}\rho_p\left(v_i - v_g\right)^2 + Y_p = \frac{1}{2}\rho_t v_g^2 + R_t \tag{3.42}$$

$$\frac{dL}{dt} = -\left(v_i - v_g\right) \tag{3.43}$$

$$\frac{dh_p}{dt} = v_g \tag{3.44}$$

$$\frac{dv_i}{dt} = -\frac{Y_p}{\rho_p L} \tag{3.45}$$

该模型假设弹体侵彻过程中仅弹体头部较小区域和弹靶接触面附近靶体处于流体状态，其余弹体部分仍为刚体。对应不同的弹靶组合，有两种不同侵彻情形：当$Y_p < R_t$时，弹体边侵彻边侵蚀，直到射流速度v_i下降到临界速度时侵彻停止；当$Y_p > R_t$时，射流速度v_i下降到临界速度，剩余弹体以刚性弹继续侵彻。

A-T 模型一般采用数值方法求解，由于Y_p和R_t会对计算结果有较大影响，因此模型中Y_p和R_t的取值一直是 A-T 模型分析中的重点和难点[5]。Tate[6]最初曾建议将Y_p取为 Hugoniot 弹性极限(即 HEL)，而R_t取靶体材料 HEL 的 3.5 倍。后来通过试验数据拟合，重新评估了Y_p和R_t，得到

$$\begin{cases} Y_p = (1+\delta)\sigma_{p,y} \\ R_t = \sigma_{t,y}\left[\dfrac{2}{3} + \ln\dfrac{2E_t}{\left(4 - e^{-\delta}\right)\sigma_{t,y}}\right] \end{cases} \tag{3.46}$$

式中，$\sigma_{p,y}$为弹体的动态屈服强度；$\sigma_{t,y}$和E_t分别为靶体的动态屈服强度和弹性模量；δ为修正系数，一般取 0.7。

2. 其他修正流体动力学模型

在 A-T 模型基础上，研究者提出了许多改进模型，如孙庚辰-吴锦云-赵国志-

史骏模型(S-W-Z-S 模型)[7]、Rosenber-Marmor-Mayseless 模型(R-M-M 模型)[8]、Walker-Anderson 模型(A-W 模型)[9]、Zhang-Huang 模型(Z-H 模型)[10]、Lan-Wen 模型(L-W 模型)等[11]。这些模型最早都是针对金属靶体提出的。楼建锋[12]对各个模型的基本假设、控制方程和计算结果做了全面的比较，并认为上述模型的关键控制方程均可以统一地描述为

$$\frac{1}{2}\rho_p\left(v_i - v_g\right)^2 + [Y_p] = \frac{1}{2}\rho_t v_g^2 + [R_t] \tag{3.47}$$

式中，$[Y_p]$ 和 $[R_t]$ 分别为弹体材料的名义强度和靶体材料的名义强度。

尽管式(3.47)在形式上实现了模型的统一，但实际上各模型的基本假设、参数取值和预测效果差异很大，表 3.2 为不同修正流体动力学模型中 $[Y_p]$ 和 $[R_t]$ 值。

表 3.2　不同修正流体动力学模型中 $[Y_p]$ 和 $[R_t]$ 值

模型	$[Y_p]$	$[R_t]$	备注
A-T 模型[3,4]	Y_p	R_t	$Y_p = HEL = \sigma_{p,y}\frac{1+v}{1-2v}$ $R_t = \sigma_{t,y}\left(\frac{2}{3} + \ln\frac{0.57E_t}{\sigma_{t,y}}\right)$
S-W-Z-S 模型[7]	$\frac{Y_p}{4}$	$\frac{A}{4A_p}R_t + \frac{3A-4A_p}{8A_p}\rho_t {v_g}^2$	A_p 为长杆弹截面积 A 为坑底面积，$A \geqslant 2A_p$
R-M-M 模型[8]	Y_p	$\frac{A_t}{A_p}R_t + \frac{A_t - A_p}{2A_p}\rho_t {v_g}^2$	A_t 为蘑菇头等效面积 $R_t = \frac{\sigma_{t,y}}{\sqrt{3}}\left[1 + \ln\frac{\sqrt{3}E_t}{(5-4v)\sigma_{t,y}}\right]$
A-W 模型[9]	$\sigma_{p,y}$	$\frac{7}{3}\ln\alpha\sigma_{t,y}$	α 为靶体中塑性流动区的无量纲长度，由柱形空腔膨胀模型得到(K_t、G_t 为靶体的体积模量和剪切模量) $\left(1+\frac{\rho_t {v_g}^2}{\sigma_{t,y}}\right)\sqrt{K_t - \rho_t\alpha^2 {v_g}^2}$ $=\left(1+\frac{\rho_t\alpha^2 {v_g}^2}{2G_t}\right)\sqrt{K_t - \rho_t {v_g}^2}$
Z-H 模型[10]	$\frac{Y_p}{4}$	$\frac{D^2}{4D_p^2}R_t + \frac{\beta D^2 - 4D_p^2}{8D_p^2}\rho_t {v_g}^2$	β 为动阻力系数
L-W 模型[11]	Y_p	$S - \rho_t v_g U_{f0}\exp\left[-\left(\frac{v_g - U_{f0}}{nU_{f0}}\right)^2\right]$ $+2\rho_t U_{f0}^2\exp\left[-2\left(\frac{v_g - U_{f0}}{nU_{f0}}\right)^2\right]$	S 为静阻力，U_{f0} 为临界速度，n 为可调系数

从表 3.2 中可以看出，对于以 A-T 模型为代表的修正流体动力学模型，研究的矛盾和难点主要集中在模型中$[Y_\mathrm{p}]$和$[R_\mathrm{t}]$的取值。然而，准确获知侵彻过程中的$[Y_\mathrm{p}]$和$[R_\mathrm{t}]$值难度很大。对于$[Y_\mathrm{p}]$，Rosenberg 等[13]对不同强度长杆弹侵彻的模拟计算表明，$[Y_\mathrm{p}]$与弹靶强度、撞击速度和长径比都相关，因此认为$[Y_\mathrm{p}]$是 A-T 模型中不能准确定义的参数。由于$[Y_\mathrm{p}]$控制弹体侵蚀和减速，Anderson 等[14]建议通过试验测量弹尾的实时运动来推测$[Y_\mathrm{p}]$值。

由修正流体动力学模型的控制方程(3.42)可知，影响弹体侵彻效应的是模型中$[R_\mathrm{t}]$与$[Y_\mathrm{p}]$的差值$[R_\mathrm{t}]-[Y_\mathrm{p}]$，其对长杆弹高速侵彻能力的影响较小。因此，通常取$[Y_\mathrm{p}]$为定值或零强度，然后研究$[R_\mathrm{t}]$的规律。常采用三种方式确定$[R_\mathrm{t}]$值[14]：①通过空腔膨胀等理论模型进行推导；②通过侵彻试验数据反向拟合；③在数值模拟中获得瞬时压力，再对时间或位置积分获得侵彻中的平均值。由于采用的模型不同，不同的修正理论获得的$[R_\mathrm{t}]$通常具有显著的差异[15]。同时由于 A-T 及其修正模型主要针对稳态侵彻阶段，而$[R_\mathrm{t}]$在侵彻过程中剧烈变化，因此利用最终侵彻深度反向拟合$[R_\mathrm{t}]$的方法也不尽合理。Anderson 等[14]发现在 A-T 模型中，无法同时匹配侵彻速度和侵彻深度。随后，Anderson 等[16]详细比较了“利用侵彻深度反向拟合的靶体阻力”和“对应数值模拟中按时间平均、按侵深平均及仅考虑稳态侵彻阶段的靶体阻力”，发现二者差异显著，在超过 4.5km/s 的撞击速度下，用侵彻深度反向拟合的$[R_\mathrm{t}]$为负值，这显然违背了客观物理规律。

3.3.3　统一的内摩擦流体弹塑性侵彻理论模型

关于侵彻理论的计算模型主要分空腔膨胀理论及射流理论两种，其中空腔膨胀理论主要适用于研究固体弹塑性侵彻问题；而射流理论则主要适用于研究流体动力学侵彻问题。目前尚缺乏一种涵盖从低速至高速、超高速侵彻的全过程理论模型。王明洋等[17]在总结爆炸和冲击加载作用下岩石动态压缩试验数据的基础上，指出在固体弹塑性侵彻区域与流体动力学侵彻区域之间还存在一个拟流体过渡区，在这一区域材料的行为兼具固体和流体属性，并提出流体弹塑性内摩擦侵彻理论，表征了材料从低应力固体弹塑性至高应力流体之间的应力状态，推导出从固体侵彻至流体侵彻全过程的阻抗演变公式，即

$$\sigma_\mathrm{r} = \underbrace{\frac{4\tau_\mathrm{s}}{3}}_{\text{固体强度项}} + \underbrace{\kappa\rho_\mathrm{t}c_\mathrm{p}v}_{\text{内摩擦动应力影响项}} + \underbrace{\frac{\kappa\ell\rho_\mathrm{t}v^2}{2}}_{\text{流体动应力影响项}} \tag{3.48}$$

式中，τ_s为岩石剪切强度，随着压力提高，岩石的剪切强度也在提高，可用公式

$\tau_s=\tau_0+\dfrac{\mu_f p}{1+\dfrac{\mu_f p}{\tau_p-\tau_0}}$ 计算，其中 τ_0 为介质黏结强度，τ_p 为动力强度极限，μ_f 为摩擦因数；ℓ 为流体动应力影响系数，表示岩石体积压缩的非线性程度，$\ell\leqslant 1$；$\kappa=(1+2\alpha)/3$ 为受限内摩擦影响系数，其值大小与介质的内摩擦角 φ 相关，目前仍难以建立 φ 与撞击速度 v 的物理关系，王明洋等[18]按 Boltzmann 函数给出 κ 随弹速变化的关系，即

$$\begin{cases}\kappa=\kappa_0, \quad \kappa_0=\dfrac{1+2\alpha_0}{3}, & v\leqslant v_*\\ \kappa=\dfrac{2\kappa_0-1+\mathrm{e}^{\eta}}{1+\mathrm{e}^{\eta}}, \quad \eta=\dfrac{\dfrac{v}{c}-\dfrac{v_*}{c}}{\mathrm{d}v}, & v_*<v<v_{**}\\ \kappa\to 1, & v\geqslant v_{**}\end{cases} \tag{3.49}$$

式中，v_* 和 v_{**} 分别为岩石介质进入拟流体侵彻和流体动力学侵彻对应的弹体临界速度。

式(3.49)中不同项应力影响分配份额随弹速发生变化，根据侵彻压力状态递进过程中不同参数演化趋向极限的程度，将侵彻过程分为固体侵彻、半流体侵彻和流体动力学侵彻。式(3.50)给出了 3 种侵彻情况下，阻抗的计算公式和速度阈值。

$$\sigma_r=\underbrace{\frac{4}{3}\tau_s+\kappa\rho_t c_p v}_{\text{固体侵彻}}\xrightarrow[\frac{v_t}{c}\approx 1.0]{\sigma_r\to H_t,\ \ell\to 1}\underbrace{H_t+\frac{\kappa}{2}\rho_t v^2}_{\text{拟流体侵彻}}\xrightarrow[\frac{v_t}{c}\approx 3.0]{\kappa\to 1}\underbrace{H_t+\frac{1}{2}\rho_t v^2}_{\text{流体动力学侵彻}} \tag{3.50}$$

在不同的侵彻状态下，通过对弹头进行受力分析得到弹头的最终侵彻深度。

1. 刚性弹侵彻阶段

在刚性弹侵彻时，岩石介质处于固体侵彻状态，根据牛顿第二定律得到弹体运动微分方程

$$\begin{cases}m_p\ddot{h}=-F\\ h|_{t=0}=0\\ \dot{h}|_{t=0}=v_0\end{cases} \tag{3.51}$$

式中，F 为弹头阻力，受弹头形状影响，应通过分析弹头微面积上的阻力积分得到。

弧形弹头示意图如图 3.7 所示。设弹杆半径为 r_0，弹头表面某点的法线方向

与弹轴的夹角为θ，弹头圆弧半径为s，圆心角为θ_0（$\theta_0 = \arctan\left[(s-r_0)/s\right] = \arctan\left(1-1/(2\psi)\right)$，$\psi = s/(2r_0)$为弹头头部曲率），弹体垂直侵入靶体，初始侵入速度为v_0，中途侵入速度为v，则作用在弹体头部微面积上的法向阻力和切向阻力分别为

$$\begin{cases} \mathrm{d}F_\mathrm{n} = 2\pi s^2\left(\sin\theta - \dfrac{s-r_0}{s}\right)\sigma_\mathrm{r}\,\mathrm{d}\theta \\ \mathrm{d}F_\mathrm{t} = \mu_s\,\mathrm{d}\,F_\mathrm{n} \end{cases} \tag{3.52}$$

式中，σ_r按式(3.50)固体侵彻阶段取值；μ_s为弹靶间摩擦系数。

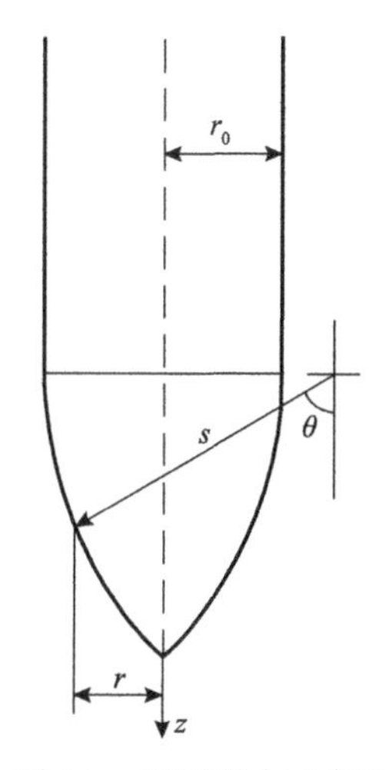

图 3.7　弧形弹头示意图

弹头轴向合力为

$$F = 2\pi s^2\int_{\theta_0}^{\frac{\pi}{2}}\left(\mathrm{d}\,F_\mathrm{n}\cos\theta + \mathrm{d}\,F_\mathrm{t}\sin\theta\right)\mathrm{d}\theta \tag{3.53}$$

王明洋等[18]分析了不同弹体形状下刚性弹侵彻阶段弹体侵彻深度，统一用式(3.54)表示

$$h = \frac{m_\mathrm{p}}{\beta_\mathrm{s}}\left[v_0 - \frac{\alpha_\mathrm{s}}{\beta_\mathrm{s}}\ln\left(1+\frac{\beta_\mathrm{s}}{\alpha_\mathrm{s}}\right)\right] \tag{3.54}$$

式中，$\alpha_\mathrm{s} = \dfrac{4}{3}\tau_\mathrm{s}\pi r_0^2 N_\mathrm{p1}$；$\beta_\mathrm{s} = \kappa\rho_\mathrm{t}C_\mathrm{P}\pi r_0^2 N_\mathrm{p2}$，其中$C_\mathrm{P}$为纵波波速；$N_\mathrm{p1}$和$N_\mathrm{p2}$为与弹头形状相关的系数。

对于平头弹：

$$N_{p1} = N_{p2} = 1 \tag{3.55}$$

对于弧形弹：

$$N_{p1} = 1 + 4v_g\psi^2\left(\frac{\pi}{2} - \theta_0\right) - v_g(2\psi - 1)(4\psi - 1)^{0.5} \tag{3.56}$$

$$N_{p2} = \left(12\psi^2 - 4\psi + 1\right)(4\psi - 1)^{0.5} - 12\psi^2(2\psi - 1)\left(\frac{\pi}{2} - \theta_0\right) + v_g(6\psi - 1) \tag{3.57}$$

当$0.1 \leqslant v_0/c_p \leqslant 0.2$时，式(3.54)中的对数项影响小于5%，可简化为

$$h = \frac{m_p}{\pi r_0^2}\frac{1}{\beta_s}v_0 \tag{3.58}$$

2. 侵蚀弹侵彻阶段

随着侵彻速度进一步增加，当岩体介质阻抗超过弹体的动力屈服强度时，弹头将发生屈服、磨蚀，造成由于弹体变形和质量损失带来的侵彻深度的急剧下降，仍然采用式(3.51)所示的控制方程，但需要引入弹体质量的损失与侵彻速度的关系

$$m_p = m_{p0}\exp\left[\frac{\alpha_e(v - v_0)}{v_{cr}}\right] \tag{3.59}$$

式中，m_{p0}为弹体的初始质量；v_{cr}为发生质量损失的临界速度，由条件$\sigma_r = Y_p$来确定，当$v > v_{cr}$时，弹体侵彻时出现质量侵蚀，侵彻过程中，弹体速度不断减小，被侵蚀的质量不断增加，当速度降低至$v \leqslant v_{cr}$时，弹体重新恢复刚体侵彻，弹体质量不再发生变化；α_e为质量损失参数，可通过试验确定。

将式(3.59)代入弹体运动微分方程式(3.51)，得到侵蚀弹侵彻阶段弹体侵彻深度计算公式

$$h = \lambda_p\frac{m_p}{\pi r_0^2 L}\frac{1}{\beta_s}v_0 \tag{3.60}$$

式中，λ_p为质量磨蚀系数。

$$\lambda_p = 1 - \exp\left(\alpha_e\frac{v_{cr} - v_0}{v_{cr}}\right) + \alpha_e\exp\left(\alpha_e\frac{v_{cr} - v_0}{v_{cr}}\right)$$

3. 内摩擦拟流体侵彻阶段

对于坚硬岩石，当靶体进入内摩擦拟流体状态时，弹体一般也已进入流体状

态，此时须采用修正的流体动力学方程描述弹体行为，即

$$\frac{1}{2}\rho_{\mathrm{p}}\left(v-v_{\mathrm{g}}\right)^{2}+Y_{\mathrm{p}}=\sigma_{\mathrm{r}} \tag{3.61}$$

式中，σ_{r}按式(3.50)拟流体侵彻阶段取值。

若弹体强度Y_{p}可忽略，在理想定常侵彻条件下，得到侵彻深度计算公式

$$\begin{cases}\dfrac{h}{L}=\dfrac{1}{\lambda}\left(\dfrac{1-\lambda\theta}{\theta-\lambda\kappa}\right)\\ \theta=\sqrt{\kappa+\dfrac{1}{Ma^{2}}\left(1-\lambda^{2}\kappa\right)}\\ Ma=\dfrac{v_{\mathrm{p}}}{c}\end{cases} \tag{3.62}$$

式中，κ按式(3.49)函数给出。

对于非定常侵彻，可取式(3.61)为控制方程，并联合 A-T 模型的弹长变化方程、侵彻方程和弹体减速运动方程进行数值求解计算。

4. 流体动力学侵彻阶段

在式(3.62)中，若$\kappa\to1$，进入流体动力学侵彻阶段，侵彻深度计算公式[3]演化为

$$\begin{cases}\dfrac{h}{L}=\dfrac{1}{\lambda}\left(\dfrac{1-\lambda\theta}{\theta-\lambda}\right)\\ \theta=\sqrt{1+\dfrac{1}{Ma^{2}}\left(1-\lambda^{2}\right)}\end{cases} \tag{3.63}$$

随着Ma的增大，$\theta\to1$，于是式(3.63)退化成为

$$\frac{h}{L}=\frac{1}{\lambda} \tag{3.64}$$

内摩擦侵彻理论模型实现了由低速至高速、超高速侵彻的全过程计算，并得到了 1~5km/s 钢弹侵彻花岗岩的试验验证。

参 考 文 献

[1] Birkhoff G, MacDougall D P, Pugh E M, et al. Explosives with lined cavities. Journal of Applied

Physics, 1948, 19(6): 563-582.

[2] Allen W A, Rogers J W. Penetration of a rod into a semi-infinite target. Journal of the Franklin Institute, 1961, 272(4): 275-284.

[3] Alekseevskii V P. Penetration of a rod into a target at high velocity. Combustion, Explosion, and Shock Waves, 1966, 2(2): 63-66.

[4] Tate A. A theory for the deceleration of long rods after impact . Journal of the Mechanics and Physics of Solids, 1967, 15(6): 387-399.

[5] Anderson C E. Analytical models for penetration mechanics: A review. International Journal of Impact Engineering, 2017, 108: 3-26.

[6] Tate A. A theory for the deceleration of long rods after impact. Journal of the Mechanics and Physics of Solids, 1967, 15(6): 387-399.

[7] 孙庚辰, 吴锦云, 赵国志, 等. 长杆弹垂直侵彻半无限厚靶板的简化模型. 兵工学报, 1981, (4): 1-8.

[8] Rosenberg Z, Marmor E, Mayseless M. On the hydrodynamic theory of long-rod penetration. International Journal of Impact Engineering, 1990, 10(1): 483-486.

[9] Walker J D, Anderson C E. A time-dependent model for long-rod penetration. International Journal of Impact Engineering, 1995, 16(1): 19-48.

[10] Zhang L S, Huang F L. Model for long-rod penetration into semi-infinite targets. Journal of Beijing Institute of Technology, 2004, 13: 285-289.

[11] Lan B, Wen H M. Alekseevskii-Tate revisited: An extension to the modified hydrodynamic theory of long rod penetration. Science China Technological Sciences, 2010, 53: 1364-1373.

[12] 楼建锋. 侵彻半无限厚靶的理论模型和数值模拟研究[博士学位论文]. 绵阳: 中国工程物理研究院, 2012.

[13] Rosenberg Z, Dekel E. Further examination of long rod penetration: The role of penetrator strength at hypervelocity impacts. International Journal of Impact Engineering, 2000, 24(1): 85-102.

[14] Anderson C E, Walker J D. An examination of long-rod penetration. International Journal of Impact Engineering, 1991, 11(4): 481-501.

[15] 焦文俊, 陈小伟. 长杆弹高速侵彻问题研究进展. 力学进展, 2019, 49(1): 312-391.

[16] Anderson C E, Littlefield D L, Walker J D. Long-rod penetration, target resistance, and hypervelocity impact. International Journal of Impact Engineering, 1993, 14(1-4): 1-12.

[17] 王明洋, 李杰, 邓国强. 超高速动能武器毁伤效应与工程防护. 北京: 科学出版社, 2021.

[18] 王明洋, 李杰, 李海波, 等. 岩石的动态压缩行为与超高速动能弹毁伤效应计算. 爆炸与冲击, 2018, 38(6): 1200-1217.

第4章　爆炸作用的相似与模拟

4.1　空气中爆炸作用的相似与模拟

4.1.1　空气中爆炸作用的相似条件

化学炸药和核装药的爆炸是一种非常复杂的化学和物理过程。在毫秒级或微秒级的时间内释放出巨大的能量，其能量密度大大超过周围介质的能量密度。爆炸周围介质中的压力和温度几乎是瞬间升高，并产生强烈的冲击波，冲击波随着远离爆点的传播而逐渐衰减。

在防护工程实践中容许将实际爆炸现象理想化，即认为能量释放过程是瞬息发生的，而相对冲击波所影响区域的空气介质而言，爆炸物质占有的体积和质量可以被认为接近于零。也就是说，球对称爆炸发生于一点，柱对称爆炸发生于一条直线上，平面对称爆炸沿一个平面发生，据此建立的爆炸理论称为点爆炸理论。点爆炸理论与试验数据的比较表明，在爆炸气态产物对介质的运动不呈现主要影响的距离上，对于一般化学炸药(例如 TNT 等)的爆炸现象，点爆炸理论能够给出令人满意的描述。点爆炸理论用来阐述核爆炸冲击波的传播是相当精确的，因为核爆炸能量释放时间微不足道，爆炸的能量密度又远远超过化学炸药的爆炸。

冲击波阵面后的气流状态，理论上是用气体动力学的理论来建立的，通常不考虑空气介质的重量，并假定气流无黏性及无热传导。考虑最一般的情况，即在均匀大气中球对称爆炸的情况。按照点爆炸理论的提法，冲击波阵面后气流的运动应满足气体动力学一维非定常流的基本方程，问题的边界条件是冲击波阵面上的相容条件(Rankine-Hugoniot 方程)，以及其他的附加方程如中心对称条件等。为了使得爆炸相似的讨论更加简明，基于点爆炸理论的基本概念，通过量纲分析法导出爆炸的相似条件。

描述冲击波阵面后气流状态的参数有 3 个：p(压力)、ρ(密度)和 u(空气质点速度)，对于非定常流而言，它们都是时间和离爆心距离的函数。根据点爆炸问题的概念，某一时刻 t、距爆心一定距离 R 的压力参数 p(或ρ、u)，仅取决于爆炸瞬时释放的有限能量和大气的初始状态，即与有量纲量 E_0(爆炸能量)、p_0(静止大气的初始压力)、ρ_0(初始密度)以及无量纲量γ(空气绝热指数，等于气体定压比热与定容比热之比，即$\gamma = C_p/C_v$)等有关。这些参量就是点爆炸问题的单值量。因此，可以写出下列函数关系式，即

$$p = f\left(E_0, p_0, \rho_0, \gamma, R, t\right) \tag{4.1}$$

并由此来推导相似关系。关于ρ、u的分析完全类似。

(1) 点爆炸问题中，冲击波压力的传播过程，应包括p、E_0、p_0、ρ_0、γ、R、t等物理量，其关系方程为

$$F\left(p, E_0, p_0, \rho_0, \gamma, R, t\right) = 0 \tag{4.2}$$

(2) 现象过程中，γ是一个无量纲量，因此它也是一个最简单的相似准数，其他π式可写出下列形式：

$$\pi = p^{\alpha_1} E_0^{\alpha_2} p_0^{\alpha_3} \rho_0^{\alpha_4} R^{\alpha_5} t^{\alpha_6} \tag{4.3}$$

(3) 取[M]、[L]、[T]为基本量纲，列出各量的量纲关系式，即

$$\begin{cases} [p] = [p_0] = [\mathrm{ML^{-1}T^{-2}}] \\ [E_0] = [\mathrm{ML^2T^{-2}}] \\ [\rho_0] = [\mathrm{ML^{-3}}] \\ [R] = [\mathrm{L}] \\ [t] = [\mathrm{T}] \end{cases} \tag{4.4}$$

(4) 将各量的量纲关系式代入式(4.3)，列出π的量纲关系式，即

$$[\pi] = [\mathrm{ML^{-1}T^{-2}}]^{\alpha_1} [\mathrm{ML^2T^{-2}}]^{\alpha_2} [\mathrm{ML^{-1}T^{-2}}]^{\alpha_3} [\mathrm{ML^{-3}}]^{\alpha_4} [\mathrm{L}]^{\alpha_5} [\mathrm{T}]^{\alpha_6} \tag{4.5}$$

(5) $[\pi] = [\mathrm{M^0L^0T^0}]$，由量纲和谐的条件，可得

$$\begin{cases} [\mathrm{M}]: \alpha_1 + \alpha_2 + \alpha_3 + \alpha_4 = 0 \\ [\mathrm{L}]: -\alpha_1 + 2\alpha_2 - \alpha_3 - 3\alpha_4 + \alpha_5 = 0 \\ [\mathrm{T}]: -2\alpha_1 - 2\alpha_2 - 2\alpha_3 + \alpha_6 = 0 \end{cases} \tag{4.6}$$

(6) 现象过程有 6 个有量纲量，因此可求得 6–3=3 个独立的无量纲组合。在式(4.6)中，每次给 3 个未知数赋值，即可求得一组解。

①令$\alpha_1 = 1, \alpha_2 = 0, \alpha_4 = 0$，代入式(4.6)，可求得$\alpha_3 = -1, \alpha_5 = 0, \alpha_6 = 0$，则

$$\pi_1 = \frac{p}{p_0} \tag{4.7}$$

②令$\alpha_2 = 1, \alpha_1 = \alpha_3 = 0$，代入式(4.6)，可求得$\alpha_4 = -1, \alpha_5 = -5, \alpha_6 = 2$，则

$$\pi_2 = \frac{E_0 t^2}{\rho_0 R^5} \tag{4.8}$$

③令 $\alpha_3 = 1, \alpha_1 = \alpha_5 = 0$，代入式(4.6)，可求得 $\alpha_2 = 2/5, \alpha_4 = 3/5, \alpha_6 = 6/5$，则

$$\pi_3 = \frac{p_0 t^{6/5}}{E_0^{2/5} \rho_0^{3/5}} \tag{4.9}$$

式中，π_2、π_3 是点爆炸理论中由主定参量组成的两个独立无量纲组合。

由此可以导出空气冲击波的相似条件，即

$$\begin{cases} \pi_1 = \dfrac{p}{p_0} \\ \pi_2 = \dfrac{E_0 t^2}{\rho_0 R^5} \\ \pi_3 = \dfrac{p_0 t^{6/5}}{E_0^{2/5} \rho_0^{3/5}} \\ \pi_4 = \gamma \end{cases} \tag{4.10a}$$

将相似条件表示为相似指标式的形式，则有

$$\begin{cases} \dfrac{C_p}{C_{p_0}} = 1 \\ \dfrac{C_{E_0} C_t^2}{C_{\rho_0} C_R^5} = 1 \\ \dfrac{C_{p_0} C_t^{6/5}}{C_{E_0}^{2/5} C_{\rho_0}^{3/5}} = 1 \\ C_\gamma = 1 \end{cases} \tag{4.10b}$$

4.1.2　空气中爆炸作用的几何相似律

式(4.10b)给出了空气中爆炸冲击波的相似条件。模拟试验的目的是用小型装药爆炸来模拟大型装药爆炸的冲击波参数。因此，模拟试验一般在下列条件下进行：模型与原型为相同性质的装药；模型与原型都在相同的初始大气条件下(静止大气)进行。装药性质相同的球形装药爆炸能量和装药半径示意图如图 4.1 所示。

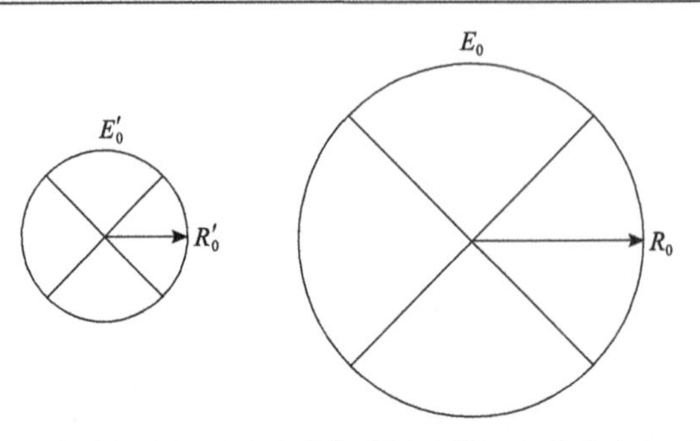

图 4.1 装药性质相同的球形装药爆炸能量和装药半径示意图

当模型与原型爆炸的装药性质相同，又在相同的初始大气条件下进行时，模拟相似条件将变得非常简明。因为相同的初始大气条件有

$$\begin{cases} C_{p_0} = 1 \\ C_{\rho_0} = 1 \\ C_\gamma = 1 \end{cases} \tag{4.11}$$

性质相同的装药(核装药化为等效 TNT 当量讨论)，在认为爆轰瞬时完成的条件下，爆炸能量之比等于装药半径之比。例如，对球形装药有

$$E_0 = \frac{4}{3}\pi R_0^3 \gamma_c K$$

式中，K 为单位重量装药爆炸释放的能量；γ_c 为炸药的容重。

K 、γ_c 与炸药性质有关，如模型与原型装药相同(即 K 、γ_c 相同)，则有

$$\frac{E_0'}{E_0} = \left(\frac{R_0'}{R_0}\right)^3 \quad 或 \quad C_{E_0} = C_{R_0}^3 \tag{4.12}$$

将式(4.11)和式(4.12)代入式(4.10b)，则相似条件变换成

$$\begin{cases} C_R = C_{R_0} \\ C_t = C_{R_0} \\ C_p = 1 \end{cases} \tag{4.13}$$

由式(4.13)看出，在所论的情况下，相似条件中仅有 C_{R_0} 是单值量的相似常数，亦即说明模拟是很容易实现的。空气中爆炸作用的相似可表述为：如果模型与原型采用同一种装药，在相同的初始大气条件下，当装药几何相似时，则在几何相似的距离上爆炸压力相等；时间特征量之比等于几何相似比(模型比例)。这就是

空气中爆炸作用的几何相似律，如图 4.2 所示。

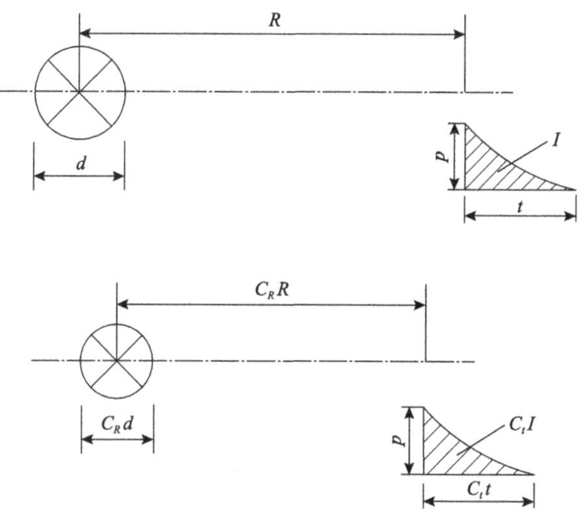

图 4.2　空气中爆炸作用的几何相似律

由量纲分析法，可以得到冲击波中具有速度量纲的量的相似关系，即由

$$[v]=\frac{[R]}{[t]}$$

可得

$$C_v=\frac{C_R}{C_t}=1 \tag{4.14}$$

即在几何相似的距离上，模拟试验的冲击波波阵面速度 D 和波阵面后气流质点速度，与原型是相同的。

空气中爆炸作用的几何相似律，给出了用模拟试验获得所需要的冲击波压力的方法。只需选定适当的模型比例，将模型装药安放在几何相似的距离上爆炸即可。

4.1.3　爆炸冲击波参数的计算公式

在防护工程的研究与设计中，许多经过试验检验的冲击波参数经验公式都是符合相似理论的。下面从相似原理出发，对计算冲击波参数的经验公式的物理意义进行阐述。

1. 冲击波最大超压的计算公式

式(4.10)给出了冲击波压力传播的相似准数，现将式(4.10)中压力参数取为冲

击波最大压力值 p_{max}。由于爆炸现象中 p_{max} 仅为自变量 R 的函数，而与自变量 t 无关，需将相似准数中的 t 消去。取式(4.10)中的 π_2 、π_3 两式作变换 ${\pi_2}^{3/5}/\pi_3$，可得新的π式，即

$$\pi_2' = \frac{E_0}{P_0 R^3}$$

式(4.10)的条件变换成

$$\begin{cases} \pi_1 = \dfrac{P_{max}}{P_0} \\ \pi_2' = \dfrac{E_0}{P_0 R^3} \\ \pi_4 = \gamma \end{cases} \tag{4.15a}$$

对某一种性质的炸药，便于应用的参数是装药重量Q，因为$E_0 = KQ$（K为单位重量炸药爆炸放出的能量，与炸药种类有关），现以Q代换式(4.15a)中的E_0，则有

$$\begin{cases} \pi_1 = \dfrac{P_{max}}{P_0} \\ \pi_2' = \dfrac{K}{p_0}\left(\dfrac{Q^{1/3}}{R}\right)^3 \\ \pi_4 = \gamma \end{cases} \tag{4.15b}$$

根据相似第二定理，冲击波最大压力可写出下列关系式：

$$\frac{P_{max}}{P_0} = f\left[\frac{K}{P_0}\left(\frac{Q^{1/3}}{R}\right)^3, \gamma\right] \tag{4.16}$$

由于$\Delta P_{max} = P_{max} - P_0$，且对于一定种类的装药和静止的初始大气条件，式(4.16)中的K、P_0 和γ是定值，冲击波最大超压的表达式为

$$\Delta P_{max} = F\left(\frac{Q^{1/3}}{R}\right) \tag{4.17}$$

式中，函数F的具体形式可由试验定出。

式(4.17)就是根据爆炸相似律确立的冲击波最大超压的一般公式。式中表示为 $Q^{1/3}/R$ 的综合量，是在冲击波参数计算中广泛使用的参变量。工程上将其倒数项 $R/Q^{1/3}$ 称为比例距离或相对爆距，它的物理意义实际上相当于 (R/R_0)，其中 R_0 为装药半径。

工程实践中可将式(4.17)取为级数形式，即

$$\Delta P_{\max}=\sum_{i=1}^{m}A_i\left(\frac{\sqrt[3]{Q}}{R}\right)^i \tag{4.18}$$

式中，A_i 为由试验确定的系数。

根据实测爆炸试验资料整理的结果说明，试验公式取级数前三项已能满足工程实践的要求。例如在防护工程中采用的 TNT 装药爆炸的冲击波超压计算公式为

$$\Delta P_{\max}=0.84\frac{\sqrt[3]{Q}}{R}+2.7\left(\frac{\sqrt[3]{Q}}{R}\right)^2+7\left(\frac{\sqrt[3]{Q}}{R}\right)^3 \tag{4.19}$$

核爆炸冲击波超压的计算公式为

$$\Delta P_{\max}=0.67\frac{\sqrt[3]{Q}}{R}+1.3\left(\frac{\sqrt[3]{Q}}{R}\right)^2+3.3\left(\frac{\sqrt[3]{Q}}{R}\right)^3 \tag{4.20}$$

还有其他一些冲击波压力的计算公式，也都符合式(4.17)的一般形式。

2. 冲击波超压作用时间的计算公式

根据点爆炸理论，一个爆炸状态由爆炸能量和大气的初始状态二者完全确定，即决定于 E_0、p_0、ρ_0和 γ。对于一定质量的某一种性质的装药在静止大气中爆炸，距爆心一定距离 R 处冲击波超压的正相作用时间 τ_+，仅与距离 R 的大小有关。研究超压作用时间 τ_+ 的关系中，包括的物理参量则有 τ_+、E_0、p_0、ρ_0 和γ 诸量。在此关系中的无量纲组合，除γ外其他无量纲组合将有下列形式：

$$\pi=\tau_+^{\alpha_1}R^{\alpha_2}E_0^{\alpha_3}P_0^{\alpha_4}\rho_0^{\alpha_5} \tag{4.21}$$

根据各物理量的量纲，由量纲和谐条件可得

$$\begin{cases}[\mathrm{M}]:\alpha_3+\alpha_4+\alpha_5=0\\ [\mathrm{L}]:\alpha_2+2\alpha_3-\alpha_4-3\alpha_5=0\\ [\mathrm{T}]:\alpha_1-2\alpha_3-2\alpha_4=0\end{cases} \tag{4.22}$$

在本问题中，除γ外，可获得 2 个独立的无量纲组合。

令$\alpha_1=1$，$\alpha_2=0$，代入式(4.22)，可得$\alpha_3=-1/3$，$\alpha_4=5/6$，$\alpha_5=-1/2$，则

$$\pi_1=\frac{\tau_+ p_0^{5/6}}{E_0^{1/3}\rho_0^{1/2}} \tag{4.23}$$

令$\alpha_1=0$，$\alpha_2=1$，代入式(4.22)，可得$\alpha_3=-1/3$，$\alpha_4=1/3$，$\alpha_5=0$，则

$$\pi_2=\frac{Rp_0^{1/3}}{E_0^{1/3}} \tag{4.24}$$

同理，可用装药重量Q代换能量项E_0，并考虑到τ_+随Q的增大而增大，则由相似第二定理可写出下列物理量的关系式：

$$\tau_+=\frac{(KQ)^{1/3}\rho_0^{1/2}}{p_0^{5/6}}\varphi\left[\frac{(KQ)^{1/3}}{Rp_0^{1/3}},\gamma\right] \tag{4.25}$$

同样，对于一定种类装药和静止的初始大气条件，K、p_0、ρ_0和γ为定值，有

$$\tau_+=\sqrt[3]{Q}\phi\left(\frac{\sqrt[3]{Q}}{R}\right) \tag{4.26}$$

式中，函数ϕ的具体形式可由试验确定。

式(4.26)就是空气中爆炸作用具有时间量纲特征量的一般函数关系式。例如，TNT 炸药爆炸的冲击波作用时间的试验公式为

$$\tau_+=1.5\times10^{-3}\sqrt[3]{Q}\left(\frac{\sqrt[3]{Q}}{R}\right)^{-1/2} \tag{4.27}$$

核爆炸入射冲击波正压作用时间的试验公式为

$$\tau_+=1.05\times10^{-3}\sqrt[3]{Q}\left(\frac{\sqrt[3]{Q}}{R}\right)^{1/4},\quad \frac{\sqrt[3]{Q}}{R}>\frac{1}{1.10} \tag{4.28}$$

其他关于冲击波正压作用时间以及负压作用时间等具有时间量纲特征量的试验公式，也均符合式(4.26)的函数关系形式。

3. 爆炸冲量的计算公式

装药在空气中爆炸的近距离范围内，防护工程设计常常要考虑爆炸冲量的作用。根据空气中爆炸相似律，不难求得爆炸冲量计算公式的一般函数关系式。

由于几何相似的装药在几何相似的距离上，冲击波的传播是相似的，如图 4.2 所示。对于一定压力变化的波形，爆炸比冲量(沿爆炸传播的方向单位面积上的冲量)可以写成

$$I = k\, p_{\max}\tau_{+} \tag{4.29}$$

式中，k 为无量纲常值。

根据式(4.17)与式(4.26)的关系，爆炸比冲量应有下列的函数关系：

$$I = \sqrt[3]{Q}\tilde{F}\left(\frac{\sqrt[3]{Q}}{R}\right) \tag{4.30}$$

式中，函数 $\tilde{F}(\cdot)$ 的具体形式由试验确定。

例如，TNT 装药爆炸对结构作用的比冲量试验公式有

$$I = \begin{cases} 25\dfrac{Q^{2/3}}{R}, & R > 20R_0 \\ 25\dfrac{Q}{R^2}, & R \leqslant 20R_0 \end{cases} \tag{4.31a}$$

将式(4.31a)稍作变化，可得

$$I = \begin{cases} 25\sqrt[3]{Q}\dfrac{\sqrt[3]{Q}}{R}, & R > 20R_0 \\ 25\sqrt[3]{Q}\left(\dfrac{\sqrt[3]{Q}}{R}\right)^2, & R \leqslant 20R_0 \end{cases} \tag{4.31b}$$

式(4.31b)是符合式(4.30)爆炸比冲量函数关系的一般形式。

上面讨论了空气中爆炸作用的几何相似律，并依据几何相似律讨论了爆炸压力、作用时间及冲量计算公式的一般形式。这些讨论虽然是在空气中没有刚性物体(例如结构)扰动气流流场的情况下进行的，但前述结论同样适用于空气中存在的刚性物体的情况。此时只需保持模型与原型具有几何相似的外形，并距爆心有几何相似的距离即可，从而可以利用模型相似律来研究刚性物体承受爆炸作用的移动与倾覆问题。

4.2　岩土中爆炸作用的相似与模拟

4.2.1　岩土中爆炸作用的相似条件

装药在岩土等密度较大的介质中(包括混凝土和钢筋混凝土)爆炸破坏作用的物理过程比在空气中爆炸更加复杂。其主要的困难是反映这些介质物理力学性质的本构关系尚未完全弄清，甚至同一种介质处于不同的应力强度范围，介质的本构关系也会不同。因此，对于防护工程和爆破工程来说，工程实践与试验研究比其他学科领域具有更加重要的意义。

装药在岩土介质内部爆炸时，在极短的瞬间产生巨大的，甚至超过几十万个大气压的爆炸压力，靠近装药的岩石被压碎并呈现流动状态。若岩体均质且整体性好，则在岩体中将形成螺旋形的滑动线。如果是土壤介质，这个区域为塑性压缩区，虽然不失去连续性，但受到强烈的塑性压缩，也在该区域的断面上形成螺旋形的滑动线。伴随爆炸气体产物的扩散，爆炸能量以变形波的形态向四周传递压力。随着离开爆心的距离增大，压缩应力的降低，邻近上述区域的边界，变形过渡到一个新的区域。在此区域内，岩土介质中产生很大的拉应力，其大小通常超过介质的极限抗拉强度，因而形成许多径向和环向的裂隙。随着压缩波压力降低，在较远距离上介质将只产生弹性变形。如果装药靠近自由表面，爆炸产生的压缩波到达自由面后反射成拉伸波向回传播。岩土中的爆炸作用如图 4.3 所示。由于岩土介质抗拉强度较低，自由面反射的拉伸波往往会在邻近自由表面处形成一定的破碎和裂隙区。若装药离自由面更近，则会产生爆破抛掷漏斗坑，如图 4.4

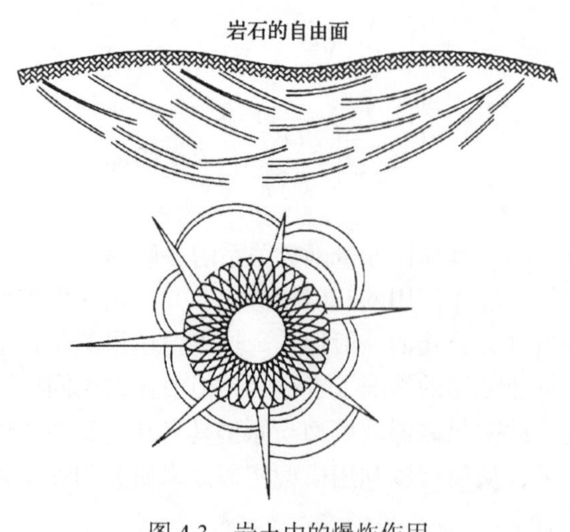

图 4.3　岩土中的爆炸作用

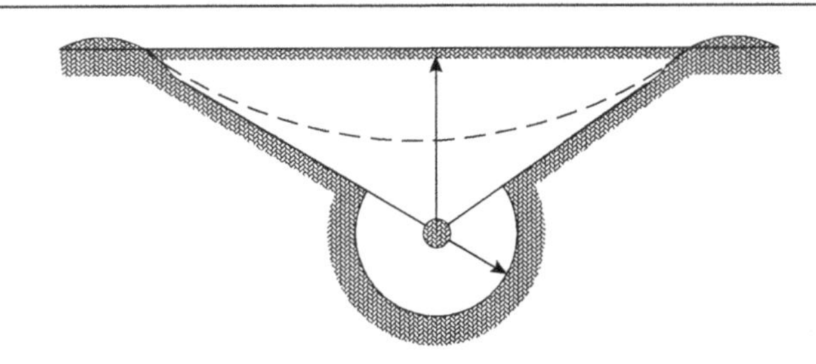

图 4.4　爆破抛掷漏斗坑

所示。因此，装药在岩土介质中的爆炸破坏作用，大致可以按照爆炸压力的范围(高压、中压、低压)区分为三个作用区域。高压区为介质压碎及强烈塑性压缩区，此区域内的介质呈现流动性质，理论上可应用流体动力学研究。中压区为介质弹塑性变形区，一般应用弹塑性介质中的变形波理论进行研究。低压区为弹性变形区，可用介质中的弹性波理论研究。从能量的观点来说，爆炸能量将转变为破碎功或抛掷介质的重力位能和动能，以及介质弹塑性变形能和其他非可逆过程的能量损耗。

因此，岩土介质中爆炸作用的相似问题是很复杂的。下面按照爆炸破坏作用的主要因素考虑的相似关系，用同一种性质炸药、在相同介质中进行模拟试验的结论，是满足防护工程的精度要求的，并已广泛应用于工程实践。

从具有代表性的中压区(一般防护工程均在此范围内)的作用过程出发，讨论岩土介质中爆炸作用的相似条件。由已有试验观测的定性结论可知，装药爆炸后(假设为瞬时爆轰)，距爆心一定距离处的压力和介质质点运动速度，仅与爆炸的初始能量和介质的物理力学性能有关。与现象过程有关的物理量可取 p (压力)、v (质点速度)、E_0 (爆炸能量)、σ_n (介质极限强度)、g (重力加速度)、E (表征介质弹塑性性质的弹性模量)、ρ_0 (介质密度)及 L (线性特征尺寸，如距爆心的距离或装药埋深等)。试验表明，爆炸前后在中压区范围内岩土介质密度变化不大，因此，介质密度用一个参量来表示。在上述这些物理量中，E_0、σ_n、g、E、ρ_0 和 L 为爆炸过程的单值量，而 p、v 为被决定量。爆炸作用的物理方程可表示为

$$f\left(p, v, E_0, \sigma_n, g, E, \rho_0, L\right)=0 \tag{4.32a}$$

因此，π 式为

$$\pi = p^{\alpha_1} v^{\alpha_2} E_0^{\alpha_3} \sigma_n^{\alpha_4} g^{\alpha_5} E^{\alpha_6} \rho_0^{\alpha_7} L^{\alpha_8} \tag{4.32b}$$

过程各物理量的量纲关系式为

$$\begin{cases}[p]=[\mathrm{ML^{-1}T^{-2}}]\\ [v]=[\mathrm{LT^{-1}}]\\ [E_0]=[\mathrm{ML^{2}T^{-2}}]\\ [\sigma_\mathrm{n}]=[\mathrm{ML^{-1}T^{-2}}]\\ [g]=[\mathrm{LT^{-2}}]\\ [E]=[\mathrm{ML^{-1}T^{-2}}]\\ [\rho_0]=[\mathrm{ML^{-3}}]\\ [L]=[\mathrm{L}]\end{cases} \tag{4.33}$$

由π式的量纲和谐条件，可得

$$\begin{cases}[\mathrm{M}]:\alpha_1+\alpha_3+\alpha_4+\alpha_6+\alpha_7=0\\ [\mathrm{L}]:-\alpha_1+\alpha_2+2\alpha_3-\alpha_4+\alpha_5-\alpha_6-3\alpha_7+\alpha_8=0\\ [\mathrm{T}]:-2\alpha_1-\alpha_2-2\alpha_3-2\alpha_4-2\alpha_5-2\alpha_6=0\end{cases} \tag{4.34}$$

本过程中有 5 个独立的无量纲组合。

令$\alpha_1=1$，$\alpha_3=\alpha_4=\alpha_5=\alpha_6=0$，代入式(4.34)，可得$\alpha_2=-2$，$\alpha_7=-1$，$\alpha_8=0$，则

$$\pi_1=\frac{p}{\rho_0 v^2} \tag{4.35}$$

令$\alpha_2=2$，$\alpha_1=\alpha_3=\alpha_4=\alpha_5=0$，代入式(4.34)，可得$\alpha_6=-1$，$\alpha_7=1$，$\alpha_8=0$，则

$$\pi_2=\frac{\rho_0 v^2}{E} \tag{4.36}$$

令$\alpha_3=1$，$\alpha_2=\alpha_4=\alpha_5=\alpha_6=0$，代入式(4.34)，可得$\alpha_1=-1$，$\alpha_7=0$，$\alpha_8=-3$，则

$$\pi_3=\frac{E_0}{pL^3} \tag{4.37}$$

令$\alpha_4=-1$，$\alpha_1=\alpha_2=\alpha_3=\alpha_5=0$，代入式(4.34)，可得$\alpha_6=-1$，$\alpha_7=0$，$\alpha_8=0$，则

$$\pi_4=\frac{\sigma_\mathrm{n}}{E} \tag{4.38}$$

令 $\alpha_5=-1$，$\alpha_1=\alpha_3=\alpha_4=\alpha_6=0$，代入式(4.34)，可得 $\alpha_2=2$，$\alpha_7=0$，$\alpha_8=-1$，则

$$\pi_5=\frac{v^2}{gL^2} \tag{4.39}$$

因此，介质中爆炸作用的相似条件为

$$\begin{cases}\dfrac{p}{\rho_0 v^2}=\text{const.} \quad \text{或} \quad \dfrac{C_p}{C_{\rho_0}C_v^2}=1\\ \dfrac{\rho_0 v^2}{E}=\text{const.} \quad \text{或} \quad \dfrac{C_{\rho_0}C_v^2}{C_E}=1\\ \dfrac{E_0}{pL^3}=\text{const.} \quad \text{或} \quad \dfrac{C_{E_0}}{C_p C_L^3}=1\\ \dfrac{\sigma_{\mathrm{n}}}{E}=\text{const.} \quad \text{或} \quad \dfrac{C_{\sigma_{\mathrm{n}}}}{C_E}=1\\ \dfrac{v^2}{gL}=\text{const.} \quad \text{或} \quad \dfrac{C_v^2}{C_g C_L}=1\end{cases} \tag{4.40}$$

考虑工程上应用最广泛的试验条件，即采用同一种性质的装药，并在相同的介质中进行模拟试验，此时有 $C_{\rho_0}=1$，$C_{\sigma_{\mathrm{n}}}=1$，$C_E=1$。在一般试验条件下($C_g=1$)，要同时满足柯西准数 Ca 和弗鲁特准数 Fr 相似的要求，只能进行 1∶1 的原型试验，从而失去了模拟试验的意义。

考虑到岩土中防护结构承受炮(航)弹爆炸作用时，爆炸局部作用抛掷破碎介质的体积，相对于一般爆破工程而言是很小的，通常装药离自由表面也较近，自重引起的初应力和抛掷介质的重力功相对较小，爆炸能量主要消耗于介质的破碎功和变形能。因此，对防护结构的爆炸破坏作用，可以近似认为重力的影响是次要的。下面的讨论，将忽略满足弗鲁特准数 Fr，即重力作用相似的要求。在近似相似的条件下，对于同种性质的装药和介质材料，式(4.40)的相似条件成为

$$\begin{cases}C_{E_0}=C_L^3\\ C_p=1\\ C_v=1\end{cases} \tag{4.41a}$$

若 R_0 表示爆炸装药的球状装药半径，由式(4.12)可知 $C_{E_0}=C_{R_0}^3$，则式(4.41a)又可表示为

$$\begin{cases} C_{R_0} = C_L \\ C_p = 1 \\ C_v = 1 \end{cases} \tag{4.41b}$$

式(4.41b)的相似条件中，仅第一式为单值量组成的相似指标式，因此，岩土介质中(包括混凝土和钢筋混凝土)模拟爆炸作用的相似条件可表述为：如果模型与原型为同一种装药和介质材料，在忽略重力作用相似的条件下，当系统保持几何相似时(装药半径、埋深或其他线性尺度的单值量)，则在几何相似的距离上爆炸压力相等，介质质点运动速度相等。

这就是岩土介质中爆炸破坏作用的几何相似律。这种同一介质材料的几何相似律，又称为复制模型相似律，它的物理意义同空气中爆炸作用的几何相似律类似。由此可以看出，岩土介质中的爆炸如果忽略重力作用相似，其相似律与空气中爆炸作用相似律是一致的。另外，没有严格保持重力作用的相似，并不等于完全没有考虑重力的作用，而只是引起重力相似上的误差，这与工程计算上忽略重力荷载的概念是不同的。

4.2.2 炸药爆炸的局部作用范围和整体作用荷载的计算公式

1. 爆炸局部作用范围的计算公式

防护工程中有爆炸的压缩范围半径和破坏范围半径的概念，设在这些作用范围的边界上，介质的压力强度和质点运动速度为 P_*和 v_*。现考虑两个相似的爆炸过程，取线性特征尺寸为作用范围半径 R，当忽略重力作用相似时，则由式(4.40)有

$$\begin{cases} \dfrac{P_*}{\rho_0 v_*^2} = \text{const.} \\ \dfrac{\rho_0 v_*^2}{E} = \text{const.} \\ \dfrac{E_0}{P_* R^3} = \text{const.} \\ \dfrac{\sigma_{\text{n}}}{E} = \text{const.} \end{cases} \tag{4.42}$$

在各种爆炸作用范围边界上，P_*完全取决于介质材料的强度性质，这种边界的 P_*值实质上是反映材料强度指标的一个单值量。在所讨论问题中不涉及 v_*，因此可以先由式(4.42)的第一式和第二式消去 v_*，可得 $\dfrac{P_*}{E} = \text{const.}$；又由于同一种装

药的爆炸能量与装药重量成正比，式(4.42)的第三式可由 $\frac{kQ}{P_* R^3}=\text{const.}$ 代替。此时，式(4.42)可变换为

$$\begin{cases}\dfrac{P_*}{E}=\text{const.}\\ \dfrac{P_* R^3}{kQ}=\text{const.}\\ \dfrac{\sigma_\text{n}}{E}=\text{const.}\end{cases} \tag{4.43}$$

由相似第二定理，可知

$$\frac{P_* R^3}{kQ}=f\left(\frac{P_*}{E},\frac{\sigma_\text{n}}{E}\right) \tag{4.44a}$$

或

$$R=\sqrt[3]{Q}F\left(k,P_*,\sigma_\text{n},E\right) \tag{4.44b}$$

显然，对于一定种类的装药，此处函数 F 也仅取决于介质材料的性质。因此，式(4.44b)可写成

$$R=K\sqrt[3]{Q} \tag{4.45}$$

式中，K 为决定于介质材料的系数。

式(4.45)即爆炸局部作用的压缩半径和破坏半径的计算公式。

2. 防护结构承受爆炸整体作用荷载的计算公式

将防护结构视为不动刚性体，利用爆炸相似律的推论，对荷载计算公式进行简要的讨论。

1)炮(航)弹对土中结构的爆炸荷载

关于应用爆炸几何相似律确定试验公式的讨论中，已知介质中的爆炸压力 P 是相对爆距 $\frac{\sqrt[3]{Q}}{R}$ 或 $\frac{R_0}{R}$ 的函数。

现考虑承受爆炸荷载作用的土中结构。结构表面某点与爆心的相对位置，除了表示出距离的参数外，还需要表示出该点相对于爆心的方位，如图 4.5 中的 α 角(弧度)。由式(4.45)可知，相似过程的装药半径 R_0 之比等于破坏范围半径 R_c 之比，

且在几何相似的点上 R_c/R 也相等。因此，根据爆炸几何相似律，同一种装药和材料在几何相似的距离上爆炸压力相等的结论，有

$$P = f\left(\frac{R_c}{R}, \alpha\right) \tag{4.46a}$$

式中，R_c 为装药破坏半径；α 为无量纲量。

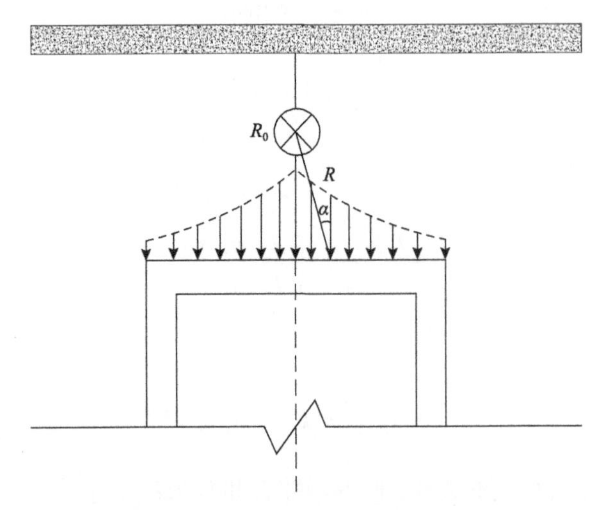

图 4.5　承受爆炸荷载作用的土中结构

在几何相似律的近似相似条件下，可以认为两个相似结构的动力响应是相似的。因此，结构承受的等效静载具有下列形式：

$$q = \overline{f}\left(\frac{R_c}{R}, \alpha\right) \tag{4.46b}$$

例如，土中防护结构炮航弹爆炸荷载计算公式有

$$q = 3.35\left(\frac{R_c}{R}\right)^2 \cos\alpha - 1 \tag{4.47}$$

式(4.47)符合式(4.46b)的一般形式。

2)接触爆炸总冲量的计算公式

岩土中爆炸的几何相似律与空气中爆炸的几何相似律是一致的，由式(4.30)可知，在离爆心几何相似的距离上，装药爆炸对目标的比冲量(单位面积上的冲量)正比于 $\sqrt[3]{Q}$，即 $\frac{I'}{I} = \frac{\sqrt[3]{Q'}}{\sqrt[3]{Q}}$。由量纲关系可知，几何相似距离上的两个几何相似的

目标面积之比等于线性尺度之比的二次方，即 $\frac{S'}{S}=\left(\frac{L'}{L}\right)^2=\left(\frac{R'}{R}\right)^2$。根据总冲量的概念，一定面积上的总冲量 $J=IS$，有

$$\frac{J'}{J}=\frac{I'S'}{IS}=\frac{\sqrt[3]{Q'}}{\sqrt[3]{Q}}\left(\frac{R'}{R}\right)^2 \tag{4.48}$$

由爆炸的几何相似律可知

$$\frac{R'}{R}=\frac{\sqrt[3]{Q'}}{\sqrt[3]{Q}}$$

所以，

$$\frac{J'}{J}=\frac{\sqrt[3]{Q'}}{\sqrt[3]{Q}}\left(\frac{\sqrt[3]{Q'}}{\sqrt[3]{Q}}\right)^2=\frac{Q'}{Q} \tag{4.49a}$$

或

$$\frac{J'}{Q'}=\frac{J}{Q} \tag{4.49b}$$

由式(4.49b)可知，在离爆心几何相似的距离上，对于两个几何相似的面积，比值 $\frac{J}{Q}$ 保持同一数值。如果用函数关系式来表达，则有

$$\frac{J}{Q}=\phi\left(\frac{\sqrt[3]{Q}}{R}\right) \tag{4.50}$$

当装药在结构表面接触爆炸时，相当于相对爆距的一种极限情况。但试验表明，对于有限的装药 Q 在接触爆炸时的总冲量也是一个有限量。因此，在接触爆炸这种极限情况下，函数 ϕ 也总会取某一个确定值。因此，可得

$$\frac{J}{Q}=K \quad 或 \quad J=KQ \tag{4.51}$$

式中，K 为由接触爆炸试验确定的系数。

式(4.51)即为装药接触爆炸时，结构表面总冲量荷载的一般公式。防护工程中通常采用下列两个总冲量计算公式，即

$$J = 100 n_1 n_2 Q \tag{4.52}$$

$$J = K_1 K_2 Q \tag{4.53}$$

式(4.52)和式(4.53)是符合式(4.51)一般形式的。

4.2.3 离心机模拟法

在冲击和爆炸作用的相似律研究中，工程上简便适用的几何相似律是在所论工程问题容许忽略重力相似的条件下得出的。在一般试验条件下(C_g=1)，要同时满足柯西准数 Ca(弹性力作用相似)和弗劳德准数 Fr(重力作用相似)的相似要求，只能进行 1:1 的原型试验。如果要进行缩小比例的模型试验，则两个相似条件中只能以其中之一为主。在有的工程问题中，可以认为重力作用是次要的，但也有一些工程问题，重力的作用是不容忽视的。例如，以自重为主的大型建筑、重力坝、大土方的抛掷爆破工程、水面波对船舶的作用等。此时如果以重力作用相似为主，将会得出与几何相似律不同的结论。以土中爆破为例，在式(4.40)相似条件中忽略第二式(即柯西准数 Ca)，如果模型与原型介质性质相同，并保持 C_g=1，则由式(4.40)可求得 $C_{E_0} = C_L^4$。对于装药埋深为 h 的原型，则模型有

$$\frac{E_0}{E_0'} = \left(\frac{h}{h'}\right)^4 \tag{4.54}$$

根据几何相似律的关系则为

$$\frac{E_0}{E_0'} = \left(\frac{h}{h'}\right)^3 \tag{4.55}$$

几何相似与重力相似模拟试验的误差示意图如图 4.6 所示。

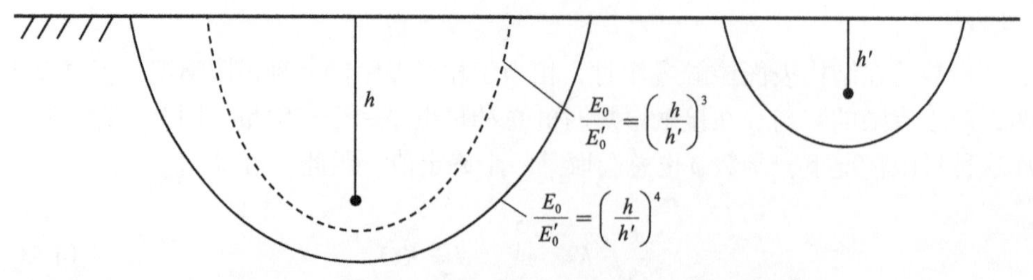

图 4.6 几何相似与重力相似模拟试验的误差示意图

某些工程要同时满足柯西准数 Ca 和弗劳德准数 Fr，解决的途径有两种：①改变模型材料，即按照相似条件要求的物理力学性质来制备相似材料；②离心机模拟法。土工离心机示意图如图 4.7 所示。其实质是采用原型材料，将相应尺寸的

模型放置在特制的离心机吊盘上，当离心机转动时，利用离心力场和重力场等效的原理，使模型的自重提高到原型状态，再现大型土工结构的动力灾变特性。此时，加速度比等于模型比例的倒数，即 $C_g = C_L^{-1}$。

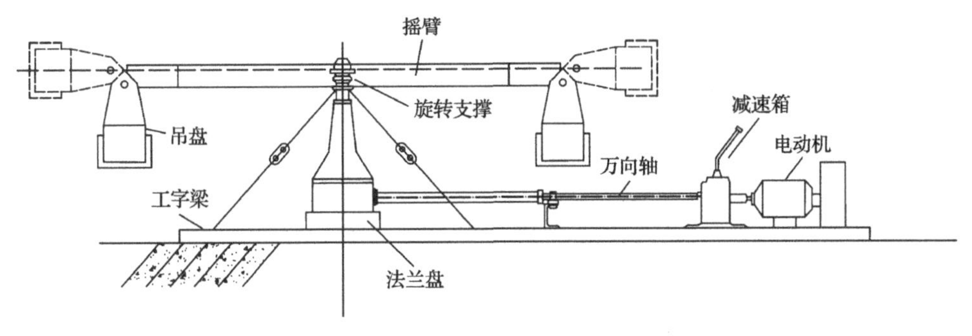

图 4.7　土工离心机示意图

1. 离心机模型试验基本相似原理

离心机模型试验的特点是采用原型材料进行试验，无须使用替代材料或相似模拟材料，因而能够较为真实地反映原型材料的应力-应变特性。对于由原材料制作的 $1/N$ 缩尺模型，当离心机加速至预定角速度 ω 并保持恒定时，模型所承受的离心机加速度为 $r\omega^2$，从而在模型中形成了人造的离心力场，此时相似比尺为 $N = r\omega^2/g$，如果模型与原型加载条件一致，在不计尺度效应的情况下，离心机模型所观测到的力学行为与原型是相同的。

根据弹性力学原理，对于原型和模型结构物，其受力后的应力-应变状态可由以下控制方程描述：

(1) 平衡方程：

$$\sigma_{ij,j} + f_i = 0 \tag{4.56}$$

(2) 几何方程：

$$e_{ij} = \frac{1}{2}(u_{i,j} + u_{j,i}) \tag{4.57}$$

(3) 物理方程：

$$\sigma_{ij} = d_{ijkl}e_{kl} \tag{4.58}$$

(4) 边界条件：

$$u_i = \overline{u}_i,\quad \sigma_{ij}n_j = \overline{p}_i \tag{4.59}$$

根据相似性原理，原型与模型保持相似的必要条件是描述原型与模型力学现象的控制方程保持相同。将应力、应变、几何、本构关系和体积力相似常数 α_σ、α_e、α_l、α_d 和 α_f 代入式(4.56)~式(4.59)，若保持原型与模型控制方程相同，根据相似准数相等的要求，各相似准数之间的关系为

$$\begin{cases} \dfrac{\alpha_\sigma}{\alpha_l \alpha_f}=1 \\ \dfrac{\alpha_l \alpha_e}{\alpha_u}=1 \\ \dfrac{\alpha_\sigma}{\alpha_d \alpha_e}=1 \end{cases} \tag{4.60}$$

当原型材料按照 1:N 的比尺制作模型，即线性比尺 $\alpha_l=1/N$，由式(4.60)可得

$$\begin{cases} \alpha_e=1 \\ \alpha_d=1 \\ \alpha_\sigma=1 \\ \alpha_f=N \end{cases} \tag{4.61}$$

由此可知，当模型离心机加速度为 Ng 时，模型体积力扩大了 N 倍，同时模型中的应力、应变和变形破坏过程与原型保持一致，从而再现原型特性。

2. 离心机爆炸模型试验相似律及技术特点

离心机爆炸模型试验最早主要集中于爆炸成坑规律的研究。自 20 世纪 30 年代世界上第一台土工离心机建成以来，离心机试验技术取得了长足的发展。苏联波克罗夫斯基等[1]进行了系列弹坑研究工作，他们主要确定了离心机爆炸模型比尺，验证爆炸弹坑经验公式，研究爆破效率计算，利用爆炸模型模拟原子弹爆炸等。20 世纪 40~70 年代，苏联先后建置了二十余台离心机，对离心机模型试验的相似理论、试验设备的设计技术以及试验方法等做了许多研究工作。20 世纪 60 年代后，英国、日本等国采用先进的制作工艺和良好的监测设备，建成了几个比较著名的离心机模型试验中心，如英国曼彻斯特大学离心机模型研究中心。70 年代后，美国、德国等国家先后建立了离心机模型试验基地，离心机的容量也有了较大提高。如美国陆军工程师兵团 1200g-t 离心机，在 150g 加速度下，能够承受 8t 有效荷载，最大加速度可以达到 350g。Schmidt 等[2-6]采用量纲分析法进行了爆炸弹坑相似比尺的推导，研究了爆炸成坑机制和相关影响因素。

我国于 20 世纪 80 年代先后建成一批大、中、小型离心机，在土工离心机模型试验的基础理论、试验方法以及工程应用等方面开展了较为深入的研究。中国

水利水电科学研究院的 LXJ-4-450 型土工离心机模型试验机是我国最早研制成功的大型土工离心机模型试验机，该离心机最大加速度 300g，有效负载 1.5t，试验吊篮尺寸 1.5m×1.0m×1.5m(长×宽×高)。2011 年，中国水利水电科学研究院对 LXJ-4-450 型土工离心机进行了开发，研制了专门用于爆炸模拟的试验装置及测试系统，开展了标准砂中不同装药量、不同埋深和不同离心机加速度三参数组合进行的爆炸模拟试验，验证了设备系统和模拟方法的可行性，研究结果与已有的成果对比呈现出相同的规律性[7,8]。

爆炸离心机模型试验涉及爆炸力学、岩土力学、精密仪器、机械工程、结构工程、理论力学等学科。随着电子技术及精密仪器的飞速发展，微型传感器的制作及数据采集不再成为难点，爆炸离心机的研究范围不断拓展。但是在高离心机加速度的离心场环境中，模型箱边界效应、炸药源能量比尺转化、微型传感器精确测量等方面需要继续深入研究。下面采用量纲分析法对爆炸成坑离心机模型试验的相似律进行推导分析，并给出离心机爆炸模拟的技术特点，鉴于前面已有量纲分析法的详细过程，以下推导相似条件给出主要分析步骤。

对于在离心机上进行的地下浅埋爆炸模型试验，Schimdt 等[2-6]认为，炸药的化学能转化为动能的比例在原型和模型中相同或相近，在离心机爆炸模型试验中可以用较小的装药量模拟原型中大炸药量的爆炸效果。描述弹坑形成物理过程的主要特征参数包括被决定量：弹坑半径 R、深度 H、体积 V，爆炸过程支配参数包括：爆炸源、模拟材料、外部环境三部分。爆炸源包含：埋深 h、药球半径 R_0、炸药密度 δ、炸药比能 Q_0；模拟材料包含：密度 ρ、强度 Y；外部环境包括重力加速 g。药球质量 $W=\dfrac{4}{3}\pi\delta R_0{}^3$。这样描述爆炸弹坑体积的物理方程可表示为

$$f(V,g,h,\delta,\rho,Y,R_0,Q_0)=0 \tag{4.62}$$

通过量纲分析法得到了 5 个无量纲组合的π项，即

$$\begin{cases}\pi_1=\dfrac{\rho V}{W}\\ \pi_2=h\left(\dfrac{\delta}{W}\right)^{1/3}\\ \pi_3=\dfrac{\rho}{\delta}\\ \pi_4=\dfrac{Y}{\delta Q_0}\\ \pi_5=\dfrac{g}{Q_0}\left(\dfrac{W}{\delta}\right)^{1/3}\end{cases} \tag{4.63}$$

这样弹坑体积参数的表达式为

$$\frac{\rho V}{W}=F\left[h\left(\frac{\delta}{W}\right)^{1/3},\frac{\rho}{\delta},\frac{Y}{\delta Q_0},\frac{g}{Q_0}\left(\frac{W}{\delta}\right)^{1/3}\right] \tag{4.64}$$

当几何比尺为$\alpha_l=1/N$。根据相似准数恒定要求，各物理量相似常数之间关系为

$$\begin{cases}\dfrac{\alpha_\rho\alpha_V}{\alpha_W}=1\\ \dfrac{\alpha_h^3\alpha_\delta}{\alpha_W}=1\\ \dfrac{\alpha_\rho}{\alpha_\delta}=1\\ \dfrac{\alpha_Y}{\alpha_\delta\alpha_{Q_0}}=1\\ \dfrac{\alpha_W\alpha_g^3}{\alpha_\delta\alpha_{Q_0}^3}=1\end{cases} \tag{4.65}$$

模型试件采用原型材料，当离心机加速度为重力加速度的N倍时，各物理量模拟比尺关系为

$$\begin{cases}\alpha_g=N\\ \alpha_\rho=1\\ \alpha_Y=1\\ \alpha_W=\alpha_V=\dfrac{1}{N^3}\\ \alpha_{Q_0}=1\\ \alpha_\delta=1\end{cases} \tag{4.66}$$

由式(4.66)可知，在离心机爆炸模型试验中，模型介质和药球可以采用原材料，按照相应的几何缩比即可。对于几何比尺为 1∶100 的离心机爆炸模型试验来说，当离心机加速度达到 100g 时，1g 炸药的爆炸效果相当于原型中 1t 炸药的爆炸效果，采用小药量可以模拟原型大炸药量的爆炸效果。离心机爆炸模型比尺如表 4.1 所示。

表 4.1　离心机爆炸模型比尺

物理量	原型比尺	模型比尺	量纲
长度	1	$1/N$	[L]
面积	1	$1/N^2$	[L^2]
体积	1	$1/N^3$	[L^3]
加速度	1	N	[LT^{-2}]
速度	1	1	[LT^{-1}]
质量	1	$1/N^3$	[M]
力	1	$1/N^2$	[MLT^{-2}]
能量	1	$1/N^3$	[ML^2T^{-2}]
应力	1	1	[$ML^{-1}T^{-2}$]
应变	1	1	—
密度	1	1	[ML^{-3}]
时间	1	$1/N$	[T]

尽管离心机是研究爆炸和冲击荷载作用的有效工具，但是离心机模拟法也有一定的局限性。对于地下爆炸成坑试验，在比例埋深确定的情况下，埋深越大，装药量越大。以目前我国最大的离心机爆炸模型试验装置 LXJ-4-450 型土工离心机为例，其爆炸模拟允许的最大离心机加速度为 200g，即模拟比尺为$1/200$，爆炸模拟最大允许的装药量 5g，根据模型比尺关系计算可知，当原型试验的装药量从几百吨到几千吨时，模型的装药量为几十克到几百克，而当原型炸药量增加至几十千吨至一百千吨数量级时，模型的装药量已增加至几千克。显然，对于有限尺寸的模型试验箱来说是不现实的。当前，采用 5g 模型装药按照最大模拟加速度 200g，最大能够模拟 40t 原型装药的爆炸效果。因此，离心机爆炸模型试验无法对大当量地下浅埋爆炸成坑现象进行模拟，仅适用于小当量地下爆炸效应模拟研究。

4.3　地下核爆炸成坑作用的相似与模拟

4.3.1　地下核爆炸成坑作用物理模拟基础

地下核爆炸时，爆室内会产生非常高的温度和压力，由于辐射和强冲击波作用，爆室围岩介质气化产生了气状生成物，形成高压空腔，并产生强冲击波向外传播，随着传播距离越来越远，冲击波峰值应力不断衰减，爆室围岩介质依次出现了近似球面的气化区、液化区、粉碎压实区、剪切破裂区及径向破裂区[9-13]。在地下封闭爆炸情况下，各类岩石汽化、液化区半径分别近似为 $R_{\mathrm{v}}=2Q^{1/3}$，$R_{\mathrm{L}}=4Q^{1/3}$ (Q 为爆炸当量)。粉碎区内岩石压力为 $1\times10^{9}\sim7\times10^{10}$kPa，粉碎区半径近似为 $R_{\mathrm{b}}=11.1Q^{1/3}$。剪切破裂区岩石受到几百兆帕的压力作用，岩石中出现剪切破坏，除了产生径向裂缝外，还会产生横向裂缝，岩石出现宏观错动、断裂和位移，该区的半径近似为 $R_{\mathrm{f}}=32.8Q^{1/3}$。径向破裂区内岩石受到几百兆帕以下的压力作用，该区半径近似为 $R_{\mathrm{r}}=62.1Q^{1/3}$。在破裂区以外，应力波峰值应力衰减到几十兆帕以下，岩石不再发生破坏，只能发生弹性变形。通常将压碎区至弹性区范围内的不可逆变形区也称之为非弹性变形区。图 4.8 为装药周围岩体的爆炸分区示意图[11]。基坑空腔半径 r_{n} 及非弹性变形区半径 R_{d} 依赖于爆炸能量及介质的性质，包括可压缩性和强度特性，可由以下经验公式[13]确定：

$$\begin{cases} r_{\mathrm{n}} = \dfrac{\beta q^{1/3}}{\left(\rho C_{\mathrm{P}}^{2} f_{\mathrm{c}}^{2}\right)^{1/9}} \\ R_{\mathrm{d}} = \left(\dfrac{\rho C_{\mathrm{P}}^{2}}{4 f_{\mathrm{c}}}\right)^{1/3} r_{\mathrm{c}} \end{cases} \tag{4.67}$$

式中，C_{P} 为介质声波速度；f_{c} 为介质的单轴抗压强度；q 为装药等效 TNT 当量；$\beta=0.3或0.6$；ρ 为介质密度。

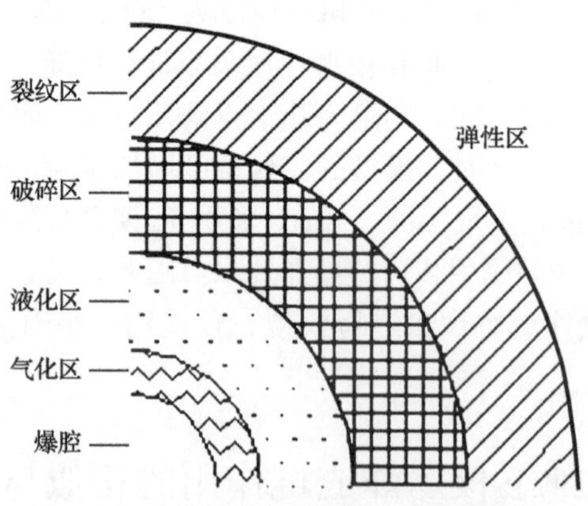

图 4.8　装药周围岩体的爆炸分区示意图[11]

由式(4.67)可以看出，基坑空腔半径与爆炸能量间的关系式符合几何相似原则，而非弹性变形区半径与空腔半径成正比。

地下核爆炸早期阶段经历了不同于化学炸药爆炸中的一些物理现象，如围岩的气化、熔解等，但是，在岩层的湿度、含气性等属性给定的情况下，岩层转化为气化区的体积和基坑腔体有限尺寸是与爆炸能量相对应的。多次地下爆炸试验表明，对于相同等效 TNT 当量的核爆炸和规模较大的化学爆炸具有相同的最佳埋深，浅埋核爆炸的最佳装药埋深是由爆炸空腔内的最终压力决定的，这是地下核爆炸与化学爆炸抛掷运动相似的根本原因。因此，在构建地下核爆炸成坑效应的试验关系式时可以像 TNT 化学爆炸一样使用动力相似的方法来预测其力学作用效应。

地下核爆炸弹坑形成过程中，在冲击波或应力波到达自由面产生的反射拉伸波之前，基坑空腔的发展如同地下封闭爆炸一样为中心对称膨胀。当反射拉伸波与空腔界面交汇时，空腔为不对称运动，空腔上部破碎岩石在反射拉伸波作用下产生介质抬升、抛掷和惯性飞散，最终形成抛掷或塌陷弹坑。以抛掷岩石爆炸能量转移机制为物理模拟基础，把浅埋核爆炸成坑过程划分为冲击波作用阶段、气体加速阶段和破碎岩石惯性抛掷阶段。第一阶段是从爆炸时刻到压缩波到达自由面，周围介质的运动与基坑腔体的形成过程是对称的，爆炸源周围的岩石受冲击波驱动运动并破坏。抛掷岩石在第一阶段积蓄的动能和弹性势能与腔体内气体能量相比在大多数情况下都很小。第二阶段爆炸生成物的能量主要用于驱使破坏岩石向自由面方向加速推进，形成典型的突起岩石拱顶，拱顶到第二阶段末尾完全坍塌，爆炸气状生成物的能量也完全耗尽。这一阶段产生抛掷岩石必需的动能，爆炸生成物的主要能量用于克服破碎岩石的重量，同时，一部分能量消耗在克服抛掷岩石与周围岩块的摩擦力上。第三阶段是岩石在重力场中的惯性抛掷。岩石抛掷的距离由石块中蕴藏的动能、飞行角度与空气阻力的大小决定。

地下浅埋核爆炸物理过程的三个阶段中，抛掷弹坑最主要的阶段是冲击波作用阶段和气体加速阶段。假设第一阶段，即冲击波作用阶段已经结束，可以确定腔体基坑的大小。腔体基坑周围的岩石直到自由面都已破坏，破坏区域大小已经得知，破碎岩石呈现为颗粒体介质，破碎岩石块之间的黏聚力不大，按照干摩擦规律抵抗剪应力，忽略岩石在冲击波阶段获得的动能。第二阶段破碎岩石在气体加速的作用下在重力场中的运动，对最终弹坑的形成起决定性作用。爆炸气状生成物的作用结果将取决于爆炸的热力学参数与深度。

因此，地下浅埋核爆炸的成坑过程可以看作是爆炸气状生成物推出碎裂岩石的结果，其物理模型主要模拟与弹坑形成和岩石移动相关的气体加速阶段和惯性抛掷阶段，模型的初始参数为地下核爆炸空腔膨胀完成时基坑腔体的尺寸大小和爆炸气体生成物的能量，而破碎岩石可采用黏聚力不大的石英砂等相似材料来模拟。

4.3.2　地下核爆炸成坑作用的相似条件

描述地下核爆炸弹坑的主要特征参数有：弹坑半径 R、深度 H、体积 V、拱

顶最大质点速度 v_m 以及气体加速运动时间 t_m。通过地下浅埋核爆炸三阶段的定性分析，弹坑形成过程受到爆源、介质和外部环境三类关键参量支配。爆源关键参量为空腔半径 r_n、腔体气体能量 E_0(或压力 P)、装药埋深 h、绝热指数γ。对于岩石的抛掷过程，可以忽略介质的压缩性，破碎岩石的关键参数为密度ρ、岩块间的内摩擦因数 k_f、破碎岩块脱离母岩的黏聚力 c、破碎岩块的平均粒径 d_c；外部环境参数包括重力加速度 g 和自由面大气压 P_a。描述地下浅埋爆炸抛掷过程的一整套数值由 7 个量纲参数与 2 个无量纲参数组成：E_0、h、r_n、ρ、g、P_a、c、k_f、γ。地下浅埋核爆炸模型相似设计主要物理量量纲如表 4.2 所示。取[M]、[L]、[T]为基本量纲，其关系方程的一般形式有

$$f(E_0,h,r_n,\rho,g,P_a,c,k_f,\gamma)=0 \tag{4.68}$$

表 4.2 地下浅埋核爆炸模型相似设计主要物理量量纲

物理量	量纲	备注
装药埋深 h	$[h]=[\mathrm{L}]$	自变量
重力加速度 g	$[g]=[\mathrm{LT^{-2}}]$	自变量
自由面的大气压 P_a	$[P_a]=[\mathrm{ML^{-1}T^{-2}}]$	自变量
腔体半径 r_n	$[r_n]=[\mathrm{L}]$	自变量
腔体气体能量 E_0	$[E_0]=[\mathrm{ML^2T^{-2}}]$	自变量
密度ρ	$[\rho]=[\mathrm{ML^{-3}}]$	自变量
黏聚力 c	$[c]=[\mathrm{ML^{-1}T^{-2}}]$	自变量
绝热指数 γ	$[\gamma]=1$	自变量、无量纲量
内摩擦因数 k_f	$[k_f]=1$	自变量、无量纲量
弹坑半径 R	$[R]=[\mathrm{L}]$	因变量
弹坑深度 H	$[H]=[\mathrm{L}]$	因变量
抛掷的最大质点速度 v_m	$[v_m]=[\mathrm{LT^{-1}}]$	因变量
抛掷过程的时间参数 t_m	$[t_m]=[\mathrm{T}]$	因变量

由量纲分析法，依据π定理，可得到 6 个无量纲组合的π项。

无量纲组合π的一般形式为

$$\pi = E_0^{\alpha_1} h^{\alpha_2} r_n^{\alpha_3} \rho^{\alpha_4} g^{\alpha_5} P_a^{\alpha_6} c^{\alpha_7} \tag{4.69}$$

将 E_0、h、r_n、ρ、g、P_a、c 的量纲代入式(4.69)，可得

$$\begin{aligned}\pi &= [\mathrm{M}^0\mathrm{L}^0\mathrm{T}^0] \\ &= [\mathrm{ML}^2\mathrm{T}^{-2}]^{\alpha_1}[\mathrm{L}]^{\alpha_2}[\mathrm{L}]^{\alpha_3}[\mathrm{ML}^{-3}]^{\alpha_4}[\mathrm{LT}^{-2}]^{\alpha_5}[\mathrm{ML}^{-1}\mathrm{T}^{-2}]^{\alpha_6+\alpha_7} \\ &= [\mathrm{M}]^{\alpha_1+\alpha_4+\alpha_6+\alpha_7}[\mathrm{L}]^{2\alpha_1+\alpha_2+\alpha_3-3\alpha_4+\alpha_5-\alpha_6-\alpha_7}[\mathrm{T}]^{-2\alpha_1-2\alpha_5-2\alpha_6-2\alpha_7}\end{aligned} \tag{4.70}$$

由量纲和谐条件可得

$$\begin{cases}[\mathrm{M}]: \alpha_1+\alpha_4+\alpha_6+\alpha_7=0 \\ [\mathrm{L}]: 2\alpha_1+\alpha_2+\alpha_3-3\alpha_4+\alpha_5-\alpha_6-\alpha_7=0 \\ [\mathrm{T}]: \alpha_1+\alpha_5+\alpha_6+\alpha_7=0\end{cases} \tag{4.71}$$

本过程中有 6 个独立的无量纲组合项。

令 $\alpha_1=1$，$\alpha_4=-1$，$\alpha_6=\alpha_7=0$，代入式(4.71)，可得 $\alpha_2=-4$，$\alpha_3=0$，$\alpha_5=-1$，则

$$\pi_1=\frac{E_0}{\rho g h^4} \tag{4.72}$$

令 $\alpha_1=1$，$\alpha_6=-1$，$\alpha_4=\alpha_7=0$，代入式(4.71)，可得 $\alpha_2=-3$，$\alpha_3=\alpha_5=0$，则

$$\pi_2=\frac{E_0}{P_{\mathrm{a}} h^3} \tag{4.73}$$

令 $\alpha_1=1$，$\alpha_7=-1$，$\alpha_4=\alpha_6=0$，代入式(4.71)，可得 $\alpha_2=-3$，$\alpha_3=\alpha_5=0$，则

$$\pi_3=\frac{E_0}{c h^3} \tag{4.74}$$

令 $\alpha_1=\alpha_4=\alpha_6=\alpha_7=0$，代入式(4.71)，可得 $\alpha_2=1$，$\alpha_3=-1$，$\alpha_5=0$，则

$$\pi_4=\frac{h}{r_{\mathrm{n}}} \tag{4.75}$$

绝热指数 γ 和内摩擦因数 k_{f} 均为无量纲量，有

$$\begin{cases}\pi_5=k_{\mathrm{f}} \\ \pi_6=\gamma\end{cases} \tag{4.76}$$

因此，弹坑的形成发展过程与抛掷岩石的初始条件和特性间的关系式为

$$\begin{cases}\dfrac{R}{h}=f_1\left(\dfrac{E_0}{\rho g h^4},\dfrac{E_0}{P_a h^3},\dfrac{E_0}{c h^3},\dfrac{h}{r_n},k_f,\gamma\right)\\ \dfrac{H}{h}=f_2\left(\dfrac{E_0}{\rho g h^4},\dfrac{E_0}{P_a h^3},\dfrac{E_0}{c h^3},\dfrac{h}{r_n},k_f,\gamma\right)\\ \dfrac{v_m^2}{gh}=f_3\left(\dfrac{E_0}{\rho g h^4},\dfrac{E_0}{P_a h^3},\dfrac{E_0}{c h^3},\dfrac{h}{r_n},k_f,\gamma\right)\\ \dfrac{g t_m^2}{h}=f_4\left(\dfrac{E_0}{\rho g h^4},\dfrac{E_0}{P_a h^3},\dfrac{E_0}{c h^3},\dfrac{h}{r_n},k_f,\gamma\right)\end{cases} \tag{4.77}$$

根据相似第三定律，模型和原型相似的充要条件是全部支配参数组成的无量纲组合数值相等，即

$$\begin{cases}\pi_1=\dfrac{E_0}{\rho g h^4}=\text{const.}\\ \pi_2=\dfrac{E_0}{P_a h^3}=\text{const.}\\ \pi_3=\dfrac{E_0}{c h^3}=\text{const.}\\ \pi_4=\dfrac{h}{r_n}=\text{const.}\\ \pi_5=k_f=\text{const.}\\ \pi_6=\gamma=\text{const.}\end{cases} \tag{4.78}$$

记模型与原型物理量相似比尺为 $\alpha=M/P$（其中，M 为模型中参数，P 为原型中参数），设几何比尺 $\alpha_l=1/N$。根据相似准数恒定要求，各物理量相似比尺之间的关系为

$$\begin{cases}\dfrac{\alpha_{E_0}}{\alpha_\rho \alpha_g \alpha_h^4}=1\\ \dfrac{\alpha_{E_0}}{\alpha_{P_a} \alpha_h^3}=1\\ \dfrac{\alpha_{E_0}}{\alpha_c \alpha_h^3}=1\\ \dfrac{\alpha_h}{\alpha_{r_n}}=1\\ \alpha_{k_f}=1\\ \alpha_\gamma=1\end{cases} \tag{4.79}$$

关系式(4.78)或式(4.79)即为地下核爆炸成坑相似模拟的相似条件。当进行模型试验设计时，确定了几何比尺后，可以推算得到其他物理量的相似比尺，进而实现模型与原型的相似模拟。

相似关系式(4.77)可分为两种情况：①当不考虑重力加速度对抛掷弹坑的影响时，排除支参数 $E_0/(\rho g h^4)$，得到腔体气体能量的几何相似律：$E \sim h^3$，其充分必要条件是 $\rho g h$ 与 P_a 和 c 相比数值要小，即小比例埋深地下爆炸情形；②当爆炸规模很大，此时蕴含能量的唯一支参数是 $E_0/(\rho g h^4)$。在这种情况下，当 $E_0/(\rho g h^4) = \text{const.}$ 时，形成类似的弹坑，即 $R/h = \text{const.}$。基坑腔体气体能量与 h^4 而非 h^3 成比例增长，装药围岩介质如果不发生变化，支参数 $E_0/(\rho g h^4)$ 的作用将随着爆炸当量的增大而增大。

对于地下核爆炸成坑效应模拟，重力加速度是一个关键影响参数。目前主要有两种模拟试验方法实现模型与原型的相似：①通过土工离心机提供较大的离心机加速度，使模型中产生与原型相同的自重应力，微型装药能量按照 N^3 (其中 N 为重力加速度倍数)倍放大，以此满足模型相似律；②利用动力场变换方法，通过真空室爆炸模拟系统，在重力场中降低真空室内气压，用相似材料模拟破碎的岩块，采用高压空腔或微型药球模拟爆源，来实现模型与原型中相同力的比例关系。

4.3.3　地下核爆炸成坑作用的真空室爆炸模拟

地下核爆炸成坑作用的物理模拟基础是把地下核爆炸弹坑的形成过程看作是爆炸高压气体推出碎裂岩石的结果。基于关系式(4.77)，为了在模型试验中保证重力支配参数 $E_0/(\rho g h^4)$ 的决定作用，可以采用松散的材料来减小黏聚力 c 和降低模型材料自由面大气压力 P_a 的方法，使得模型和实物中保持相同力的比例关系。在真空室爆炸模拟试验方法中，采用充有一定高压气体的球壳模拟真实条件下充满气状生成物的爆炸腔体，采用石英砂等散体材料来模拟破碎岩石，这样将模拟材料如石英砂放置在真空室内，模型材料一定深度处放置一充有高压气体的气囊，当真空室内达到一定压力后，释放高压气体，模拟材料在气体突然扩张的作用下抛掷飞散形成弹坑。

真空室爆炸模拟试验是在自然重力场中进行，假设模型材料密度与原型材料密度相等，即 $\alpha_\rho = 1$，$\alpha_g = 1$，几何比尺 $\alpha_h = \alpha_{r_n} = 1/N$。则由相似关系式(4.79)可得

$$\begin{cases} \alpha_{r_n} = \alpha_h = \dfrac{1}{N} \\ \alpha_{P_a} = \dfrac{1}{N} \\ \alpha_c = \dfrac{1}{N} \\ \alpha_E = \alpha_h^4 = \dfrac{1}{N^4} \\ \alpha_{k_f} = 1 \\ \alpha_z = 1 \end{cases} \tag{4.80}$$

由式(4.80)可知，在真空室爆炸模拟试验中，爆炸空腔气体能量比尺是几何比尺的四次方，为了保证模型与原型的相似，模型中的自由面气压变为大气压力的$1/N$，黏聚力为原型材料黏聚力的$1/N$。真空室爆炸模型比尺如表 4.3 所示。

表 4.3　真空室爆炸模型比尺

物理量	原型比尺	模型比尺	量纲
长度	1	$1/N$	[L]
面积	1	$1/N^2$	[L^2]
体积	1	$1/N^3$	[L^3]
加速度	1	1	[LT^{-2}]
速度	1	$1/\sqrt{N}$	[LT^{-1}]
质量	1	$1/N^3$	[M]
力	1	$1/N^3$	[MLT^{-2}]
能量	1	$1/N^4$	[ML^2T^{-2}]
应力	1	$1/N$	[$ML^{-1}T^{-2}$]
应变	1	1	—
密度	1	1	[ML^{-3}]
时间	1	$1/\sqrt{N}$	[T]

在真空室爆炸模拟试验中，其初始参数为大当量地下爆炸基坑空腔完成时空腔的尺寸大小r_n和气体生成物能量E_0，由于岩石中爆炸腔体内爆炸生成物的压力受岩石的强度、湿度和腔体半径等影响很大，气体生成物的绝热指数变化波动很大，按照气态物态方程确定的气体能量E_0可能达到不合实际的数值。在真空室爆炸模拟试验中，采用空腔气体压力P膨胀到自由面气体压力P_a时的势能A来表征

气体抛掷破碎岩石的能量[14]，其与空腔气体能量 E_0 、压力 P 、空腔体积 V_n 和气体绝热指数 γ 之间的关系为

$$\begin{cases} \dfrac{A}{E_0} = 1 - \left(\dfrac{P_a}{P}\right)^{\frac{\gamma-1}{\gamma}} \\ E_0 = \dfrac{PV_n}{\gamma - 1} \\ \gamma = 1.4 \end{cases} \tag{4.81}$$

采用关系式(4.81)可计算得到模型中小球气体的压力 P ，而模型中小球的埋深、真空室压力、模拟材料黏聚力可由关系式(4.80)进行缩比计算，模拟材料的密度、摩擦系数与原型材料相近。

利用已有的地下浅埋核爆炸成坑原型试验数据[14-16]，采用真空室爆炸模拟试验方法，可计算得到真空室爆炸模拟试验的主要试验参数，如表 4.4 所示。表中小球半径根据爆炸当量大小分别采用 1.5cm、3cm 和 5cm 进行模拟，对于 10kt 以下当量采用 1.5cm 小球模拟，10~100kt 当量采用 3cm 小球模拟，100kt 以上当量采用 5cm 小球模拟。

表 4.4　真空室爆炸模拟试验的主要试验参数

爆炸试验代号	等效 TNT 当量/kt	埋深/m	空腔半径/m	空腔气体势能 /(10^{10}J)	模拟比尺	小球半径 /cm	小球埋深 /cm	真空度 /(N/m^2)	小球气压/Pa
Neptun	0.115	30.5	7.29	6.231	486	1.5	6.276	205.761	40565.7
Denny-Boy	0.42	33.5	6.96	13.23	464	1.5	7.220	218.373	97860.6
1003 竖井	1.1	48	13.32	45.276	888	1.5	5.405	114.105	26135.2
Cabriolet	2.3	52	14.52	78.246	968	1.5	5.372	104.675	31364.5
Schooner	31	108	47.12	1249.92	1570	3	6.879	63.694	9559.6
Sedan	100	193	69.62	4872	1392	5	13.865	71.839	12824.5

由表 4.4 可以看出，试验参数真空度和模拟爆源小球气体压力均易实现，模拟比尺宽广，适用于大当量浅埋爆炸成坑效应的模拟研究。对于超过 100kt 的地下爆炸成坑作用的真空室爆炸模拟试验来说，可以通过增大小球尺寸降低模拟比尺，进而提高真空室的真空度和降低爆源气体的压力，使得试验模拟更加准确而且容易实现。因此，真空室爆炸模拟试验是一种操作性、可控性较强的模型试验方法，填补了离心机无法模拟大当量浅埋爆炸成坑作用的不足。然而，由于真空室爆炸模拟试验方法主要模拟爆腔高压气体生成物推动破碎岩石抛掷、鼓包和塌陷的运动过程，不能模拟地下爆炸的冲击波作用阶段，对于地冲击效应问题，如爆炸冲击波的传播、土与结构的相互作用以及爆炸震动等问题，真空室爆炸模拟

试验是无法进行研究的。

参 考 文 献

[1] 波克罗夫斯基, 费多罗夫. 在变形介质中冲击与爆炸作用. 刘清荣, 黄文彬译. 北京: 中国工业出版社, 1965.

[2] Schmidt R M, Holsapple K A. Centrifuge cratering experiment I: Dry granular soils// Washington D. C.: Defense Nuclear Agency, 1978.

[3] Schmidt R M, Holsapple K A. Centrifuge cratering experiment II: Material strength effects. Washington D. C.: Defense Nuclear Agency, 1978.

[4] Holsapple K A, Schmidt R M. A material-strength model for apparent crater volume// Lunar and Planetary Science Conference Proceedings. Houston, 1979, 10: 2757-2777.

[5] Holsapple K A, Schmidt R M. On the scale of crater dimensions 1. explosive processes. Journal of Geophysical Research Atmospheres, 1980, 85(B12): 7247-7256.

[6] Housen K R, Schmidt R M, Holsapple K A. Crater ejecta scaling laws: Fundamental forms based on dimensional analysis. Journal of Geophysical Research Solid Earth, 1983, 88(B3): 2485-2499.

[7] 范一锴, 陈祖煜, 梁向前, 等. 砂中爆炸成坑的离心模型试验分析方法比较方法. 岩土力学与工程学报, 2011, S2:4123-4128.

[8] 范一锴, 梁向前, 陈祖煜, 等. 土工离心机用于爆炸模拟的试验研究//中国力学学会工程爆破专业委员会第六、七届委员会议暨“2011 全国爆破理论研讨会”. 武汉, 2011:29-34.

[9] 梁霍夫. 岩土中爆炸动力学基础. 刘光寰, 王明洋译, 王桐封审. 南京工程兵工程学院训练部, 1993.

[10] Orlenko L P. Explosion Physics. Moscow: Fizmatlit Press, 2004.

[11] 戚承志, 钱七虎. 岩体动力变形与破坏的基本问题. 北京: 科学出版社, 2009.

[12] 钱七虎, 王明洋. 岩土中的冲击爆炸效应. 北京: 国防工业出版社, 2010.

[13] ОРЛЕНКО Л П. 爆炸物理学(上册). 孙承纬译. 北京: 科学出版社, 2011: 677-688.

[14] Adushkin V V, Spivak A. Underground explosions// WGC-2015-03, 2015.

[15] Shelton A V, Nordyke M D, Goeckermann. The Neptune Event. Lawrence Radiaton Laboratory, San Francisco, 1960.

[16] Nordyke M D. On cratering: A brief history, analysis, and theory of cratering. Lawrence Livermore National Laboratory, San Francisco, 1961.

第 5 章　防护结构的相似与模拟

5.1　防护结构弹性动力响应的相似与模拟

防护结构除承受冲击和爆炸的局部作用外，还应考虑爆炸动荷载的整体作用。其中承受的动载有炮(航)弹爆炸和核爆炸的冲击波荷载，以及它们产生的土中压缩波。结构的设计和计算理论是根据弹塑性理论的基本方程组确立的。通常容许防护结构进入塑性阶段工作，并以结构的强度破坏作为设计的极限状态。然而，某些重要的不允许出现残余变形的结构，或由于结构特性或材料特性而延性很差的结构体系，仍应以结构的弹性工作阶段为依据。

防护结构承受爆炸荷载的动力响应，理论上可以写出封闭方程组，由方程分析法导出相似条件。例如，承受冲击波荷载作用的结构弹性动力响应问题，其基本方程和边界条件包括：气体动力学基本方程组、冲击波波阵面的 Rankine-Hugoniot 方程、空气与结构表面间的边界条件——力的边界条件和法向位移与速度的连续性条件、弹性理论问题的基本方程组、结构支座约束的力和位移的边界条件等。本节关于防护结构弹性动力响应的相似与模拟问题中，将匀质防护结构作为弹性体系来考虑，把爆炸荷载作为弹性变形体的边界条件，直接引用了爆炸相似的结论。

5.1.1　弹性体系动力响应

1. 弹性体系动力响应的相似与模拟

弹性理论任意空间问题的基本方程组共有 15 个方程，此外还有边界条件和初始条件。这 15 个方程可分为三组：3 个平衡方程、6 个几何方程、6 个物理方程。

1) 动力相似模拟

动力平衡微分方程为

$$\begin{cases}\dfrac{\partial\sigma_x}{\partial x}+\dfrac{\partial\tau_{xy}}{\partial y}+\dfrac{\partial\tau_{xz}}{\partial z}+X=\rho\dfrac{\partial^2 u}{\partial t^2}\\[2mm]\dfrac{\partial\tau_{yx}}{\partial x}+\dfrac{\partial\sigma_y}{\partial y}+\dfrac{\partial\tau_{yz}}{\partial z}+Y=\rho\dfrac{\partial^2 v}{\partial t^2}\\[2mm]\dfrac{\partial\tau_{zx}}{\partial x}+\dfrac{\partial\tau_{zy}}{\partial y}+\dfrac{\partial\sigma_z}{\partial z}+Z=\rho\dfrac{\partial^2 w}{\partial t^2}\end{cases}\tag{5.1}$$

式中，X、Y、Z 为体积力的轴向分量(不包括惯性力)，当体积力仅有重力作用时，则 $X=\rho g_x$、$Y=\rho g_y$、$Z=\rho g_z$。

下面利用式(5.1)中任一方程来推导相似条件，其他两个方程也会得出相同的结论。

有两个相似的原型与模型体系均满足式(5.1)，并存在以下相似的基本关系：

$$\begin{cases} \sigma_x = C_\sigma \sigma'_x \\ \tau_{xy} = C_\tau \tau'_{xy} \\ \tau_{xz} = C_\tau \tau'_{xz} \\ X = C_L X' \\ Y = C_L Y' \\ Z = C_L Z' \\ \rho = C_\rho \rho' \\ g_x = C_g g'_x \\ u = C_u u' \\ t = C_t t' \end{cases} \tag{5.2}$$

式中，带下标的 C 为相应物理量的相似常数。

对原型与模型体系，分别有

$$\frac{\partial \sigma_x}{\partial x} + \frac{\partial \tau_{xy}}{\partial y} + \frac{\partial \tau_{xz}}{\partial z} + \rho g_x = \rho \frac{\partial^2 u}{\partial t^2} \tag{5.3}$$

及

$$\frac{\partial \sigma'_x}{\partial x'} + \frac{\partial \tau'_{xy}}{\partial y'} + \frac{\partial \tau'_{xz}}{\partial z'} + \rho' g'_x = \rho' \frac{\partial^2 u'}{\partial t'^2} \tag{5.4}$$

进行相似转换，将式(5.2)代入式(5.3)，可得

$$\frac{C_\sigma}{C_L}\frac{\partial \sigma'_x}{\partial x'} + \frac{C_\tau}{C_L}\frac{\partial \tau'_{xy}}{\partial y'} + \frac{C_\tau}{C_L}\frac{\partial \tau'_{xz}}{\partial z'} + C_\rho C_g \rho' g'_x = \frac{C_\rho C_u}{{C_t}^2} \rho' \frac{\partial^2 u'}{\partial t'^2} \tag{5.5}$$

比较式(5.4)和式(5.5)，可得以下相似指标式的相似条件：

$$\begin{cases} \dfrac{C_\tau}{C_\sigma} = 1 \\ \dfrac{C_\rho C_g C_L}{C_\sigma} = 1 \\ \dfrac{C_\rho C_u C_L}{C_\sigma {C_t}^2} = 1 \end{cases} \tag{5.6a}$$

如果结构动力响应过程保持严格几何相似，则应有 C_u=C_L，式(5.6a)可表示为

$$\begin{cases}\dfrac{C_\tau}{C_\sigma}=1\\[2mm] \dfrac{C_\rho C_g C_L}{C_\sigma}=1\\[2mm] \dfrac{C_\rho C_L^2}{C_\sigma C_t^2}=1\end{cases}\tag{5.6b}$$

式(5.6b)第三式中 C_t 所反映的时间物理量，既可表示外加动载的时间特征量，又可表示被决定的时间特征量如结构的自振周期，或泛指原型与模型相似所对应的瞬时。

2)几何相似模拟

弹性理论问题的变形和位移之间有下列关系式：

$$\begin{cases}\varepsilon_x=\dfrac{\partial u}{\partial x}\\[2mm] \gamma_{xy}=\dfrac{\partial v}{\partial x}+\dfrac{\partial u}{\partial y}\end{cases}\tag{5.7}$$

同理，这里只列出 6 个几何方程中有代表性的方程。

根据相似基本关系进行相似转换后，可得相似指标式的相似条件，即

$$\begin{cases}\dfrac{C_\varepsilon C_L}{C_u}=1\\[2mm] \dfrac{C_{\gamma_{xy}} C_L}{C_u}=1\end{cases}\tag{5.8a}$$

如果保持严格的几何相似 $C_u=C_L$，则式(5.8a)可表示为

$$\begin{cases}C_\varepsilon=1\\ C_{\gamma_{xy}}=1\end{cases}\tag{5.8b}$$

3)物理相似模拟

列出 6 个物理方程中有代表性的方程：

$$\begin{cases}\varepsilon_x=\dfrac{1}{E}\left[(1+\mu)\sigma_x-\mu\Theta\right]\\[2mm] \gamma_{xy}=\dfrac{1}{G}\tau_{xy}\end{cases}\tag{5.9}$$

式中，$\Theta = \sigma_x + \sigma_y + \sigma_z$。

类似地，进行相似转换，可得物理相似的条件，即

$$\begin{cases} C_\mu = 1 \\ \dfrac{C_\varepsilon C_E}{C_\sigma} = 1 \\ \dfrac{C_{\gamma_{xy}} C_G}{C_\tau} = 1 \end{cases} \tag{5.10a}$$

或

$$\begin{cases} C_\mu = 1 \\ \dfrac{C_E}{C_\sigma} = 1 \\ \dfrac{C_G}{C_\tau} = 1 \end{cases} \tag{5.10b}$$

4)边界条件和初始条件相似模拟

通常边界条件和初始条件主要是指结构的支承约束条件，结构体系表面边界所受的外力，动力过程开始时某些部分所给定的位移或速度等。保持一般的非弹性支承约束条件相似，在模型制作时是容易实现的，如简支、固定边界等。用应力表示外力的边界条件为

$$p_{xN} = \sigma_x l + \tau_{xy} m + \tau_{xz} n \tag{5.11}$$

式中，l、m、n 为表面 N 处的方向余弦，当体系保持形状的几何相似时，显然在原型与模型的相应点处其数值不变。

对式(5.11)进行相似转换，可得相似条件

$$\begin{cases} \dfrac{C_p}{C_\sigma} = 1 \\ \dfrac{C_\tau}{C_\sigma} = 1 \end{cases} \tag{5.12}$$

即结构的应力相似常数和外力强度的相似常数相等。

结构体系运动的初始位移应符合式(5.8)的相似关系：

$$\frac{C_u}{C_\varepsilon C_L}=1$$

如果已知结构体系的运动初始速度，根据 $v=\mathrm{d}u/\mathrm{d}t$（当 $t=0$ 时），可以导出

$$\frac{C_v C_t}{C_u}=1 \tag{5.13}$$

如果有移动荷载(例如大型结构需考虑冲击波沿结构表面的移动)，则荷载移动速度 v 的相似常数为

$$\frac{C_v C_t}{C_L}=1 \tag{5.14}$$

综上所述，弹性结构体系一般空间问题动力响应的全部相似条件为

$$\begin{cases}\dfrac{C_\tau}{C_\sigma}=1\\ \dfrac{C_\rho C_g C_L}{C_\sigma}=1\\ \dfrac{C_\rho C_L^2}{C_\sigma C_t^2}=1\\ C_\varepsilon=1\\ C_{\gamma_{xy}}=1\\ C_u=1\\ \dfrac{C_G}{C_\tau}=1\\ \dfrac{C_E}{C_\sigma}=1\\ \dfrac{C_p}{C_\sigma}=1\end{cases} \tag{5.15}$$

式(5.15)中包括了一般情况下边界外力动荷载的相似条件。

在弹性理论问题中，通常是已知结构体系的形状和尺寸、材料的物理力学性质、结构所受的面积力(如含时间特征量的动荷载)和体积力，以及体系的约束条件等特征量，需要求出应力、变形和位移。前者是问题的单值量，而后者是被决定量。因而，对于承受爆炸荷载或其他动荷载作用的弹性结构动力响应过程，当支座条件一定时，其单值量即为几何特征尺寸 L，弹性常数 μ、E、G（仅两个是独

立的)，密度ρ，体积力g和面积力p，动荷载特征时间τ。根据相似第三定理，必须给出设计模型相似指标式的决定等式或决定准数。将式(5.15)的相似指标式进行合并，对于两个几何相似的体系，可得相似指标式的决定等式，即

$$\begin{cases} C_\mu = 1 \\ \dfrac{C_E}{C_\rho C_g C_L} = 1 \\ \dfrac{C_p}{C_E} = 1 \\ \dfrac{C_t}{C_L}\sqrt{\dfrac{C_E}{C_\rho}} = 1 \end{cases} \tag{5.16a}$$

写成相似准数的形式则有

$$\begin{cases} \mu = \text{const.} \\ \dfrac{E}{\rho g L} = \text{const.} \\ \dfrac{p}{E} = \text{const.} \\ \dfrac{t}{L}\sqrt{\dfrac{E}{\rho}} = \text{const.} \end{cases} \tag{5.16b}$$

根据式(5.16a)，利用原型各单值量的数值可以确定模型对应单值量的数值。其他被决定量相似指标式的相似条件为

$$\begin{cases} \dfrac{C_p}{C_\sigma} = 1 \\ \dfrac{C_\tau}{C_\sigma} = 1 \\ C_\varepsilon = C_{\gamma_{xy}} = 1 \\ \dfrac{C_u}{C_L} = 1 \end{cases} \tag{5.17a}$$

写成相似准数的形式则有

$$
\begin{cases}
\dfrac{p}{\sigma} = \text{const.} \\
\dfrac{\tau}{\sigma} = \text{const.} \\
\varepsilon = \text{const.} \\
\gamma_{xy} = \text{const.} \\
\dfrac{u}{L} = \text{const.}
\end{cases}
\tag{5.17b}
$$

根据式(5.17)所示相似条件，可由模型试验结果推知原型结构的应力及变形状态。

从方程分析法求得的相似准数中，通常既含有单值量又含有非单值量，而相似准数的形式又有一定的随意性，在合并相似准数求得决定准数时，就产生了应该有几个独立决定准数的问题。一般由以下两原则来控制：①每次合并以消去非单值量而不消去单值量为原则；②确定单值量后，由单值量的数量运用π定理求得单值量组成的决定准数的数量，以此确定独立决定准数的数量。

相似条件式(5.16)和式(5.17)虽然是由线性弹性理论问题的基本方程组导出，但它们也适用于非线性的弹性体系，例如防护工程中一些考虑弹性变形的柔性大变形结构，以及其他非线性弹性材料的结构。

上述相似条件对于弹性体系的动力响应问题具有一般性。如果弹性体系承受的动荷载不是爆炸荷载，而是冲击荷载，此时问题的单值量则应以面冲量 s 代替面力 p，而由量纲关系可知有 $C_s = C_p C_t$。

此外，式(5.16)和式(5.17)对于结构物承受静载作用也是适用的。此时只需将其中包括时间特征量相似常数的相似条件一项去掉即可。

2. 结构相似的变态模拟

相似条件式(5.16)和式(5.17)是基于一般情况下弹性理论的任意空间问题导出的，它对模型试验单值量的确定有了严格的限制。在具体工程问题的模型试验中，有时容许降低式(5.16)中某些条件的要求，而仅给模型试验带来不大的误差。例如，线性弹性理论问题在小变形假设条件下，可以将位移和几何尺寸视为独立参量，也就容许位移相似常数C_u与几何尺寸相似常数C_L互不相同，即$C_u \neq C_L$。这样，几何相似条件的要求有所放宽，相应地也减少了对C_L、C_t、C_E等参量的限制，增加了模型设计的灵活性。但是，如果是大变形的结构问题，由于几何非线性弹性问题的几何方程与式(5.7)略有差别，包括有位移偏导数的二次项，模型试验则必须保持严格的几何相似(即$C_u = C_L$)。

容许不完全保持几何相似的模拟试验，称为变态模拟。采用变态模型能使模型试验具有更大的适应性，有时由于条件限制，就不得不采用变态模型，而关于如何使模型变态，必须针对不同问题的试验目的作具体分析，下面举例说明。

1)梁式受弯构件

图 5.1 为梁式受弯构件，构件横截面为 T 形断面，其挠度方程为

$$y=-\frac{q}{24EI}(l^3x-2lx^3+x^4) \tag{5.18}$$

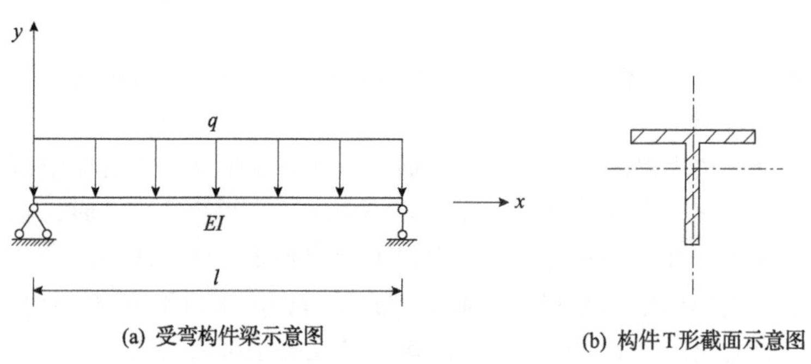

图 5.1 梁式受弯构件

如果要通过模型试验了解原型的变形情况，将式(5.18)经过简单的相似转换，可得相似条件

$$\frac{C_yC_EC_I}{C_qC_L^4}=1 \tag{5.19}$$

式(5.18)并不包含任何表征构件截面几何形状特征尺寸的参量，而式(5.19)中的C_L仅表示相似截面的对应位置。因此制作模型时可以不考虑构件截面几何形状相似的要求，模型截面可以用简单的矩形截面。模型试验需要满足的相似是两种不同形状截面惯性矩的比，而不是截面形状的某一特征尺寸。若模型试验还需要了解截面上的应力分布状态，则必须保持模型截面与原型几何相似，因为截面上的应力分布与其形状和尺寸相关。

2)平面问题

由弹性理论可知，平面问题的应力函数满足双调和方程，即

$$\frac{\partial^4\varphi}{\partial x^4}+2\frac{\partial^4\varphi}{\partial x^2\partial y^2}+\frac{\partial^4\varphi}{\partial y^4}=0 \tag{5.20a}$$

应力分量满足平衡条件和应力边界条件，即

$$\begin{cases} \sigma_x = \dfrac{\partial^2 \varphi}{\partial y^2} - Xx \\ \sigma_y = \dfrac{\partial^2 \varphi}{\partial x^2} - Yy \\ \tau_{xy} = -\dfrac{\partial^2 \varphi}{\partial x \partial y} \end{cases} \tag{5.20b}$$

式(5.20a)和式(5.20b)都不包含弹性常数，且对于两种平面问题都是相同的，而平面应力问题中板厚方向的长度尺寸，也是与平面坐标 x、y 不相关的独立参量。如果是针对某种材料求出的应力分量 σ_x、σ_y、τ_{xy}，同样适用于具有相同边界和外力的其他弹性体材料；针对平面应力问题求出的这些应力分量，也适用于边界相同、外力相同的平面应变问题的情况(两种平面问题中的应力分量 σ_z，以及应变和位移不一定相同)。用试验方法测量结构或构件的应力分量时，可以采用便于测量的材料来制作模型，还可以用平面应力情况下的薄板模型，代替平面应变情况下的长柱形结构和构件。即使同样的平面应力问题试验，厚度方向的尺寸也可采用不同的长度相似比。

3)薄板小挠度弯曲

由弹性理论可知，薄板弯曲问题的基本微分方程为

$$\frac{Et^3}{12(1-\mu^2)}\left(\frac{\partial^4 w}{\partial x^4} + 2\frac{\partial^4 w}{\partial x^2 \partial y^2} + \frac{\partial^4 w}{\partial y^4}\right) = q \tag{5.21}$$

板的挠度 w 不是一个独立的自变量，而是一个关于 x、y 函数的独立参量。在进行模拟试验时，容许沿板的法线方向和平面方向的几何尺寸取不同的相似比，从而采用变态模型。下面通过量纲分析法来讨论分析相关参量相似常数之间的关系。

由式(5.21)可知，板的挠度 w 与 q 成正比，与板的厚度 t 的三次方成反比，即

$$\frac{wt^3}{q} = \text{const.}$$

因此，不必将 w、t、q 三个参量分开考虑，只需将此三个参量的组合作为一个独立的参量。现用 L 表示薄板平面内的线性特征尺寸。模拟问题的物理关系方程可以写成一般形式，即

$$f\left(\frac{wt^3}{q}, L, E, \mu\right) = 0 \tag{5.22}$$

通过量纲分析法将式(5.22)转化为无量纲形式，即

$$F\left(\frac{wt^3E}{qL^4},\mu\right)=0 \tag{5.23}$$

式中，$\frac{wt^3E}{qL^4}$ 和 μ 为薄板弯曲相似模拟问题的两个相似准数。

同样，可得相似指标式

$$\begin{cases}\dfrac{C_wC_t^3C_E}{C_qC_L^4}=1\\ C_\mu=1\end{cases} \tag{5.24}$$

式(5.24)说明，薄板弯曲问题在厚度方向与板平面方向内的几何尺寸可以采用不同的长度相似比。

4)薄壳的一般应力状态

薄壳的一般应力状态由薄膜应力和弯曲应力两部分组成。薄膜应力与厚度成反比，弯曲应力与厚度的二次方成反比，因此，薄壳不能采用变态模型，必须保持空间三维尺度的几何相似，即 $C_x=C_y=C_z$。

5.1.2 弹性体系承受爆炸动荷载作用的模拟

式(5.16a)列出了弹性任意空间问题决定指标式的相似条件。对于处于弹性工作阶段的结构物(如杆系结构、箱形结构、防护盾板、回转壳体、柔性结构等)，在承受爆炸冲击作用时，若系统保持几何相似(包括爆炸压力随时间变化规律的几何相似)，以及支承约束条件相同，其相似模拟的充分必要条件是满足式(5.16a)。

相似模拟中很难同时满足重力相似和弹性力相似，在式(5.16a)的相似条件中，如果模型和原型采用相同的材料，即 $C_E=1$ 和 $C_\rho=1$，当 $C_g=1$ 时，$C_L=1$，就只能进行原型试验了。反之，如果要进行模型试验，并且同时满足 $C_g=1$，则必须改变模拟材料，使之满足 $C_E/C_\rho=C_L$ 的条件，此时，$C_\rho=C_E\neq1$，爆炸几何相似律不再适用。

为了便于理解，将式(5.16b)的相似准数写成以下形式：

$$\begin{cases}\dfrac{p}{E}=\dfrac{p}{\rho v^2}\dfrac{\rho v^2}{E}=Eu\cdot Ca=\text{const.}\\ \dfrac{E}{\rho gL}=\dfrac{E}{\rho v^2}\dfrac{v^2}{gL}=\dfrac{1}{Ca}Fr=\text{const.}\\ \dfrac{t^2}{L^2}\dfrac{E}{\rho}=\left(\dfrac{vt}{L}\right)^2\dfrac{E}{pv^2}=(Ho)^2\dfrac{1}{Ca}=\text{const.}\end{cases}$$

式中，Ho 为谐时准数，表示运动相似。

防护结构承受的爆炸动荷载比其体积力(重力)大很多，此时忽略重力相似的要求，是不会产生明显误差的。下面以地面防护结构顶盖承受爆炸波动荷载作用进行说明。

钢筋混凝土结构，顶盖厚度为 100cm，每平方厘米表面的厚度范围内的荷载为 $0.024\,\text{MPa}$ 。

若核爆炸冲击波荷载 $\Delta P_{\varphi}=0.5\,\text{MPa}$ ，则体积力占冲击波荷载的 4.8%；若 $\Delta P_{\varphi}=0.3\,\text{MPa}$ ，则体积力占比为 8%。因此，可以忽略重力相似条件，不包含相似常数 C_g 的相似条件一项，则式(5.16)变为

$$\begin{cases} C_{\mu}=1 \\ \dfrac{C_p}{C_E}=1 \\ \dfrac{C_t}{C_L}\sqrt{\dfrac{C_E}{C_{\rho}}}=1 \end{cases} \tag{5.25}$$

若模型与原型采用同一材料，即 $C_{\mu}=1$ ， $C_E=1$ ， $C_{\rho}=1$ ，此时模型试验的相似条件为

$$\begin{cases} C_p=1 \\ C_t=C_L \end{cases} \tag{5.26}$$

由爆炸作用几何相似律可知，只要模型和原型采用同一种装药，传递爆炸作用的中间介质材料也相同，并保持几何相似即可满足式(5.26)的相似模拟条件。

模拟结构物承受爆炸波作用时，将装药、中间介质和结构物视为一个物理系统，则相似模拟的充要条件为：系统材料相同，并保持几何相似。这种结构物承受爆炸作用的复制模型相似律，也称为结构物承受爆炸作用的几何相似律，如图 5.2 所示。

对于模型与原型采用相同材料的相似条件式(5.26)，不仅忽略了重力作用的相似，也没有考虑材料应变速率对本构性质的影响。由于 $C_g=1$， $C_t=C_L$ ，而 $\dot{\varepsilon}=\mathrm{d}\varepsilon/\mathrm{d}t$ ，因此模型与原型的应变速率是不相等的，但是材料在快速变形条件下，应变速率的变化将会影响材料的本构性质。然而，只在应变速率有几个数量级的改变时，材料的应力-应变曲线才有明显的变化。如果模拟试验的几何比尺不是很大，可以忽略应变速率对材料本构关系的影响。

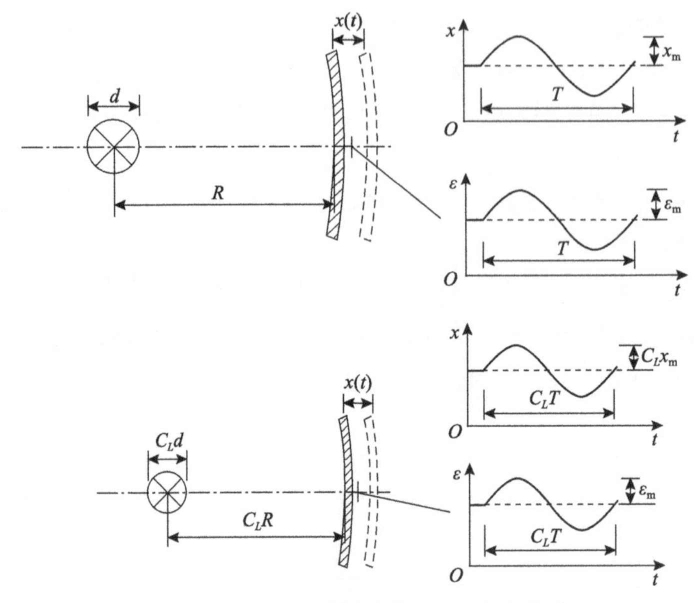

图 5.2　结构物承受爆炸作用的几何相似律

5.2　防护结构弹塑性动力响应的相似与模拟

5.2.1　结构弹塑性动力响应的复制模型相似律

当承载结构出现了残余变形或达到破坏时，结构中有部分区域是处于塑性变形状态的。为了确定结构的最大承载力，常常需要进行考虑结构弹塑性变形的模型试验。这类问题与结构弹性动力响应相似模拟问题的主要区别是物理方程不相同，而平衡方程与几何方程是相同的。塑性变形通常与加载条件有关，即使静力加载，不同材料的变形规律也不相同，如果再加上蠕变、滞后等黏滞性现象的影响，塑性变形规律就更加复杂。本节着重介绍抗爆结构弹塑性动力响应相似模拟的一些理论与试验的结论。

爆炸动荷载的特点是具有很高的加载速度和短暂的作用时间，此时需要考虑惯性力的影响和研究结构的动力平衡。结构材料在快速变形下强度会有所提高，应该采用与实际变形速度相适应的应力-应变曲线，这与忽略变形速率对相似影响的概念是不同的。在爆炸动载作用下，防护结构整体作用的最大应变速度仍属于快速变形的范围，并未达到高速变形，即可以忽略弹塑性应力波的传播过程。对于防护结构承受爆炸荷载的最大承载力而言，作为等效单自由度体系的结构迅速达到最大位移的第一次振动过程才是重要的。通常可以近似认为荷载是同时作用于结构，加载过程中动荷载是随时间按比例单调地增加，属于一般塑性理论简单加载条件。但是，如果要了解结构受载后的残余变形，则需要考虑变形的卸载过程。弹塑性变形的加载和卸载变形规律如图 5.3 所示。

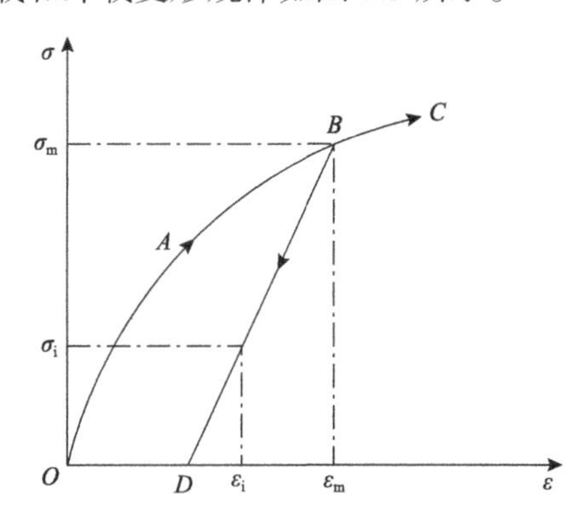

图 5.3　弹塑性变形的加载和卸载变形规律

ε_i. 瞬时应变；ε_m. 最大应变；σ_i. 瞬时应力；σ_m. 最大应力

根据防护结构承受爆炸作用的特点，防护结构弹性动力响应的复制模型相似律对于结构承受爆炸荷载作用的弹塑性动力响应相似模拟也是适用的。即承受爆炸作用的两结构系统，如果采用同一种介质材料(装药、中间介质和防护结构)，并且几何相似，则结构的弹塑性动力响应相似。

下面对结构弹塑性动力响应的复制模型相似律进行简要说明。对于弹塑性小变形理论，结构承受爆炸动荷载作用达到最大变形的加载过程与非线性弹性问题的变形过程类似，如图 5.3 中的 *OAB* 段所示，因此结构弹性响应的复制模型相似律适用于弹塑性响应的加载段，即对于采用相同介质材料的弹塑性加载过程，模型与原型对应点处具有相同的最大应变 ε_m 。由于模型和原型介质材料相同，卸载开始时对应点处的最大应变也相同，则在卸载过程中模型和原型对应点上的瞬时应变 ε_i 也相同，即卸载过程中原型和模型变形过程保持几何相似。

金属材料和非金属材料的结构爆炸试验验证了结构弹塑性动力响应的复制模型相似律。金属材料几何相似结构爆炸试验示意图如图 5.4 所示。两个铝板制作的悬臂梁，几何比尺 $C_L = 2:4$，用两个几何相似的装药在比例距离上爆炸加载，几何相似梁固定端处最大应变与比例距离的关系曲线如图 5.5 所示，可以看出，三根不同梁在同一比例距离上，对应点处的最大应变相同。

金属钢和有机玻璃材料的简支梁承受空气中爆炸作用的模拟试验，验证了复制模型相似律。有机玻璃梁原型与模型的几何比尺为 $C_L = 1.44$ ，原型与模型的 TNT 装药分别重 600g 和 200g，即 $C_Q = C_L^3$ 。试验中测量了原型与模型的最大应变 ε_{max} (见表 5.1)、达到最大应变的时间 t_{max} (见表 5.2)，以及爆炸荷载消失后梁自由振动的自振周期 *T*(见表 5.3)。

上述爆炸试验说明，复制模型相似律对于结构的弹性和弹塑性动力响应的相

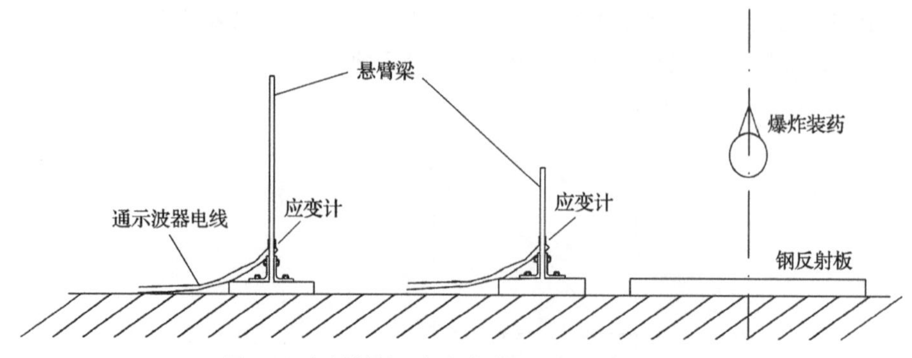

图 5.4　金属材料几何相似结构爆炸试验示意图

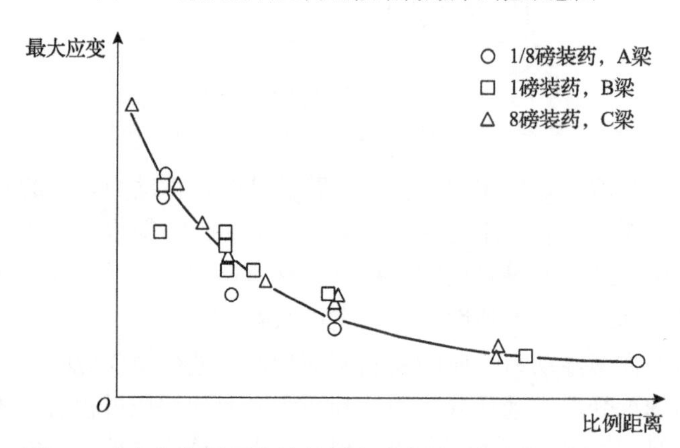

图 5.5　几何相似梁固定端处最大应变与比例距离的关系曲线

表 5.1　原型与模型的最大应变 ε_{max}

试验编号	原型 ε_{max} /10^{-3}	模型 ε_{max} /10^{-3}	C_ε
1	4.24	3.28	1.29
2	3.68	3.65	1.01
3	3.40	3.28	1.04
4	3.26	3.28	0.99
5	2.30	2.35	0.98
6	2.26	2.35	0.96

注：按照复制模型相似律，$C_g=1$。

表 5.2　原型与模型达到最大应变的时间 t_{max}

试验编号	原型 t_{max}/(10^{-2}s)	模型 t_{max}/(10^{-2}s)	C_t
1	0.30	0.20	1.50
2	0.42	0.30	1.40
3	0.42	0.20	2.10

续表

试验编号	原型 t_{max}/(10^{-2}s)	模型 t_{max}/(10^{-2}s)	C_t
4	0.28	0.20	1.40
5	0.30	0.20	1.50
6	0.28	0.20	1.40

注：按照复制模型相似律，$C_t = C_L = 1.44$。

表 5.3　爆炸荷载消失后梁自由振动的自振周期 T

试验编号	原型 T/(10^{-2}s)	模型 T/(10^{-2}s)	C_T
1	1.08	0.76	1.42
2	1.10	0.76	1.45
3	0.95	0.76	1.25
4	1.08	0.76	1.42
5	1.12	0.74	1.51
6	1.06	0.76	1.39

注：按照复制模型相似律，$C_t = C_L = 1.44$。

似模拟都是正确的。复制模型相似律的适用条件是忽略重力相似和应变速率相似的影响。同样，复制模型相似律也适用于结构承受静载作用的情况，仅需去掉包含时间参量的相似条件即可。

5.2.2　不同材料结构动力试验的相似与模拟

防护结构承受爆炸作用的模拟试验中，有时为了某种试验目的需要改变模型材料。例如，光弹试验中采用透明材料去模拟不透明材料；为了满足重力相似而改变模拟材料等。重力相似条件对于模型材料的要求过于严格，一般结构的抗爆试验中，重力的影响又是次要的，本节在不考虑重力相似条件下，简要地介绍结构动力试验的相似材料模拟问题。

导出式(5.16)的模拟相似条件时，在材料本构性质方面，仅引入了线弹性材料的物理常数 E 和 μ。然而，对于工程实践而言，许多结构进入了弹塑性变形状态或材料性质本来就是非线性弹性的，如果改变模型材料，就要求模型与原型材料本构性质相似，即模型与原型材料的应力-应变关系相似。材料的本构性质可用标准化应力-应变曲线表示，如图 5.6 所示。标准化应力-应变曲线是将有量纲的应力除以某一特征应力而得，此时有量纲应力以无量纲应力来取代。选定的特征应力可以是材料的屈服强度 σ_s 或极限抗拉强度 σ_{ut}，或弹性模量 E。因此，不同材料的本构性质相似，就要求其标准化应力-应变曲线相同。图 5.7 为退火黄铜和退火铝的标准化应力-应变曲线。可以看出，两种材料本构关系是相似的，具有相同的比例强度和比例刚度，对应应变处有相同的无量纲应力。

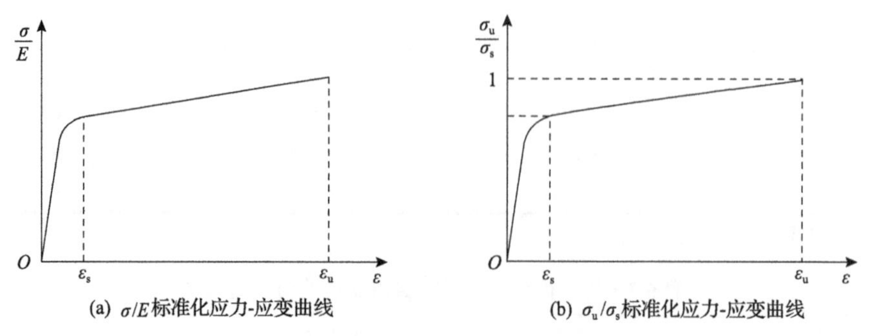

图 5.6　标准化应力-应变曲线

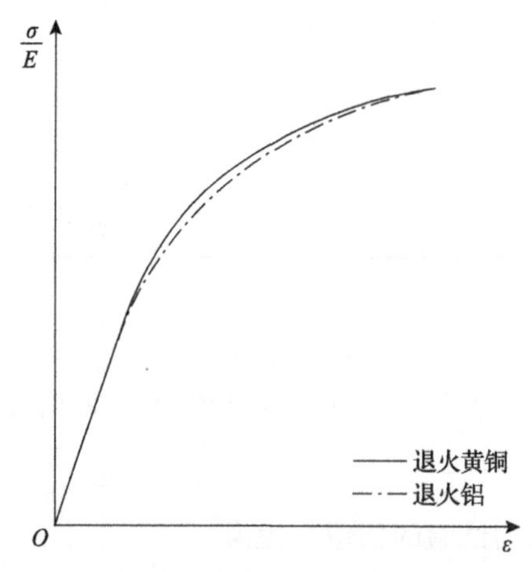

图 5.7　退火黄铜和退火铝的标准化应力-应变曲线

下面分析不同材料结构动力试验的相似条件。由弹性理论可知，大多数二维问题中，材料泊松比对应力的大小和分布是没有影响的，在一般常温条件下的三维问题中，泊松比的影响也不太大，因此，改变模型材料时可以不考虑$C_\mu=1$的条件。此外，在结构抗爆试验中忽略重力相似的影响。因此在式(5.16)中可以略去第一项和第二项。如果考虑结构进入弹塑性变形状态，则改变模型材料要求保持本构关系的相似，即标准化应力-应变曲线相同。此时，不同材料的结构动力模拟试验，其相似指标式的决定式可以表达为

$$\begin{cases} C_{(\sigma/E)}=1 \\ \dfrac{C_p}{C_E}=1 \\ \dfrac{C_t}{C_L}\sqrt{\dfrac{C_E}{C_\rho}}=1 \end{cases} \tag{5.27a}$$

式(5.27a)中的 p、t 等参量是作为结构边界条件动荷载的压力和时间的特征参量，例如爆炸荷载的最大压力和正压作用时间。当改变模型材料时，相似常数 C_p 和 C_t 应由式(5.27a)确定，通常 $C_p \neq 1$。因此，不同材料的结构爆炸模拟试验，爆炸的几何相似律是不适用的，模型的爆炸荷载需要根据爆炸作用相似关系确定。

对于静力结构，有些情况下自重荷载是需要考虑的。如果不考虑材料泊松比的影响，不同材料结构静力试验相似指标式的决定式为

$$\begin{cases} C_{(\sigma/E)} = 1 \\ \dfrac{C_p}{C_E} = 1 \\ \dfrac{C_E}{C_\rho C_g C_L} = 1 \end{cases} \tag{5.27b}$$

5.3　钢筋混凝土构件抗爆作用的相似与模拟

砖石砌体和混凝土结构可以视为非线性弹性体，其弹塑性动力响应的相似与模拟可以引用 5.1 节和 5.2 节的结论。钢筋混凝土作为防护结构的主要建筑材料，其性能与连续均匀各向同性材料有显著的差别，受力变形规律与一般塑性理论的基本假设并不相符，无法从一般的变形定律去建立相似条件。本节从具体构件的计算理论出发，建立钢筋混凝土构件在使用阶段和极限承载时的相似条件。

钢筋混凝土结构与匀质结构存在显著差异，在不考虑截面的应力分布及破坏形态，且需要考虑构件的连结条件和刚度时，仍然可以利用匀质模型去研究原型钢筋混凝土结构的内力和位移。如果满足线弹性假设，式(5.16)的模拟相似条件仍然适用，模型内力的相似常数换算关系为 $C_N = C_p C_L^2$ 和 $C_M = C_p C_L^3$。

下面介绍相同材料抗爆结构的模拟相似问题。钢筋混凝土受弯构件在荷载作用下有不同的工作阶段，并伴随有构件刚度的变化，因此先介绍爆炸作用下构件刚度的简化分析方法，再导出模拟相似条件。

5.3.1　钢筋混凝土构件抗爆作用的工作阶段与构件刚度

静载作用下适筋钢筋混凝土梁弯矩与挠度的关系曲线如图 5.8 所示。图示曲线可分为三个阶段：当荷载不大时(为破坏荷载的 10%~20%)，构件处于第 Ⅰ 阶段，其工作特点是尚未出现裂缝，第 Ⅰ 阶段末时裂缝开始出现，构件刚度急剧下降并进入第 Ⅱ 阶段；第 Ⅱ 阶段是研究构件在使用阶段的刚度、变形和裂缝扩展的主要依据，在第 Ⅱ 阶段末，受拉钢筋屈服，塑性铰开始形成；第 Ⅲ 阶段开始时是构件

最大弯矩截面承载能力的极限状态。对于超静定结构，最大内力截面达到极限状态后，结构内将产生塑性的内力重分布，直到塑性铰的数目使得结构成为机动体系，则结构达到了破坏的极限状态。

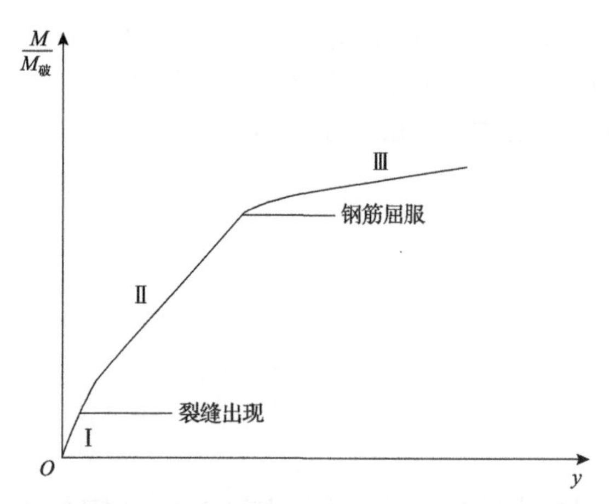

图 5.8　静载作用下适筋钢筋混凝土梁弯矩与挠度的关系曲线

钢筋混凝土构件抗爆作用的模拟问题应该注意以下两点：①裂缝的扩展和截面刚度的变化，建立不同阶段刚度的计算方法；②截面的极限状态和结构的极限状态，确定结构的极限承载能力。

承受爆炸动载作用的钢筋混凝土构件的实际极限承载能力，大于按照静力极限平衡原理计算得到的承载能力。现场试验表明，爆炸动载作用下钢筋混凝土构件的工作阶段与静载作用是基本相同的。但是由于爆炸动载作用时间短，截面在形成塑性铰以后变形还在继续发展，直至构件的挠度超过弹性极限挠度的几倍，此时如果荷载消失，结构还未完全破坏，在混凝土受压区会出现明显压碎破坏的特征。

下面根据具体构件的工程计算理论来建立相似条件。为了简化构件刚度相似分析中的影响参数，引用一个基于试验的半理论半经验钢筋混凝土梁抗爆作用的刚度计算公式：

$$EI = \psi E_{\mathrm{s}} F_{\mathrm{s}} h_0^2 \left(1 - \frac{3}{2}\mu \frac{R_{\mathrm{s}}}{R_{\mathrm{f}}}\right) \tag{5.28}$$

式中，EI 为构件抗弯刚度；ψ 为由爆炸试验确定的待定系数；下标 s 表示钢筋的参数，f 表示混凝土弯曲抗压的参数。

钢筋混凝土梁的截面刚度随爆炸荷载的变化规律如图 5.9 所示。一般来说，系数 ψ 随着裂缝的开展，并不是一个定值。当荷载为 0.5~0.7 个破坏荷载时，ψ 的变化非常缓慢，可以视为定值。在受拉钢筋含钢率不低于 1%时，钢筋混凝土梁的静载和爆炸动载试验都验证了这一点，对于含钢率较高的防护结构，这一条件很容易实现。钢筋混凝土结构在大于 0.5 个破坏荷载以后的使用阶段时，随着外荷载的增加，裂缝在继续扩展，塑性变形在增加，但是截面的刚度仍然是由材料性质、截面几何尺寸和含钢率决定的定值，这样将极大地简化钢筋混凝土构件的抗爆动力分析。

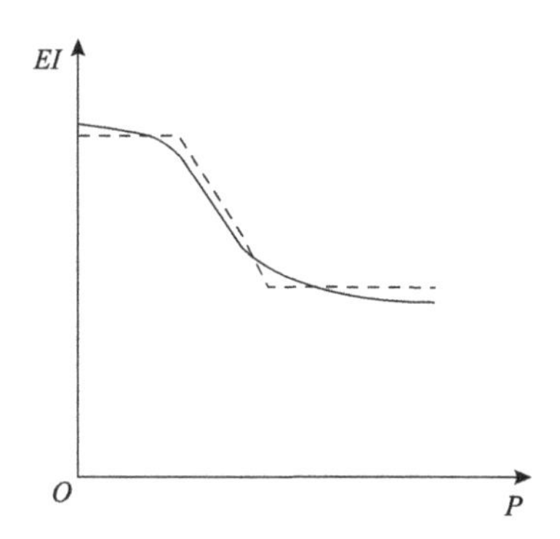

图 5.9　钢筋混凝土梁的截面刚度随爆炸荷载的变化规律

5.3.2　钢筋混凝土构件抗爆作用模拟的相似条件

在防护工程中，钢筋混凝土构件的实际使用阶段发生在裂缝出现以后，因此截面刚度可近似按式(5.28)计算。由于构件裂缝出现以前的弹性变形很小，爆炸荷载的快速作用相对于构件达到最大变形的过程而言是极为短暂的，因此可以认为构件的初始状态就已经出现裂缝。在一般工程计算中，通常假设构件的全部塑性铰是瞬间同时形成的。这样就可以把钢筋混凝土构件视为单自由度弹塑性动力体系。钢筋混凝土构件单自由度弹塑性动力体系如图 5.10 所示。下面将在此基础上导出钢筋混凝土构件抗爆作用的模拟相似条件，并进行初步的试验论证。

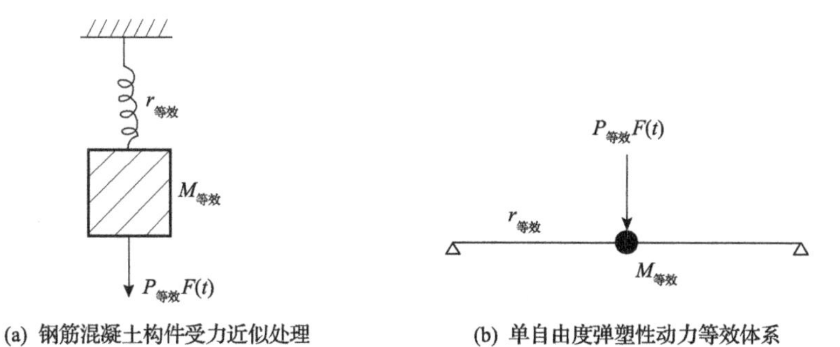

图 5.10　钢筋混凝土构件单自由度弹塑性动力体系

适筋钢筋混凝土受弯构件的计算仅需考虑构件的正截面强度，因此从构件的动力平衡和最大内力截面的极限平衡两个方面导出相似条件。构件等效体系进入

塑性工作状态至达到最大变形阶段的振动微分方程为

$$M\ddot{y}+\eta y_{e}=P_{m}f(t) \tag{5.29}$$

式中，$f(t)$ 为无量纲函数，决定动荷载的变化规律；M 为等效集中质量；P_m 为等效集中荷载的最大值；y 为总挠度，$\ddot{y}$ 为 y 对时间求二阶导数；y_e 为最大弹性挠度；η 为构件的等效刚度，$\eta=a_1\dfrac{EI}{l^3}$，其中，a_1 为由构件支承条件决定的系数。

根据弹塑性体系动力计算原理和钢筋混凝土结构理论，以双筋梁截面为例，列出截面强度的极限平衡关系式：

$$\alpha_2K_r p_m bl^2=R_f b\mu\frac{R_s}{R_f}h_0\left(h_0-\frac{1}{2}\mu\frac{R_s}{R_f}h_0\right)+R_sF_s\left(h_0-a'\right)$$

即

$$\alpha_2K_r p_m bl^2=R_f bh_0{}^2\mu\frac{R_s}{R_f}\left(1-0.5\mu\frac{R_s}{R_f}\right)+R_s\mu'bh_0\left(h_0-a'\right) \tag{5.30}$$

式中，K_r 为弹塑性动力体系的抗力动力系数，$K_r=K_r(\beta,\tau_0/T)$，其中，β 为等效体系的延性比，T 为等效体系的自振周期，τ_0 为爆炸荷载的特征时间；p_m 为爆炸荷载最大值；α_2 为构件支承条件决定的系数；下标 s 表示钢筋的参数，f 表示混凝土弯曲抗压的参数。

式(5.28)~式(5.30)组成的一组方程中，对于模型和原型的 ψ 、α_1 、α_2 值均是相同的，而 K_r 是由非单值量的无量纲参数 β 与 τ_0/T 所确定的无量纲参数。对此方程组进行相似变换，可得下列各相似指标式等于 1 的条件：

$$\begin{cases}\dfrac{C_M}{C_{p_m}C_t^2}=\dfrac{C_vC_L^2}{C_pC_t^2}=1\\[2mm]\dfrac{C_\mu C_{R_s}}{C_{R_f}}=1\\[2mm]\dfrac{C_EC_L^2}{C_p}=\dfrac{C_E}{C_p}=1\\[2mm]C_{K_r}=1\\[2mm]\dfrac{C_{R_f}}{C_p}=1\\[2mm]\dfrac{C_{\mu'}C_{R_s}}{C_p}=1\end{cases} \tag{5.31}$$

列出单值量组成的决定指标式等于 1 的条件：

$$
\begin{cases}
\dfrac{C_\rho C_L^2}{C_p C_t^2}=1 \\
\dfrac{C_\mu C_{R_s}}{C_{R_f}}=1 \\
\dfrac{C_E}{C_p}=1 \\
\dfrac{C_\mu}{C_{\mu'}}=1 \\
\dfrac{C_{R_f}}{C_p}=1
\end{cases}
\tag{5.32}
$$

为了简化试验和减少误差，采用工程上常用的复制模型相似律，即模型与原型采用相同的材料，则式(5.32)写为

$$
\begin{cases}
C_p=1 \\
C_t=C_L \\
C_\mu=1 \\
C_{\mu'}=1
\end{cases}
\tag{5.33}
$$

因此，钢筋混凝土构件抗爆作用的相似模拟条件为：材料相同，含钢率相同，且系统(钢筋混凝土构件、中间介质和装药)保持几何相似。

大量钢筋混凝土梁静力和爆炸动力试验表明，梁上裂缝出现截面和塑性铰处的工作状态基本是一致的。对于受压为主的构件，含钢率的相似实际上反应了折算截面几何相似的要求。式(5.33)适用于一般常用防护结构的抗爆作用模拟。

例如覆盖回填土的钢筋混凝土梁，用 TNT 炸药在构件上表面一定距离爆炸加载。覆盖回填土的钢筋混凝土梁的爆炸试验参数如表 5.4 所示。试验中记录了构件在弹性变形范围内的变形挠度和极限状态的弹塑性变形挠度。覆盖回填土的钢筋混凝土梁的变形挠度如图 5.11 所示。观察试验中试件的破坏情况，构件跨中截面受压区出现了挤压破坏的情况，说明在静载和爆炸动载作用下，钢筋混凝土构件有基本相同的工作阶段。在爆炸荷载作用下，构件受拉区的裂缝比静载作用时更集中一些，通常出现几条主要的裂缝。梁的弹性挠度较好地符合相似规律，极限破坏变形挠度的数值离散稍大一些。这是因为构件截面进入塑性阶段以后，材料的不均匀性对局部区域内变形分布的影响更为敏感，裂缝的扩展也不可能是理

想均匀的。从分析原型和模型破坏时主要裂缝的位置和扩展程度，以及受压区破坏的性状，仍然可以看出二者的破坏极限状态基本上是相似的。

表 5.4　覆盖回填土的钢筋混凝土梁的爆炸试验参数

试验编号		跨度 l/cm	梁宽 b/cm	梁高 h/cm	保护层/cm		截面配筋	TNT 炸药/g	爆距 R/cm
					受拉区	受压区			
1	原型	200	14	20	3	3	受拉区 3ϕ16	800	80
							受压区 3ϕ8	1200	60
	模型	100	7	10	1.5	1.5	受拉区 3ϕ8	100	40
							受压区 2ϕ5	150	30
2	原型	200	14	20	3	3	受拉区 2ϕ16	800	80
							受压区 3ϕ8	1200	60
	模型	100	7	10	1.5	1.5	受拉区 2ϕ8	100	40
							受压区 2ϕ5	150	30

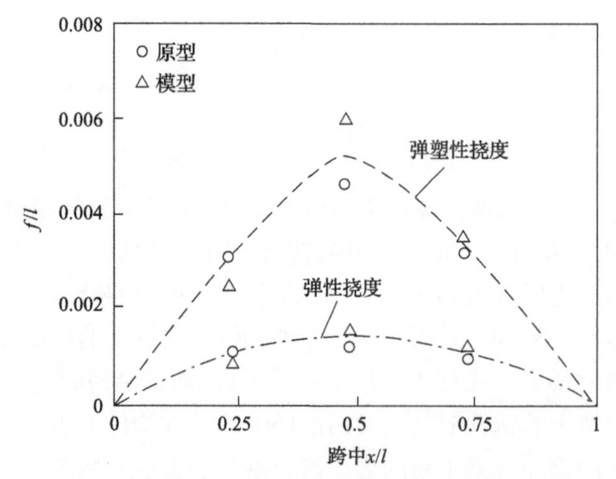

图 5.11　覆盖回填土的钢筋混凝土梁的变形挠度

5.4　坑道衬砌及围岩的相似与模拟

防护工程中常常包括一些非抗爆性的工程建筑物，例如坑道、地下建筑的静被覆部分以及一些地面建筑设施等，这些构筑物以承受静载作用为主，其模拟相似仅需将结构动力相似条件中包含时间相似常数的相似指标关系式去掉即可。对于采用相同材料模拟的静力试验，为了解决重力相似与弹性力相似的矛盾，在细长结构与简单结构(拱、壳、板、框架、柱)的模拟中，可将重力作为面力来加载，而不必作为分布的体积力。但是，在受大块岩体约束的结构物模拟中存在以下困难：大比尺缩比模型需改变材料物理或力学性质以满足体积力-重力相似；大块岩体中不连续软弱面(断层、节理、裂隙等)的模拟；岩体中存在与时间因素有关的蠕变过程；模型内部参量测量技术等。

5.4.1　坑道围岩的模拟相似条件

在坚硬岩石中，随着坑道毛洞的开挖，围岩的变形几乎是瞬间发生的。在中等岩石中，围岩变形引起的应力重分布需要一定的时间才能完成，岩石的破坏主要是由于产生了较大的变形。坑道衬砌设置后，继续变形的岩石对衬砌结构施加压力，衬砌与围岩介质共同工作。因此，衬砌结构的设置时间和刚度对岩石压力影响较大。松散岩石中开挖后的应力重新分布也和时间有关，在开挖毛洞后不久岩石开始坍落，随着时间的增长，坍落区继续扩大，达到一定程度后趋于稳定。早期设置的坑道衬砌用于支承坍落岩石的重量，并阻止岩体进一步破坏。

工程实践表明，围岩压力与岩体的层理裂隙、物理力学性质、坑道衬砌的形状尺寸，以及施工方法和时间效应等因素有关。目前对岩体破坏机理的认识尚有一定的局限性，对于地下建筑，较为理想的是直接进行现场观测，但工程上往往在初步设计之前就需要掌握围岩有可能的变形和破坏的基本情况，模型试验是一种有效的研究手段。模型试验在一定程度上能再现复杂岩体的变形与破坏现象，为理论分析提供更丰富直观的数据资料。

当前，各种围岩压力理论的共同点为工程实践所证实，这是运用量纲理论建立模型试验的基础。例如，岩体中的应力是由岩石自重所产生的；开挖毛洞后岩体处于平衡状态的初应力遭到破坏，由于坑道周边原有初应力的解除，围岩产生变形并伴随应力重新分布；局部区域应力超过了岩石的强度值而出现破坏；坑道衬砌限制围岩过度变形及岩石崩落，并与围岩共同发挥作用。因此，决定现象的单值量有：岩体系统的自重体积力、物理力学性质和几何形状尺寸。

在岩石力学的范畴内，研究大块岩体的稳定性问题，必须考虑时效因素的蠕变变形过程。模型试验中，为了能够重现原型的弹性和非弹性全部变形过程，可近似将与时效因素有关的变形过程视为一种准静态过程。即在考虑岩石的物理力学性质时，应当给出岩石完全稳定状态的应力-应变曲线，如图 5.12 所示。完全稳定状态的应力-应变曲线，是指对于每一级荷载在应力-应变曲线上有一点，这个点代表在该应力状态下所有变形已全部完成从而达到了完全稳定。岩石稳定状态的变形包括了弹性变形和非弹性变形。非弹性变形是由连续岩石的蠕变和由于滑动或岩石中的不连续闭合而产生的微小运动组成。

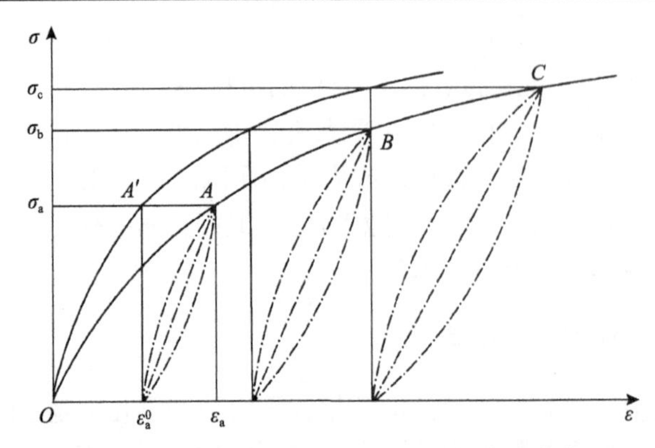

图 5.12　岩石完全稳定状态的应力-应变曲线

在进行量纲分析时，岩体力学系统的单值量可以取为系统几何形状的特征尺寸 L、介质材料的密度ρ和介质物理力学性质的变形模量 E，极限抗压强度σ_{uc}、极限抗拉强度σ_{ut}等；而被决定量有应力σ、应变ε等。E、σ_{uc}、σ_{ut}、σ等都有单位面积力的量纲，对于相似的系统，各量的相似常数值是相等的。为了简化分析，现用统一的符号来表示具有面力量纲的量，即

$$[\zeta]=[E]=\left[\sigma_{uc}\right]=\left[\sigma_{ut}\right]=[\sigma] \tag{5.34}$$

下面讨论 L、ρ、g、ζ单值量的相似关系。各量的量纲关系式为

$$\begin{cases}[L]=[\mathrm{L}] \\ [\rho]=[\mathrm{ML}^{-3}] \\ [g]=[\mathrm{LT}^{-2}] \\ [\zeta]=[\mathrm{ML}^{-1}\mathrm{T}^{-2}]\end{cases} \tag{5.35}$$

令

$$\pi=L^{\alpha_1}\rho^{\alpha_2}g^{\alpha_3}\zeta^{\alpha_4} \tag{5.36}$$

则

$$\pi=[\mathrm{L}]^{\alpha_1}[\mathrm{ML}^{-3}]^{\alpha_2}[\mathrm{LT}^{-2}]^{\alpha_3}[\mathrm{ML}^{-1}\mathrm{T}^{-2}]^{\alpha_4} \tag{5.37}$$

根据量纲和谐条件，有

$$\begin{cases}[\mathrm{M}]:\alpha_2+\alpha_4=0 \\ [\mathrm{L}]:\alpha_1-3\alpha_2+\alpha_3-\alpha_4=0 \\ [\mathrm{T}]:-2\alpha_2-2\alpha_4=0\end{cases} \tag{5.38}$$

由π定理可知本系统中有一个独立的无量纲组合。

令$\alpha_2=1$，可得$\alpha_4=-1$，$\alpha_3=1$，$\alpha_1=1$，则

$$\pi=\frac{\rho g L}{\zeta} \tag{5.39}$$

决定相似指标式的关系为

$$\frac{C_\rho C_g C_L}{C_\zeta}=1 \tag{5.40}$$

对于被决定量σ和ε，σ具有面力量纲，ε为无量纲量，因此，对于原型系统和模型系统有

$$\begin{cases}\dfrac{\sigma'}{\sigma}=C_\zeta \\ \dfrac{\varepsilon'}{\varepsilon}=C_\varepsilon=1\end{cases} \tag{5.41}$$

因此，岩体力学系统的模拟相似条件可表述为：两系统几何相似，且满足决定指标式(5.40)。

5.4.2　地质力学模型与静力学模型

岩体结构系统的模型试验，保持体积力相似是决定性因素。满足重力相似的要求，除了采用离心机模型试验法，另一种重要途径就是改变模型材料的物理力学性质。岩体力学系统的模拟，通常采用后一种手段。当前，适当地选择模拟材料已经能够模拟出混凝土及岩石材料的弹性模量、极限抗拉强度、极限抗压强度等物理力学性质。根据模型试验的研究目的和范畴，一般分为地质力学模型和静力学模型两种类型。

1. 地质力学模型

岩体深处的变形和破坏与地表面发生的变形和破坏有明显的区别。在岩体接近表面的区域，岩石主要处于单轴应力状态和二轴应力状态，其强度主要取决于内部黏结力，变形主要表现为弹性变形，破坏类型主要是脆性的。在岩体深处，岩石通常处于三轴应力状态，岩石的强度主要与内摩擦角有关，在伴随有大变形的塑性-黏滞状态后，在较高剪应力时发生塑性破坏。另外，岩体内部往往存在有不连续面和软弱夹层，对岩体的稳定有很大影响。这种情况下岩体结构系统的破坏，可能是岩体先失去平衡稳定后产生了较大的变形，进而导致结构的破坏。因

此，需要将结构和周围约束的大块岩体作为一个整体系统，来研究其平衡与稳定的问题。地下结构试验需要模拟较大的宽度范围内的岩石覆盖层，这种模型称为地质力学模型。

地质力学模型的模拟比尺一般都比较大，使得很难控制模型中体积力的分布，因此通常采用$C_g = 1$，$C_\rho \cong 1$，即用产生重力应力场的材料密度来模拟，此时$C_\zeta \cong C_L$，制备这种高密度低力学性能的模型材料，可以选用尽可能重的粉状材料(如重晶石、石英砂等)，加入少量水和胶结剂(如石膏等)配制，充分养护而成。

地质力学模型需要解决的另一个问题是岩体中断层、洞穴、层理、节理等不连续体系的模拟。比较重要的不连续面如断层，一般应该单独模拟。小的不连续体系通常归入岩体的一般性质来考虑，当它们的排列不一致产生显著各向异性的时候，只需要适当降低岩块的力学性质即可。当模拟像断层或层面这样一类重要的不连续面时，如果中间没有夹层存在，这种不连续面的摩擦角与材料的内摩擦角相差极小，模型中的摩擦角通常保持在30°~45°。若不连续面有黏土或凝灰质夹层存在，则应查明它们是否形成了一个连续滑动面，此时摩擦角与材料的含水量有密切关系。例如，饱和黏土的黏结力会大大降低，其摩擦角可能大于10°。表5.5为适用于模拟各种摩擦角的夹层材料。滑石、石粉、石墨等材料适宜模拟塑性位移，例如直接接触的岩面间的位移；以石蜡为基质的材料适宜模拟低摩擦角的黏滞滑动，例如有黏土夹层的岩层滑动。

表5.5　适用于模拟各种摩擦角的夹层材料

充填材料	摩擦角/(°)
涂以二硫化钼(MoS_2)	5~6
酒精清漆和滑润油涂层	7~9
不同比例的酒精清漆、滑石和滑润油的涂层	9~23
酒精清漆和滑石涂层	24~26
二层或三层聚乙烯片	24~26
酒精清漆涂层	32~34
石灰石粉	35~37
未处理的接触面	38~40
不同粒径的砂	40~46

2. 静力学模型

进行衬砌结构破坏试验时，岩层自重作为与结构平衡荷载的一个重要分量来考虑。这样就可以将岩层自重作为一个预先确定的固定荷载施加于部分岩体，而不必为了考虑大块岩体的变形与破坏以及表层地带与深层岩石强度的不同特点，来模拟地下结构的整个覆盖岩层。这种将岩层自重作为稳定的固定荷载施加的模型试验称为静力学模型。

地下工程中的坑道衬砌或其他纵向方向尺度较大的地下结构，如隧洞衬砌及岩层中的压力管道等，考虑到工程结构的几何受力特点，大多数模型试验都可以采用平面静力学模型来模拟。根据模拟相似条件式(5.40)，考虑到有可能将岩石压力施加于模型表面作为边界条件，因而密度比尺C_ρ可以任意改变，即可以自由地选择单位面力的比尺C_ζ，而与几何比尺无关。这样可以采用比三维模型所需要的力学性质指标更高的模型材料，例如采用与普通混凝土性质大致相同的水泥砂浆作为模型坑道的衬砌。水泥砂浆可以用来模拟完整均匀的岩石，而水泥和浮石的混合物适于模拟较软的均匀裂隙化的岩石。这种模型实际上是在保持岩层自重作为主要荷载的条件下，将静力学模型做了近似处理，即在围岩周围的局部区域忽略了重力相似，实质上也是一种变态模型。在这些模型中，岩体中的不连续面一般是不考虑的，仅当不连续面平行于坑道轴线时才需要考虑。

平面模型试验可以按下列两种方法进行：①将岩层自重荷载施加于模型边界之前，制造一个完整的坑道毛洞模型，并在适当处加上衬砌；②在模型中重现坑道毛洞及衬砌以前，施加荷载。如果施工组织是快速开挖，并马上衬砌坑道毛洞，可以认为塑性-黏滞现象会在工程完成后产生，这时采用第一种方法是合理的。二维模拟中需要解决的一个技术问题，是试验时为黏结力小或无黏结力的岩石模型提供侧向限制，因为工程实际情况更接近于平面应变而不是平面应力状态。在中等岩石的坑道毛洞模型破坏试验中，平面应力岩石模型与平面应变岩石模型有截然不同的破坏形态。在平面应力条件下模型产生整体剪切破坏，在平面应变条件下，破坏是在模型内部毛洞周边开始的，并随着荷载增大逐步完成。从岩石模型的破坏形式来看，平面应变岩石模型的破坏现象更接近于工程实际。

5.5　模型材料

防护结构抗爆作用的模型试验，一般遵循复制模型相似律，采用与原型相同的模型材料。有时为了进行系统的试验研究，或满足体积力相似的要求，或为提高测量精度会采用不同物理力学性质的模型材料。选择模型材料的物理力学性质时，如果研究限于弹性变形范围以内，一般仅考虑材料的弹性模量相似即可，对于三维模型则还应考虑泊松比的相似。如果是复杂结构的破坏试验，就必须考虑材料物理力学性质的全部范围，必要时还要考虑材料的蠕变性能。模型试验中大多采用非金属材料来模拟混凝土、岩石和砌体等各种地质材料。应用于模型试验的非金属材料大致可分为适用于弹性变形范围内试验用的材料和破坏试验用的材料两种基本类型。

5.5.1 适用于弹性变形范围内试验用的材料

适用于弹性变形范围内试验用的模型材料有多种，如赛璐珞、各种热塑性以及热固性的树脂。这些材料的局限性是它们的泊松比过大，一般为0.35~0.48，远大于混凝土的泊松比($\mu \approx 0.2$)。对于大型三维模型试验，会给试验结果带来较大的误差，而对于常用的简单结构或二维问题则可以不予考虑泊松比的影响。

赛璐珞与丙烯酸、聚苯乙烯与酚醛树脂这类材料，可用适宜的胶黏剂把不同厚度的板材胶结起来，得到现成的模型材料。如赛璐珞用丙酮(溶剂)在需要接合的面上涂抹能够胶结起来，有机玻璃板用适当的胶黏剂也易于胶结牢固，它与赛璐珞相比还有以下优点：对周围温度湿度的变化比较稳定，且不容易燃烧。

也可以将各种热固树脂材料浇注到适当的模子中，经过聚合作用而发生硬化制成模型。浇注模型的制备工艺较复杂，比较适合在实验室内应用。这类材料有聚酯及各种环氧树脂。模浇树脂有广泛的应用范围，如用均匀分布的惰性材料(如砂、磁铁矿粉、铁粉、铅粉、软木屑等)填充可以减少材料聚合反应时的温度变化，减少收缩与内应力的发展；也可在模拟体积力相似时用以提高材料的密度，以及在较大范周内改变材料的弹性模量。此外，适当的填料如软木屑、砂、聚苯乙烯还可以使复合材料泊松比减小到接近于混凝土或钢的泊松比。

几种适用于结构模型的材料如表 5.6 所示。几种掺合填料的环氧树脂混合物的组成与性质如表 5.7 所示。

表 5.6 几种适用于结构模型的材料

材料	热学特性	通用形状	弹性模量/GPa	泊松比	抗拉强度/MPa	比重	软化温度/K	膨胀系数/(10^{-5}cm/K)	胶接特性
纤维素硝酸酯(赛璐珞)	热塑	板杆管	2.0~3.5	0.40~0.42	2.0~2.4	1.35~1.70	373	13~16	溶剂胶泥与丙酮可胶接
聚甲基丙烯酸甲酯	热塑	板杆管	3.0~3.5	0.35~0.38	50~75	1.18~1.20	394~433	7~9	塑料与氯仿的溶液可胶接
聚酯	热固	模浇树脂	2.0~3.0	0.33~0.35	35~40	1.20~1.30	355	5~11	溶剂是丙酮与溶纤剂
环氧树脂	热固	模浇树脂	3.0~3.5	0.33~0.35	50~70	1.20	—	5	用环氧胶泥可胶接

表 5.7 几种掺合填料的环氧树脂混合物的组成与性质

树脂基/%			填料/%			物理力学性质	
环氧树脂	硬树脂	软木屑	铝粉	聚苯乙烯粒	石英砂 0.5~1mm	弹性模量/GPa	泊松比
83.3	16.7	—	—	—	—	2.6~3.2	0.38
71.5	14.3	—	14.2	—	—	2.5~3.0	0.28
38.5	7.7	38.4	15.4	—	—	0.5~0.7	0.27
23.7	4.8	—	—	71.5	—	1.8~2.5	0.34
15.4	3.0	—	—	4.6	77.0	8.0~9.0	0.27
9.8	2.0	—	—	—	88.2	14.0~16.0	0.26

5.5.2 适用于破坏试验用的材料

适用于破坏试验用的材料是胶结料和填料(骨料)或外加料按适当比例配制成的砂浆。胶结料可用水泥、石膏、石灰与合成树脂等，粒状或粉状填料可用砂、浮石、磁铁矿粉、重晶石、软木、聚苯乙烯粒等。天然外加料可用膨润土、硅藻土等，以改善砂浆的可塑性。采用不同配比的胶结材料和填料，可以得到不同力学性能的模型材料。这些混合配料中，胶结材料起聚合作用，能提高材料强度，促使材料快凝；填料如磁铁矿粉、重晶石能加大材料密度，软木屑、聚苯乙烯粒可减小泊松比。掺砂子可以降低强度，石灰粉能增加材料脆性，白垩土、高岭土和黏土能增加材料的塑性。硅藻土在石膏浆中能起一定缓凝作用，并降低石膏的强度和析水性。膨润土能降低灰浆的析水性。这些适当配比组合的模型材料，能够恰当地模拟材料的弹性模量、极限抗拉强度、极限抗压强度以及标准化应力-应变曲线关系，它们通常也会出现与混凝土相似的流变性能。

下面介绍一些常用的模型材料。

1. 微混凝土

适用几何相似律的模型材料在理论上应与原型材料混凝土一样。实际上模型经过比例缩尺后，其尺寸比原型小，因此应适当缩小骨料尺寸。从混凝土级配理论出发，能够制备出微混凝土，但是由于骨料尺寸减小，水灰比增大，从而使收缩率增加导致内应力增高。为减小内应力，应在适当的环境中进行模型养护，并采取一些其他措施。

骨粒最大尺寸 D_{max} 的选择，是根据钢筋混凝土结构模型的断面尺寸与钢筋之间的间距确定的，同时考虑测量应变片的基长，一般基长尺寸应大于 $4D_{max}$，通常取骨料最大尺寸 $D_{max} \geqslant 2mm$，这样就要求模型构件的最小尺寸不宜小于 8mm。

有时在保持模型材料的弹性模量和强度不变的同时，通过采用重骨料增加材料的重量来模拟体积力，如地质力学模型中取 $C_{\zeta}=1$ 的情况。为了正确地模拟比

值 E/σ_{uc} ，可以进行一系列试验性拌合，基本上是改变水泥的配比，从而选择最适宜的混合料。

2. *石膏为基础的混合料*

石膏价格便宜，加工简单，以其为胶结材料制作模型时，力学性能可以很好地与岩石相似。这种材料的比例极限特别高，是弹性模型非常适用的材料，但是该材料的性质随温度变化较大，不易控制掌握。

表 5.8 为一组石膏基模型材料的配比。制模时通常在材料中加入缓凝剂使其在 30min 以后才开始凝结。缓凝剂由动物胶∶石灰∶水按照 1∶1∶10 组成，其重量约为石膏重量的 2%。

表 5.8　一组石膏基模型材料的配比

硅胶比	灰膏比		用水量占石膏重量的比例/%	容重/(kN/m³)	极限强度/MPa		
	石灰	石膏			抗压	抗拉	抗剪
4∶1	0.3	0.7	54.5	18.3	6.550	0.521	3.410
4∶1	0.5	0.5	54.5	17.9	4.170	0.412	2.540
4∶1	0.7	0.3	59.3	18.0	2.940	0.181	1.570
8∶1	0.3	0.7	60	18.8	3.540	0.395	—
8∶1	0.5	0.5	60	19.0	2.960	0.307	1.690
8∶1	0.7	0.3	60	18.3	1.564	0.181	0.895

还有一种在弹性模量、内摩擦角和黏聚力等参数方面能够较好地满足中等岩石相似要求的低强度脆性材料，其配比及性能如下：石膏∶砂∶水∶硼砂=1∶9∶1∶0.012，其中砂的平均粒径为 0.35mm，最大粒径为 2.5mm；硼砂作为石膏的缓凝剂。材料容重 γ_d=16.7kN/m^3，弹性模量 E=5×10^{3}MPa，单轴抗压强度 σ_{uc}=2MPa，单轴抗拉强度 σ_{ut}=300~400kPa，三轴试验内摩擦角 φ=33°，内聚力 C = 400kPa 。

石膏、水与硅藻土的混合料能广泛适用于弹性变形范围内的模型试验。与树脂比较，其优点是泊松比接近于混凝土，改变配比可制成弹性模量为 0.5~10GPa 的材料。掺入惰性材料硅藻土，可以吸收石膏硬化过程中多余的水，降低材料的力学性质。

3. *水泥浮石砂浆*

水泥浮石砂浆可以认为是一种微混凝土，其中以粒状浮石代替常用的石子骨料。这种骨料由于多孔隙而强度较低，使砂浆的力学性质显著减小，并保持与混凝土力学性质的相似，达到 $3<C_\zeta<15$。采用浮石与水泥的混合料，对弹性模量在 $2\text{GPa}<E<10\text{GPa}$ 范围内的混凝土有良好的相似性。

水泥浮石混合料制造的大模型，既可用在弹性变形范围之内试验，又可用在大比尺的原型破坏试验。表 5.9 和表 5.10 分别为几种轻石浆的配比和主要力学性能。

表 5.9　几种轻石浆的配比

方案	浮石/kg				400#火山灰硅酸盐水泥/kg	400#普通硅酸盐水泥/kg	石灰石粉/kg	膨润土/kg	水/kg	水灰比
	0~1.5mm	1.5~4mm	0~2mm	2~4mm						
Ⅰ	300	700	—	—	120	—	50	5	300	0.40
Ⅱ	300	700	—	—	80	—	50	5	310	0.26
Ⅲ	—	—	600	400	—	160	100	5	300	0.53
Ⅳ	—	—	600	400	—	120	100	5	330	0.36

表 5.10　几种轻石浆的主要力学性能

方案	压缩弹性模量 E_c/MPa	拉伸弹性模量 E_t/MPa	立方体强度 R_c/MPa	棱柱体强度 R_p/MPa	抗拉强度 R_t/MPa	抗剪强度 R_s/MPa
Ⅰ	2300	2200	4.30	2.70	0.4	1.62
Ⅱ	1600	1400	2.82	2.06	0.3	0.9
Ⅲ	3600	350	—	4	—	$<0.5R_p$
Ⅳ	1800	—	—	2	—	$<0.5R_p$

4. 地质力学模型材料

地质力学模型通常采用 $C_\zeta \approx C_L$ 的材料，其中 C_L 值很大，一般 $C_L>100$。这种力学性质大大降低的材料，主要是采用尽可能重的粉状材料，并用少量胶结料把它们胶在一起。常见的是一种以石膏胶结密陀僧为基础的混合料，这种材料与石膏加硅藻土的混合料类似，对于水分的比例和凝固时间比较敏感。表 5.11 为几种地质力学模型材料的物理力学性能参数，它们适合于几何比尺为 $100<C_L<200$ 的模型试验。

一种新型地质力学模型材料采用环氧树脂在水中乳化作为胶结料，甘油与水的溶液作为稀释剂和增湿剂，粉状灰岩、重晶石或密陀僧作为骨料，硅藻土和膨润土作为外加料。这种材料的优点是模型制作时能大大减小收缩及其引起的内应力。

表 5.11　几种地质力学模型材料的物理力学性能参数

方案	模型材料配比/%				变形模量 E_r /MPa	极限抗压强度 σ_{uc} /MPa	容重 γ_d /(kN/m³)	$\frac{E_r}{\sigma_{uc}}$
	密陀僧	石膏	水	膨润土				
Ⅰ	76.0	6.3	16.3	1.4	300	0.30	35.8	1000
Ⅱ	75.0	7.5	16.2	1.3	400	0.53	35.4	755
Ⅲ	74.0	8.7	16.1	1.2	550	0.77	35.1	714

注：模型材料配比以质量分数计。

5.6　可回收松香基相似材料

本节主要介绍一种新型的地质力学模型材料——可回收松香基压实成型相似材料，并对其物理力学性质进行研究。

5.6.1　可回收松香基相似材料的制备工艺

地质力学模型试验，由于研究目的不同，对材料的要求也各不相同[1,2]。在选择相似材料时，必须遵循以下共同要求：①骨料的级配合理，从而确保成型的材料的孔隙率小，容重高；②具有强度和变形模量低的特点，物理力学性能稳定；③物理力学指标具有较大的可调节范围；④组成材料来源广泛，成本低，无毒无害；⑤制备灵活方便，养护成型时间短。

结合上述要求，选定组成新型相似材料的原料如下：①重晶石砂和石英砂作为粗骨料，其颗粒粒径为 0.6~1.18mm；②重晶石粉作为细骨料，其细度为 300~400 目之间；③一级松香，作为胶结剂；④95%的医用酒精，作为调和剂。

可回收松香基相似材料采用加压成型的方式制样，具体步骤如下[3]：

(1)根据配比，分别称取相应质量的重晶石砂、石英砂、重晶石粉、松香和酒精，并将松香溶于酒精中，制成松香酒精溶液。

(2)用搅拌机搅拌，使粗、细骨料搅拌均匀。

(3)保持搅拌时间不变，再次启动搅拌机，搅拌时，粗细骨料混合物中均匀倒入松香酒精溶液。

(4)称取适当质量的混合料装入模具中，放置在压力机上施加 2MPa 压力。

(5)加压成型后，脱模，将试件自然养护 5~7 天。

5.6.2　基本物理力学性能正交试验

材料的物理力学性能是判定该类型材料能否成为地质力学模型相似材料的决定性因素。因此，采用正交试验设计的方法确定了 16 组不同配比，并对可回收松香基相似材料的容重、抗压强度、弹性模量、抗拉强度、黏聚力和内摩擦角等物理力学指标进行测试[4]。依据测试结果，研究各因素对材料指标的影响规律，并进一步回归分析出材料的物理力学参数与各因素之间的定量关系。

正交试验法根据正交性从全面试验中挑选出具有均匀整齐特点的代表性点来安排试验方案，该方法的优点是试验次数少，效率高，同时能够了解各因素对试验指标的影响程度。

为比较不同配比上的差异所导致的材料基本力学性能上的差异，在进行配比试验设计时，选取了粗细骨料质量比 X_1、重晶石砂质量占比 X_2(重晶石砂占粗骨料质量的比例)、松香用量 X_3(松香质量占骨料总质量的比例)这 3 项指标为影响因素。每个因素确定了 4 个水平。同时，酒精用量(酒精质量占骨料总质量的比例)按照试验确定的最佳用量确定。

根据正交试验法的设计原理，设计了 16 次试验 $L_{16}(4^3)$，相似材料正交试验表如表 5.12 所示。根据正交试验表中的配比，分别制作了抗压圆柱、抗拉圆盘、剪切圆盘试件，自然养护 7 天后，分别进行单轴压缩变形试验、巴西劈裂试验和直剪试验，获得了相似材料的抗压强度、抗拉强度、摩擦角、黏聚力等物理力学参数。

表 5.12　相似材料正交试验表

配比组号	X_1	X_2/%	X_3/%	酒精用量/%
1-1	2:8	0	0.4	7
1-2	2:8	33.33	0.6	
1-3	2:8	66.67	0.8	
1-4	2:8	100	1.0	
2-1	3:7	0	0.6	6
2-2	3:7	33.33	0.4	
2-3	3:7	66.67	1.0	
2-4	3:7	100	0.8	
3-1	4:6	0	0.8	5
3-2	4:6	33.33	1.0	
3-3	4:6	66.67	0.4	
3-4	4:6	100	0.6	
4-1	5:5	0	1.0	5
4-2	5:5	33.33	0.8	
4-3	5:5	66.67	0.6	
4-4	5:5	100	0.4	

5.6.3　基本力学性能测试结果及极差分析

对测量计算得到的各组试件的容重、抗压强度、弹性模量及抗拉强度进行分析，剔除异常值(每组有效试件不少于 5 个)后进行平均，得到不同配比相似材料的物理力学性质的期望值。抗剪性能参数根据每组配比试件的正应力-剪应力曲线拟合得到。各组配比试件的物理力学性能如表 5.13 所示。

表 5.13　各组配比试件的物理力学性能

配比组号	容重/(kN/m^3)	抗压强度/MPa	弹性模量/MPa	抗拉强度/kPa	压拉比	黏聚力/kPa	内摩擦角/(°)
1-1	25.4	0.47	137.20	36.98	12.71	82.02	39.35
1-2	26.1	0.83	267.73	66.49	12.48	102.52	42.98
1-3	27.0	1.32	331.99	91.66	14.40	177.70	31.60
1-4	28.0	1.66	527.07	112.84	14.71	253.51	33.86
2-1	24.8	0.82	256.46	49.86	16.45	140.42	35.31
2-2	25.9	0.44	149.96	32.14	13.69	88.54	42.75
2-3	27.3	1.83	687.29	104.37	17.53	260.96	45.19
2-4	28.4	1.28	416.16	80.78	15.85	130.48	48.20
3-1	22.9	1.08	351.81	78.93	13.68	136.07	52.53
3-2	24.1	1.69	513.77	102.19	16.54	205.04	48.20
3-3	25.0	0.50	192.43	49.65	10.07	93.82	43.74
3-4	26.3	0.88	225.73	52.67	16.71	156.57	39.36
4-1	22.4	1.31	347.46	88.60	14.79	160.30	48.20
4-2	23.9	1.18	273.24	65.36	18.05	126.75	44.11
4-3	25.2	0.79	222.58	40.58	19.47	70.83	50.03
4-4	27.3	0.53	191.61	34.35	15.43	52.19	53.31

正交试验中，常用极差分析法对结果进行分析，此方法可以直观反映不同因素对各指标影响程度的大小。具体的计算分析步骤是：首先分别算出各指标值在不同因素不同水平条件下的总和值 K_i 及其平均值 k_i，再根据公式 $R = k_{\max} - k_{\min}$，分别求出各因素水平下平均指标值的极差 R。极差 R 越大，表明该因素对该指标的影响越大。

根据表 5.13 统计的试验结果对影响因素进行极差分析，各因素对材料物理力学性能的影响如图 5.13 所示。

由表 5.13 和图 5.13 可以看出：

(1)相似材料容重值最小为 22.4kN/m^3，最大能够达到 28.4kN/m^3；重晶石砂质量占比对该材料容重的影响最为显著，容重与重晶石砂质量占比近似呈线性关

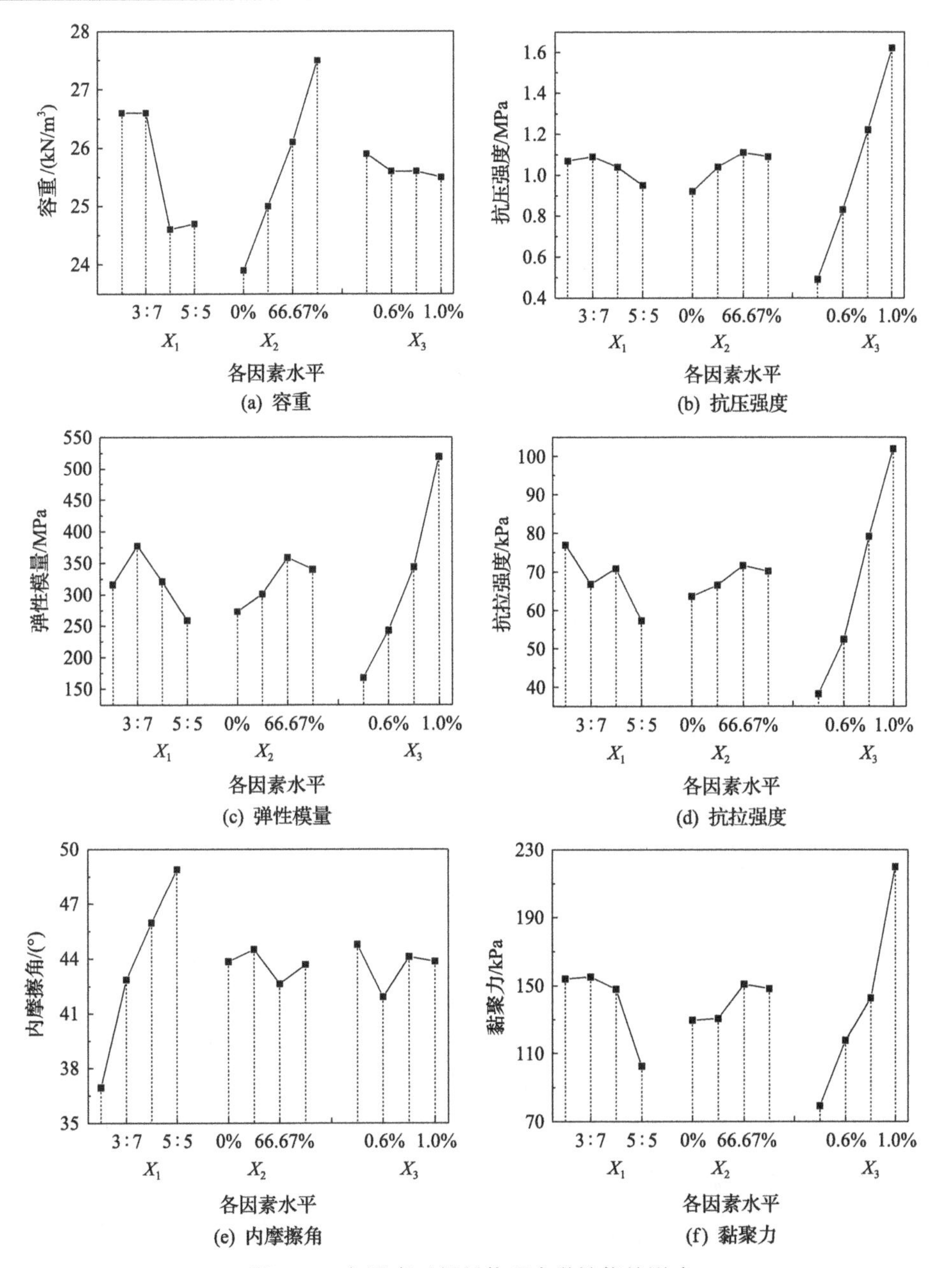

图 5.13　各因素对材料物理力学性能的影响

系，其次是粗细骨料质量比。

(2)抗压强度值最小为 0.44MPa，最大能够达到 1.83MPa，松香用量对该材料抗压强度的影响最为显著，单轴抗压强度与松香用量近似呈线性关系，其次是重晶石砂质量占比，影响程度最弱的因素为粗细骨料质量比。

(3) 弹性模量值最小为 137.20MPa，最大能够达到 687.29MPa，松香用量对该材料弹性模量的影响最为显著，其次是粗细骨料质量比，影响程度最弱的因素是重晶石砂质量占比。

(4) 抗拉强度值最小为 32.14kPa，最大能够达到 112.84kPa，松香用量对该材料抗拉强度的影响最为显著，其次是粗细骨料质量比，影响程度最弱的因素是重晶石砂质量占比，抗拉强度的影响因素与影响规律与抗压强度和弹性模量类似，其主要影响因素均为松香用量，且均随松香用量的增加而近似线性增加。

(5) 黏聚力值最小为 52.19kPa，最大能够达到 260.96 kPa，松香用量对该材料黏聚力的影响最为显著，两者呈现出明显的正相关，其次是粗细骨料质量比，随着粗细骨料质量比值的增大，黏聚力值略有减小。

(6) 内摩擦角值最小为 31.60°，最大能够达到 53.31°，粗细骨料质量比对内摩擦角的影响最为显著，内摩擦角随着粗骨料质量占比的增大而增大，另两个因素的影响不明显。

可回收松香基相似材料的容重主要受重晶石砂占比的影响；内摩擦角的变化主要与粗细骨料的质量比有关；而抗压强度、弹性模量、抗拉强度及黏聚力等力学指标主要受松香用量的控制。因此可以通过改变相关因素的配比值，来改变材料相应的物理力学参数，从而灵活制备出符合要求的相似材料。

5.6.4 基本力学性能测试结果的多元回归分析

通过对正交试验结果的极差分析，获得了可回收松香基相似材料基本物理力学参数与各因素之间的关系。如果能在各物理力学参数与各因素之间建立起类似于经验公式的定量关系式，则不仅可以在已知配比的情况下，预测将要配制材料的物理力学参数值，还可以在已知需配材料物理力学参数范围的条件下，预估相似材料的配比范围，从而快速给出符合要求的配比，大大减小配制试验的工作量。采用多元线性回归方法对试验测试结果进行分析，建立物理力学参数与因素之间的量化关系。

1. 多元线性回归

设因变量 y 对应的观测值 y_i 与自变量 $x_1, x_2, \cdots, x_p$ 的观测值 $x_{i1}, x_{i2}, \cdots, x_{ip}$ 满足关系式

$$y_i = \beta_0 + \sum_{j=1}^{p} \beta_j x_{ij} + \varepsilon_i, \quad i = 1, 2, \cdots, n \tag{5.42}$$

式中，$\varepsilon_1, \varepsilon_2, \cdots, \varepsilon_n$ 为相互独立且均服从正态分布 $N(0, \sigma^2)$ 的随机变量。

$$\begin{cases} \boldsymbol{Y} = \begin{bmatrix} y_1 & y_2 & \cdots & y_n \end{bmatrix}^{\mathrm{T}} \\ \boldsymbol{X} = \begin{bmatrix} 1 & x_{11} & x_{12} & \cdots & x_{1p} \\ 1 & x_{21} & x_{22} & \cdots & x_{2p} \\ 1 & \vdots & \vdots & \vdots & \vdots \\ 1 & x_{n1} & x_{n2} & \cdots & x_{np} \end{bmatrix} \\ \boldsymbol{\beta} = \begin{bmatrix} \beta_0 & \beta_1 & \cdots & \beta_p \end{bmatrix}^{\mathrm{T}} \\ \boldsymbol{e} = \begin{bmatrix} \varepsilon_1 & \varepsilon_2 & \cdots & \varepsilon_n \end{bmatrix}^{\mathrm{T}} \end{cases} \tag{5.43}$$

依据最小二乘法，计算得

$$\hat{\boldsymbol{\beta}} = \left(\boldsymbol{X}^{\mathrm{T}}\boldsymbol{X}\right)^{-1}\left(\boldsymbol{X}^{\mathrm{T}}\boldsymbol{Y}\right) \tag{5.44}$$

建立多元线性回归式后，还要对其显著性进行检验。检验分两个方面：一是回归方程显著性检验，常采用 R 检验和 F 检验；二是回归系数的显著性检验，通常采用 t 检验。

2. 多元线性回归分析结果

设多元线性回归方程为

$$\hat{y}_i = \beta_1 X_1 + \beta_2 X_2 + \beta_3 X_3 + \beta_0 \tag{5.45}$$

式中，X_i 为各影响因素取值(均统一化为百分数)；$\hat{y}_i$ 为各物理力学参数值；β_i 为回归系数。

对试验结果进行多元线性回归分析，显著性水平 α 取 0.05，可以得到各物理力学参数 $\hat{y}_i$ 与各影响因素 X_1、X_2、X_3 之间的线性关系。

根据多元线性回归分析结果，得到各物理力学参数与各影响因素的关系式，即

(1)容重的关系式：

$$\gamma_{\mathrm{d}} = -0.030X_1 + 0.036X_2 + 26.093 \tag{5.46}$$

(2)抗压强度的关系式：

$$\sigma_{\mathrm{c}} = -0.002X_1 + 0.002X_2 + 1.899X_3 - 0.276 \tag{5.47}$$

(3)弹性模量的关系式：

$$E = 576.734X_3 \tag{5.48}$$

(4)抗拉强度的关系式：

$$\sigma_t = -0.224X_1 + 108.971X_3 \tag{5.49}$$

(5)黏聚力的关系式：

$$c = -0.699X_1 + 211.992X_3 \tag{5.50}$$

(6)内摩擦角的关系式：

$$\phi = 0.150X_1 + 35.421 \tag{5.51}$$

3. 回归结果的应用验证

为检验回归关系式的重复性，随机配制两组不同配比的相似材料试件。两组试件的材料配比如表 5.14 所示。对两组试件进行力学参数的测试，根据配比，利用回归关系式预估各组物理力学参数值。两组试件性能的预测值与实测值，如表 5.15 所示。

表 5.14　两组试件的材料配比

组别	粗细骨料质量比 X_1	重晶石砂质量占比 X_2/%	松香用量 X_3/%
1	3∶7	0	0.4
2	4∶6	50	0.8

表 5.15　两组试件性能的预测值与实测值

物理力学参量	第一组		第二组	
	预测值	实测值	预测值	实测值
容重/(kN/m^3)	24.81	25.20	25.89	24.86
抗压强度/MPa	0.40	0.49	1.21	1.28
弹性模量/MPa	230.69	190.64	461.39	390.83
抗拉强度/kPa	33.99	37.64	72.24	84.67
黏聚力/kPa	54.84	70.63	122.99	146.71
内摩擦角/(°)	41.85	38.71	45.42	43.12

两组试件性能参数的预测值与实测值之间的相对误差最小为 1.55%，最大为 22.36%，多数参数的相对误差为 5%~15%，说明回归的关系式能够基本反映相似材料的物理力学参的变化趋势。

分析回归关系式，结合各物理力学参数影响因素的分析可知：

(1)抗压强度、弹性模量、抗拉强度、黏聚力的回归方程不仅通过了 F 检验，而且其复相关系数 $R>0.9$，说明它们与 3 个影响因素线性关系明显且相关关系很密切。

(2)容重的回归方程虽然通过了 F 检验以及 R 检验($R=0.942$)，且其关系式中系数的情况也与分析结果吻合，但回归关系式中常数项 β_0 过大，弱化了各因素对容重影响程度的反映。

(3)内摩擦角的回归方程虽然通过了 F 检验，验证试验中其相对误差也小于10%，但其复相关系数 $R=0.698$，说明此关系式的准确性有待提高，但是用来做预测估计，仍具有其适用性。

因此，当已知配比时，可以通过上述回归关系式预估将要配制材料的物理力学参数值。当已知所需相似材料的物理力学参数范围时，应优先选择式(5.47)和式(5.48)对相似材料的配比范围进行预估，然后根据求得的配比范围，通过式(5.46)和式(5.51)分别对容重和内摩擦角进行预判，再通过少量试配试验确定配比。

5.6.5　容重、弹性模量强度比的调节及废料回收再利用

1. 相似材料容重的调节[5]

根据相似条件，可知应力相似常数、弹性模量相似常数、尺寸相似常数和容重相似常数满足：

$$\frac{C_\sigma}{C_L C_{\gamma_d}} = \frac{C_E}{C_L C_{\gamma_d}} = 1 \tag{5.52}$$

若容重相似常数 $C_{\gamma_d}=1$，则式(5.52)可变为

$$C_\sigma = C_E = C_L \tag{5.53}$$

这样的简化将大大有助于提高模型设计和数据处理分析的效率。在制作相似材料时，往往选择容重较高的材料，比如 Fe_3O_4 粉、重晶石粉、铁粉等，这导致相似材料受力和变形性能的调整变得更复杂。

为了加强相似材料容重的可预测性，依据正交试验结果和多元回归分析，提出重晶石砂替代石英石调节相似材料容重的方法，在不显著影响材料的主要力学性能的前提下，实现容重在较大范围内的调节。

相似材料的强度主要由松香用量控制，在研究容重调节对材料力学性能的影响时保持松香用量不变。以不同的粗骨料占比(变化范围为 20%~50%，以 10%递增)将试件分成四批，每一批有六组不同的重晶石砂替代率(变化范围为 0~100%，以 20%递增)，每种工况试件不少于 10 个。试验共对 300 个试件进行了测试，揭

示相似材料容重的变化规律与粗骨料所占比例及重晶石砂替代率之间的关系。

试验发现，除重晶石砂替代率较大且粗骨料含量较高的组别外，多数情况下，重晶石砂的替代率对相似材料强度的影响是可以忽略的。弹性模量的结果和单轴抗压强度有相似的趋势。

4 个批次相似材料的容重均随着重晶石砂替代率的提高而增大。当重晶石砂所占比例由 0 增大到 100%时，M1 批次(粗骨料占比 20%)试件的容重值从 24.34kN/m^{3}增大至 25.81kN/m^3(增大了 6%)。对于 M2~M4 批次(粗骨料占比分别为 30%、40%和 50%)，容重的增幅分别为 9.9%、12.3%和 18%。粗骨料含量越高，容重的增幅越大且近似呈线性关系。

根据重晶石砂替代率与容重之间的线性关系，可回收松香基相似材料的容重设计可以按以下步骤进行：

(1)制作由石英砂作为粗骨料的相似材料，并获取物理力学参数。

(2)根据相似准则选择所需的材料配比(这里先不考虑容重的问题)，此时的容重值表示为γ_{d1}。

(3)用重晶石砂完全替代此时配比组合中的石英砂，此时的容重值表示为γ_{d2}。

(4)假设所需的容重值为γ_{d}，然后按式(5.54)确定重晶石砂替代率。

$$r=\frac{\gamma_{\mathrm{d}}-\gamma_{\mathrm{d1}}}{\gamma_{\mathrm{d2}}-\gamma_{\mathrm{d1}}} \tag{5.54}$$

式中，r为重晶石砂替代率。

根据求得的重晶石砂替代率，用重晶石砂替换石英砂，这样就可以制备出符合容重和力学性质条件的可回收松香基相似材料。这种方法可以应用于粗骨料含量小于 50%的相似材料容重的设计和调节，有助于显著减少试配工作量。

由于重晶石砂颗粒间的摩擦系数比石英砂颗粒稍大，当重晶石砂含量很高时，材料的单轴抗压强度和弹性模量随重晶石砂含量的增大而变大。重晶石砂相对含量的临界值为 30%~40%。

2. 弹性模量强度比的调节

根据相似条件，模型试验中的应力和弹性模量的相似常数相等，即

$$C_{\sigma}=C_{E} \tag{5.55}$$

结合应力相似常数和弹性模量相似常数的定义式，可得

$$\frac{(\sigma_{\mathrm{c}})_{\mathrm{p}}}{(\sigma_{\mathrm{c}})_{\mathrm{m}}}=\frac{E_{\mathrm{p}}}{E_{\mathrm{m}}} \tag{5.56}$$

式(5.56)可以改写为

$$\frac{E_{\mathrm{m}}}{(\sigma_{\mathrm{c}})_{\mathrm{m}}}=\frac{E_{\mathrm{p}}}{(\sigma_{\mathrm{c}})_{\mathrm{p}}} \tag{5.57}$$

由此定义一个新的参数——弹性模量强度比λ，为弹性模量与抗压强度之比$\lambda = E/\sigma_{\mathrm{c}}$。模型试验中，相似材料的弹性模量强度比必须与原岩的相等。

弹性模量强度比可以视作为一种综合的力学指标。多数岩石的弹性模量强度比范围为 100~500。可回收松香基相似材料的弹性模量强度比范围为 250~400。因此需要对其调节方法进行研究。

通过对硅胶粉、橡胶粉等柔性材料的试验研究表明，在可回收松香基相似材料中掺入橡胶粉，可以有效调节其弹性模量强度比。图 5.14 为橡胶粉掺量对相似材料物理力学性质的影响。可以看出：

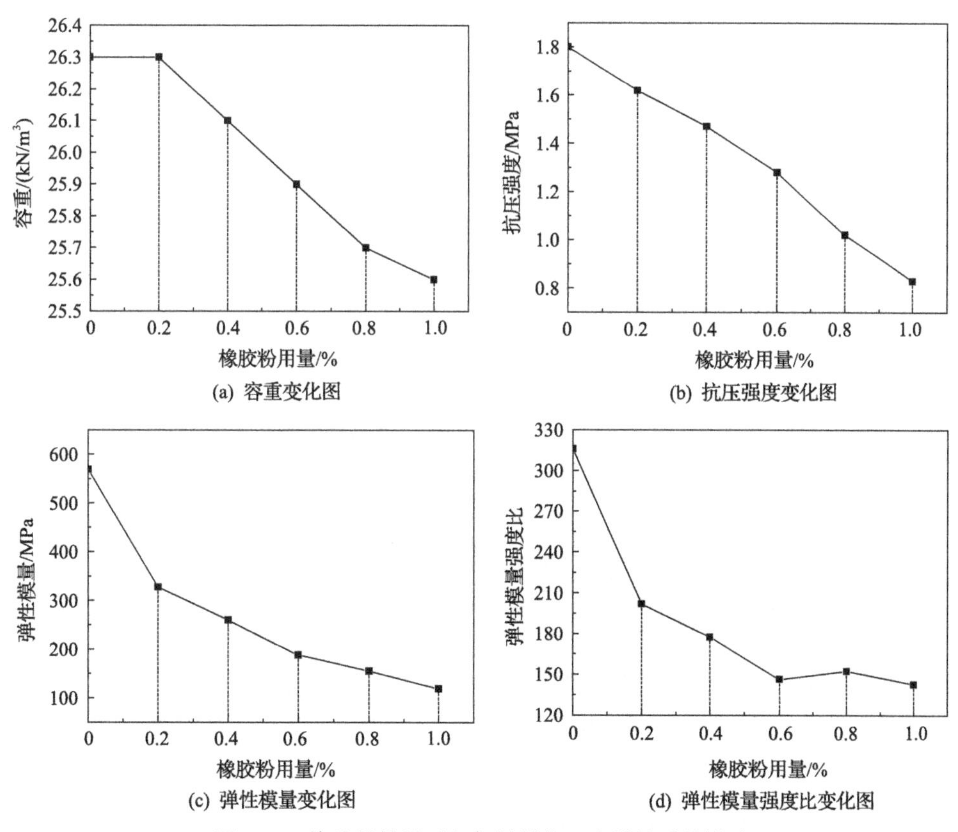

图 5.14　橡胶粉掺量对相似材料物理力学性质的影响

(1)相似材料的容重与橡胶粉的掺量基本呈线性关系。用橡胶粉进行力学性能调节时，其用量必须控制在一定的范围内，避免导致材料容重的偏差较大。

(2)相似材料的抗压强度与橡胶粉的用量呈良好的线性关系。

(3)相似材料的弹性模量随着橡胶粉用量的增加而减小，其变化的幅度是先大后小，变化趋势与单调递减的指数函数变化规律类似。

(4)相似材料的弹性模量强度比随着橡胶粉用量的增加，从 316.07 下降到了 142.68。与弹性模量变化规律类似，先快速下降，再缓慢减小，最后趋于稳定。

试验结果表明，可以通过改变橡胶粉的用量，可以有效地调节相似材料的力学性质。掺入橡胶粉后，相似材料的弹性模量强度比变化范围最低可降至 100 ，基本实现了对实际岩体该参数变化范围的全覆盖。

3. 回收利用方法[6]

如果用于制作模型的材料是可以循环利用的，那么试验的成本就可以减少，且固体废料的处理问题将得到有效缓解。

本节介绍的可回收松香基相似材料在胶结过程中没有发生化学反应，胶结过程是可逆的。由于松香基相似材料的力学性能主要受松香用量的影响，可以通过向回收的相似材料中再次添加酒精或松香酒精溶液来重塑材料，实现在力学性质不变的条件下再次利用。

为实现重塑材料在力学性质不变条件下的再次利用，以单轴抗压强度和弹性模量作为关键指标，选取粗细骨料质量比 X_1(粗骨料均为石英砂)、初次松香用量 X_2(以松香的质量与骨料总质量的比例来衡量)、二次松香用量 X_3(以再次添加的松香质量与回收的骨料总质量的比例来衡量)三项指标为影响因素进行正交试验，揭示再次添加的松香用量与重塑后材料力学性质的关系，并总结出可回收松香基相似材料回收利用的方法。

首先按照标准方法制作初始组的抗压试件，并进行测试；然后将每组压碎的试件分别放置，将收回的材料尽可能碾碎；接着添加松香酒精溶液制作重塑试件；最后对重塑组试件进行测试。

对试验结果进行定量分析，可以得到：

(1)重塑组试件的容重比初始组试件的容重略小，但减小幅度均小于 5%。

(2)重塑组试件的单轴抗压强度主要由初次松香用量控制，重塑时，加一定量的松香有助于试件单轴抗压强度的恢复，两者基本呈线性增长的关系。

(3)重塑前后，大多数组别试件的弹性模量变化较小，与二次松香用量的多少关系不大。

因此，可以用如下方法对可回收松香基相似材料进行重塑回收：

(1)制作与要回收的可回收松香基相似材料配比相同的抗压试件，并进行性能测试，获取物理力学参数，得到此时的抗压强度为 p_1。

(2)将上述所有测试后的试件机械或人工粉碎，使其基本不存在大的颗粒集团，称量收取的材料重量，使用不含松香的酒精进行试件重塑，并获取物理力学参数，此时的抗压强度为 p_2。

(3) 根据式(5.58)求出二次松香的用量 X：

$$X = \frac{p_1 - p_2}{\Delta p} x \tag{5.58}$$

式中，x 为二次松香用量的基准水平值(没有试验依据时可取 0.04%为基准值)；Δp 为二次松香用量为 x 时的抗压强度恢复值，取 0.1MPa。

(4) 将回收的相似材料机械或人工粉碎，使其基本不存在大的颗粒集团，称量其重量，然后根据求得的 X 值称取二次松香的用量，并称取相应的酒精用量，混合形成松香酒精溶液，将回收的材料与再次配的松香酒精溶液混合搅拌，最后制作地质力学模型。

为验证可回收松香基相似材料回收方法的可行性，开展了多组验证性试验。验证性试验由两类试验组成：①随机制作不同配比的相似材料，按上述方法进行回收，并通过对比两次的力学参数，判断是否回收成功；②将回收重塑的试件废料再一次回收，测试并对比力学性能的变化。

对比三组试件重塑前后的物理力学参数，可以看出其偏差均在合理的范围之内，说明了回收方法的可行性。再次回收的材料力学性能与初始的相比变化均较小，偏差都在合理范围内，说明可回收松香基相似材料可以按照上述方法进行循环回收利用。

参 考 文 献

[1] Glushikhin F P, Kutsnetsov G N, Shklyarsky M F, et al. Modeling in Geo-mechanics. Moscow: Nedra Press, 1991.

[2] 张强勇, 李术才, 李勇, 等. 地下工程模型试验新方法、新技术及工程应用. 北京: 科学出版社, 2012.

[3] 姜开锋, 范鹏贤, 邢灏喆, 等. 锦屏大理岩相似材料制备及其力学性能研究. 解放军理工大学学报(自然科学版), 2016, 17(1): 56-61.

[4] Fan P, Yan Z, Wang M, et al. Recyclable resin-based analogue material for brittle rock and its applications. Arabian Journal of Geosciences, 2017, 10(2): 29-43.

[5] Fan P, Xing H, Ma L, et al. Bulk density adjustment of resin-based equivalent material for geo-mechanical model test. Advance in Material Science and Engineering, 2015, 2015: 1-18.

[6] Fan P, Wang J, Shi Y, et al. Recycle of resin-based analogue material for geo-mechanical model test. Waste Management & Research, 2019, 37(2): 142-148.

第 6 章　结构材料的动态性能试验装置

6.1　霍普金森压杆

当材料所受应力波荷载的应变率范围为 $10^1 \sim 10^3 s^{-1}$，分离式霍普金森压杆(split Hopkinson pressure bar，SHPB)及其衍生出来的拉杆、扭杆等是确定材料动态力学行为的试验方法。SHPB 的原型最早由霍普金森在 1914 年提出，通过在杆的一端放置炸药，起爆后通过测量杆的运动确定压力时程曲线[1]。1949 年，Kolsky[2]在此基础上将一根杆分离成了入射杆和透射杆，在杆的中间夹入试件，通过在杆的一端起爆炸药或者高速撞击的子弹输入应力波，成功测得了试件动态荷载下的应力-应变曲线，因此 SHPB 又称为 Kolsky 杆。1954 年，Krafft 等[3]在 SHPB 上用应变片测量杆中的应力波，并引入了撞击杆代替炸药和子弹从而使得试验具有较好的可控性和重复性。当时 SHPB 主要应用于金属类延性材料，对于岩石类脆性材料的试验技术尚未成熟。1964 年，Lindholm[4]对 SHPB 做了进一步改进，使其能够适用于多种材料的测试，成为现今 SHPB 的模板。

6.1.1　霍普金森压杆试验装置的工作原理

SHPB 主要由撞击杆、入射杆和透射杆三部分组成，通常采用高压气体发射撞击杆，撞击入射杆的自由面形成一个压应力纵波脉冲 ε_{in}，脉冲的幅值由撞击速度决定，脉冲的周期取决于撞击杆的长度与波速。当入射脉冲到达入射杆与试件的交界面时，部分应力波反射回到入射杆成为反射波 ε_{re}，剩余的入射波穿透试件进入透射杆成为透射波 ε_{tr}。入射杆与透射杆上的应变片记录下入射波、反射波和透射波的波形。SHPB 示意图如图 6.1 所示。

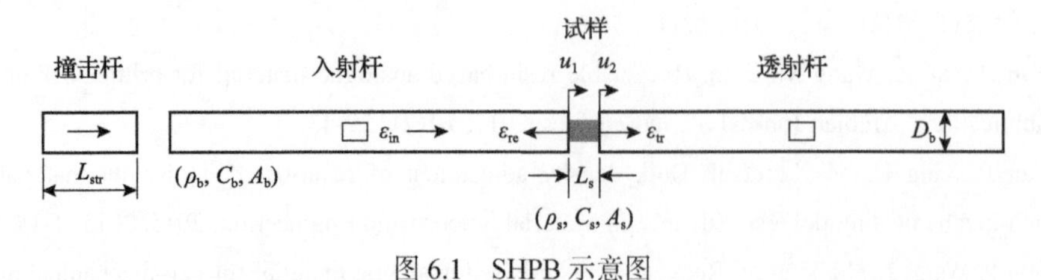

图 6.1　SHPB 示意图

基于一维波传播理论，试件在入射杆端面的应力 σ_1 与透射杆端面的应力 σ_2 分别为

$$
\begin{cases}
\sigma_1 = \dfrac{A_b}{A_s} E(\varepsilon_{in} + \varepsilon_{re}) \\
\sigma_2 = \dfrac{A_b}{A_s} E\varepsilon_{tr}
\end{cases}
\tag{6.1}
$$

式中，A_b、A_s分别为杆和试件的横截面积；E为杆的弹性模量。

入射杆端的速度v_1和透射杆端的速度v_2分别为

$$
\begin{cases}
v_1 = C_b(\varepsilon_{in} - \varepsilon_{re}) \\
v_2 = C_b\varepsilon_{tr}
\end{cases}
\tag{6.2}
$$

式中，C_b为杆的一维应力波波速。

试件中的平均工程应变率$\dot{\varepsilon}$和应变ε分别为

$$
\begin{cases}
\dot{\varepsilon} = \dfrac{v_1 - v_2}{L_s} = \dfrac{C_b}{L_s}\left(\varepsilon_{in} - \varepsilon_{re} - \varepsilon_{tr}\right) \\
\varepsilon = \displaystyle\int_0^t \dot{\varepsilon}\,\mathrm{d}t = \dfrac{C_b}{L_s}\int_0^t \left(\varepsilon_{in} - \varepsilon_{re} - \varepsilon_{tr}\right)\mathrm{d}t
\end{cases}
\tag{6.3}
$$

式中，L_s为试件长度；t为时间。

当试件两端应力平衡时，即$\sigma_1 = \sigma_2$，从而

$$
\varepsilon_{in} + \varepsilon_{re} = \varepsilon_{tr}
\tag{6.4}
$$

式(6.3)可以简化为

$$
\begin{cases}
\dot{\varepsilon} = \dfrac{-2C_b}{L_s}\varepsilon_{re} \\
\varepsilon = \dfrac{-2C_b}{L_s}\displaystyle\int_0^t \varepsilon_{re}\,\mathrm{d}t
\end{cases}
\tag{6.5}
$$

SHPB 试验的一个主要目的就是确定材料高应变率下的应力-应变曲线，根据曲线确定材料的动态峰值强度、峰值应变和动态弹性模量。有多种确定应力-应变曲线的方法，例如一波法、二波法、三波法、直接预估法、平移法、混合分析法和反演法。其中广泛应用的是一波法，由一波法得到的应力时程方程为

$$
\sigma(t) = \frac{A_b E_b}{A_s}\varepsilon_{tr}(t)
\tag{6.6}
$$

结合式(6.3)便可得到应力-应变曲线。为了获得被测试件准确的动态力学行

为，需要考虑入射波形、端部摩擦、惯性和弥散效应、应变率上下限等因素。

1. 入射波形

在 SHPB 试验中，应变率恒定与应力平衡条件需要同时满足，而这两个条件都与入射波的波形有直接关系。恒定应变率主要由入射波升压阶段控制，入射波传播通过试件的时间由试件长度和试件的纵波波速确定，即 $t_0 = L_s/C_s$。应力平衡的条件为

$$R(t) = 2\left|\frac{\varepsilon_{in} + \varepsilon_{re} - \varepsilon_{tr}}{\varepsilon_{in} + \varepsilon_{re} + \varepsilon_{tr}}\right| \leqslant 5\% \tag{6.7}$$

SHPB 撞击杆在入射杆中产生的是一个方波压力脉冲，升压时间很短即达到峰值，这将在脆性弹性区间产生不均匀的应变率，导致应力平衡前试件就已经发生破坏。若入射波具有较缓的上升沿，则能够减少材料的惯性效应和弥散效应，这点对于脆性材料尤为重要。减小材料惯性和弥散效应的办法有三种：一是通过在入射杆的撞击端放上整形片，例如 0.1~2.0mm 厚度的橡胶片或者铜片；二是在入射杆撞击端放上整形杆；三是利用异形撞击杆，如纺锤形撞击杆来优化入射波波形。

2. 端部摩擦

在 SHPB 试验中，试件与杆间的摩擦会导致复杂的多轴应力情况出现，而脆性材料对围压又十分敏感，所以必须考虑端部摩擦效应。通过选择合适的试件与杆的直径比，以及试件本身的长径比能很好地降低端面摩擦效应。在试件与杆接触面之间加入润滑剂也可以消除部分摩擦效应，但是该方法会影响接触面的声学性质，并且在高温时降低摩擦的作用会大大削弱。

3. 惯性和弥散效应

由于存在泊松效应，应力波传入试件后会产生纵向与横向的惯性效应，而这一惯性效应需控制在小于试件中应力的水平。惯性效应的大小除取决于入射波的幅值以外，还取决于试件的密度与尺寸。弥散效应随着应力波的传播而积累，并且较大杆径的弥散效应更加明显。由于较小的应变就能破坏脆性材料，所以弥散效应需要尽可能地消除。通常在脆性材料的 SHPB 试验中，入射波整形技术即能较好地控制弥散效应。

4. 应变率上下限

SHPB 试验中，通常通过减小试件的尺寸来获取较高的应变率，但是需保证试

件直径方向上至少有 1000 个材料微观单元；此外，通过增加撞击速度也能增加应变率，但是撞击杆的速度受限于杆件的屈服强度无法一直增加。另一种获取较高应变率的方法是让撞击杆直接撞击试件，但是缺少了入射杆，无法测得反射波，试件的应变与应变率也无法获得。想要获得试件中低应变率下的动态响应，一种方法是加长入射杆和透射杆的长度或者增大杆径。以上方法均会加剧惯性效应和弥散效应，如何在 SHPB 能达到的应变率下限范围内获得材料的动态力学响应依然是一个难题。

6.1.2　霍普金森压杆试验的测试方法

SHPB 试验中从应力波进入试件到破坏只有数百微秒，测量技术对于全面准确地理解材料动态行为起到决定性的作用。常规 SHPB 的测量方法主要是依靠杆表面应变片记录的入射波形、反射波形和透射波形，通过一维波传播理论间接获得试件的应力-应变曲线。随着光学测量技术的发展，基于光学的无损测量技术在 SHPB 试验中越来越受到重视。

1. 激光测量技术

SHPB 试验中的激光测量技术主要用于监测试件的变形和裂纹张开位移(crack opening displacement，COD)。激光测量包括一个高频激光发射器与一个接收器，随着裂纹扩展的增大，接收器中的电压也不断增大。通过在试验前对进光量与开口面积进行校正，可实时地在试验中获得 COD 的大小。SHPB 试验中激光测量裂纹张开位移示意图如图 6.2 所示[5]。

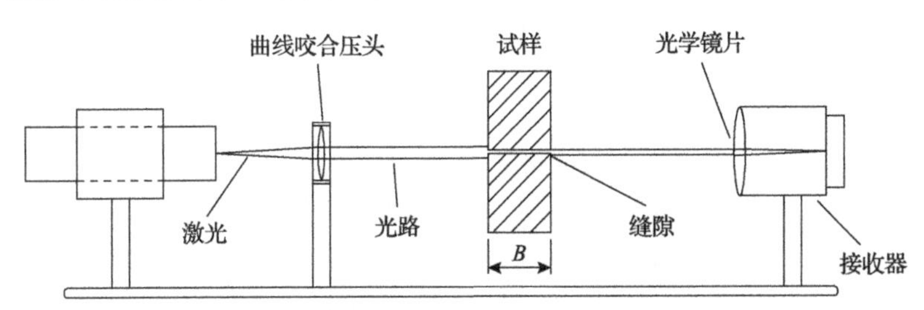

图 6.2　SHPB 试验中激光测量裂纹张开位移示意图[5]

2. 莫尔条纹测量技术

莫尔条纹测量技术可以用于测量试件面内和离面的位移场，是一种全场的测量手段。通过两个频率接近的等幅正弦波光源投射在试件表面叠加而产生干涉条纹，一旦试件表面产生位移，叠加的干涉条纹位置就会发生改变，通过计算条纹分布的改变来确定试件表面的位移场。在材料断裂的 SHPB 试验中，通过高速摄影测量裂纹尖端莫尔条纹移动的速度，可以获得裂纹的开口速度。然后，将裂纹开口速度方程对时间求导，就可以获得断裂韧度的时间关系。由于莫尔条纹的产生对试验环境的要求较高，需要在一个封闭不受其他光源干扰的空间进行，时间和人力成本较高，高速摄影难度较大，近些年较少应用于 SHPB 的试验中。

3. 光弹测量技术

光弹测量技术是一种可以监测光弹材料应力场的光学测量技术。光弹材料本身在光源的照射下可以随着受力的改变而变换其光学纹路的特性。通常光弹材料多为透明材料，当光弹材料为非透明材料时，需要在其表面涂抹一层光弹涂层，光弹材料随着材料同步变形，研究光弹材料光场纹路的改变从而得到材料的应力场。由于光弹涂层的工艺非常精细，其质量决定了光弹材料能否与试件一起变形，从而影响试验的成功与否。然而由于光弹材料的特性，光弹法仅能测得弹性变形范围内的应力场。该试验虽然工艺复杂，却可以直接无损地获得试件应力场，配合上其他位移场光学测量技术，可以更好地理解岩石高应变率下的本构模型。

4. 红外热成像测量技术

材料变形和断裂过程中总伴随着能量的耗散，而这些释放的能量会改变周边温度场的变化。红外热成像测量技术就是利用这个原理对 SHPB 试验中材料的变形和起裂进行监测。这一技术要求红外相机同时具备较高的温度分辨率和高帧数，目前的红外相机难以满足，所以在 SHPB 试验中还没有普及应用。

5. 焦散线测量技术

焦散线测量技术主要是依靠被测物体透射(透明物体)或者反射(非透明物体)到另一物体光路的改变测量自身变形场的一种测量方法。相比于光弹法，焦散法不仅可以适用于弹性变形阶段也适用于塑性变形阶段的测量，从而使得这个技术常用于测定动态应力集中因子(dynamic stress intense factor，DSIF)。但是这个技术的缺点是分辨率和精度较低。目前焦散线测量技术广泛用于聚甲基丙烯酸甲酯(PMMA)材料，测定其在动力荷载作用下的动态应力强度因子。

6. 数字图像相关技术

数字图像相关技术(digital image correlation, DIC)是 SHPB 试验中广泛使用的测量试件全场变形的数字光学测量技术。DIC 具有适用尺度广、现场条件要求小、测量精度高的优势。

DIC 的原理是通过追踪变形前后同一个像素点来确定位移场。通过对位移场进行空间求导可以得到应变场，继续对时间求导获得应变率场。当物体表面为曲面或者出现离面位移的时候，需要用两台相机构建 3D-DIC 进行测量。其原理是对两个不同位置相机采集的灰度图利用立体视觉算法计算出表面的深度坐标，再进行 2D-DIC 处理确定面内坐标，从而重建出三维的形貌，两个不同时刻下的三维坐标相减即可获得三维位移场。基于 DIC 的原理，试件表面需要制作散斑以被 DIC 的相关算法进行跟踪。通常来说，好的散斑需要具有高对比度、随机性以及合适的尺寸大小(单个散斑不小于三个像素)。高速 3D-DIC 在材料 SHPB 试验中的应用包括：实时监测破坏前的变形(波传播、泊松效应等)，破坏后的裂纹开展。高速 3D-DIC 在岩石的 SHPB 试验中的典型应用如图 6.3 所示[6]。

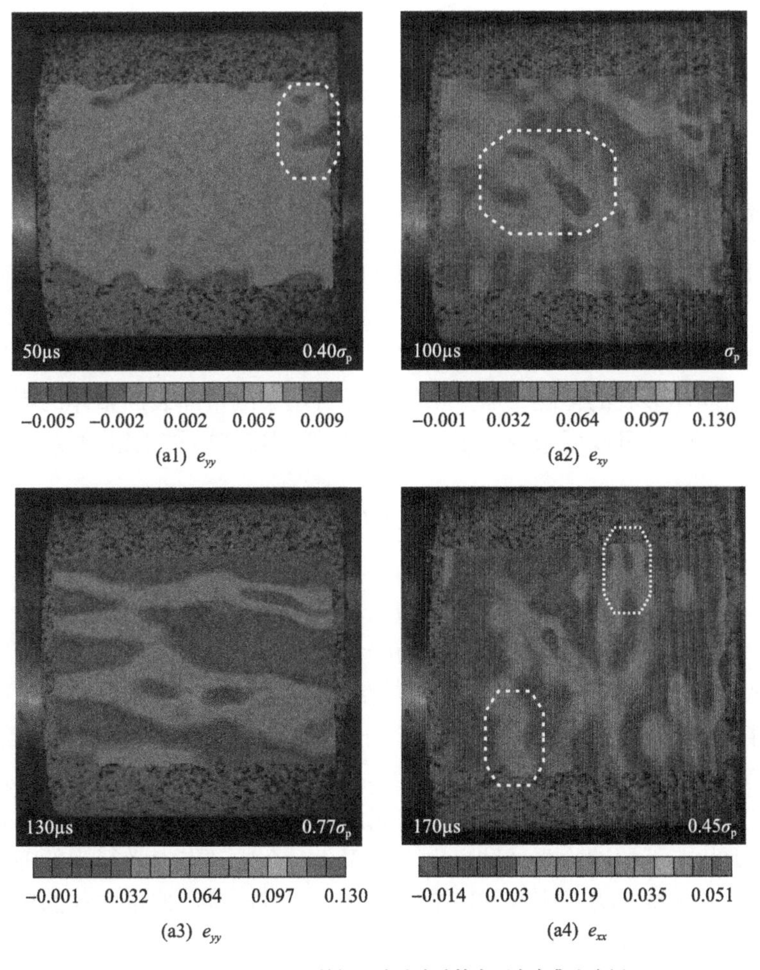

(a1) e_{yy}　(a2) e_{xy}

(a3) e_{yy}　(a4) e_{xx}

(a) 3D-DIC监测SHPB单轴压缩试验试件表面应变集中发展

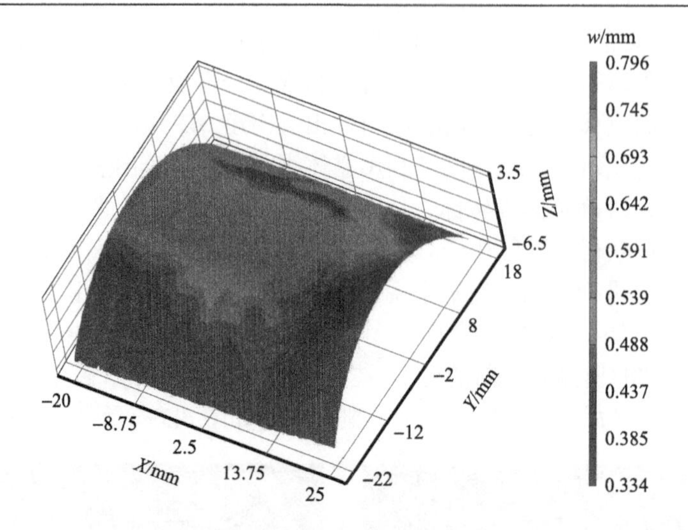

(b) 3D-DIC重构SHPB单轴压缩试验试件三维离面位移场

图 6.3　高速 3D-DIC 在岩石的 SHPB 试验中的典型应用[6]

7. 破坏后测量方法

在 SHPB 试验后，需要对材料的整体损伤、断裂面形貌进行评估。破坏后测量方法主要有 X 射线扫描、扫描电镜、激光形貌扫描以及横截面薄片微观测量。X 射线扫描主要用于观测材料动力荷载后整体的内部损伤结构；扫描电镜常用于材料断裂面晶体形貌的检测；激光形貌扫描可用于测量断裂面整体的粗糙度；横截面薄片微观测量可以用来观测裂纹走向与材料微观单元之间的关系。

6.2　动高压装置(一级气体炮)

爆炸、侵彻以及超高速撞击等强动载效应均与冲击波的传播以及介质的压缩和破坏等复杂现象相关。随着武器弹药的快速发展，防护结构将承受数百兆帕至数十吉帕动态载荷的作用。为了解决防护结构在侵爆作用下的动态响应问题，必须要利用试验关系确定介质在不同加载水平和不同加载速率下的动态力学性能。

介质的动态力学性能与应变、应变率和温度密切相关，通常可以描述为应力张量、应变张量、应变率张量和温度之间的泛函关系。冲击加载试验的目的是通过简单应力状态下的试验测试结果，不断深化对介质动态力学行为的理解。为了便于分析，通常将应力、应变和应变率张量分解成球量和偏量之和的形式，并将材料本构模型分成描述容积变化的球量部分和描述形状变化的偏量部分。随着压力增大，偏量畸变的影响减小，固体逐步趋于流体；当应变率效应可以忽略时，本构关系退化成与路径无关的状态参数关系，一般称之为物态方程。在偏量不可忽略的情况下，应变率效应是影响固体力学性能的核心问题，冲击加载试验最为关注的也正是这一问题。按应变率划分的固体动态力学性能试验方法如图 6.4 所示。一级气体炮是研究 10^4~10^5s^{-1} 应变率范围内强冲击问题的重要试验装置。

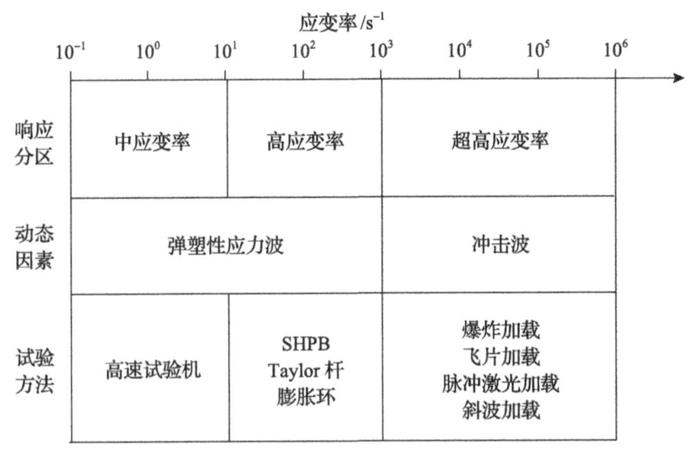

图 6.4　按应变率划分的固体动态力学性能试验方法

6.2.1　一级气体炮的工作原理

一级气体炮由高压气室、快开阀门、发射管、测速室、试件安装架、靶室和回收室等部分组成。一级气体炮装置示意图如图 6.5 所示[7]。试验时，快开阀门打开后高压气体推动弹丸急剧加速，弹丸离开发射管后在测速室测量速度，然后进入靶室与试件碰撞。发射管直径应略大于试件直径，并确保弹丸发射姿态稳定。弹丸由弹托和飞片组成，为提高弹速，应在保证强度要求的前提下尽可能减小弹托质量，推荐使用聚乙烯、尼龙和铝等轻质材料。为避免空气对弹丸加速的影响，发射管和靶室需抽成真空。靶室周边设置数个测试窗口和通信接头，通过光电测试仪器获得弹靶相互作用信息。回收室安置在靶室末端，用于回收弹靶碰撞碎片，

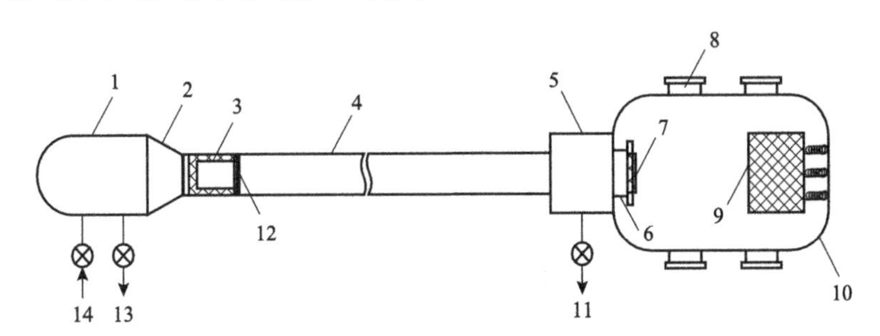

图 6.5　一级气体炮装置示意图[7]

1. 高压气室；2. 快开阀门；3. 弹托；4. 发射管；5. 测速室；6. 试件安装架；7. 试件；8. 观测、线缆窗口；9. 回收室；10. 靶室；11. 抽真空管；12. 平板飞片；13. 抽真空管；14. 高压进气管

保证试验安全。通过调整高压气室压力和弹丸质量可以精确控制飞片发射速度，通常一级气体炮的口径为数十至数百毫米，可将弹体加速至1500m/s。

6.2.2 一级气体炮的加载关键技术

1. 内弹道的设计方法

一级气体炮的简化模型如图6.6所示。

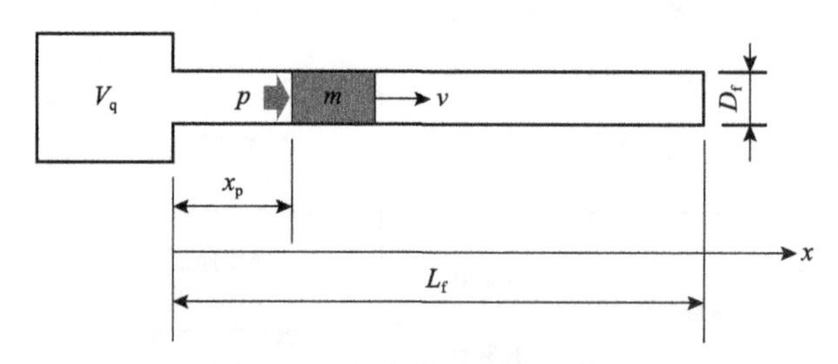

图6.6 一级气体炮的简化模型

D_f. 发射管直径；L_f. 发射管长度；m. 弹体质量；p. 弹底压强；v. 弹体速度；V_q. 气室体积；x_p. 弹体实时位置

由于弹体直径略小于发射管管径，并且发射时气室压力通常显著小于弹托强度，因此弹体和发射管之间的摩擦力可不考虑。基于上述考虑，弹体速度满足速度-位移形式运动方程：

$$mv\,\mathrm{d}v = \frac{1}{4}\pi D_f^2 p\,\mathrm{d}x \tag{6.8}$$

解得

$$v = \left(\frac{\pi D_f^2}{2m}\int_0^{L_f} p\,\mathrm{d}x\right)^{1/2} \tag{6.9}$$

因此，一级气体炮内弹道设计的关键在于弹底压强的确定。弹后高压气体流动主要以稀疏膨胀为主，流体温度较低，可以采用理想流体动力学方程描述流场

$$\begin{cases} \dfrac{\partial \rho}{\partial t} + \dfrac{\partial \rho v}{\partial x} = 0 \\ \rho\dfrac{\partial v}{\partial t} + \rho v\dfrac{\partial v}{\partial x} + \dfrac{\partial p}{\partial x} = 0 \\ \rho\dfrac{\partial e}{\partial t} + \rho v\dfrac{\partial e}{\partial x} + p\dfrac{\partial v}{\partial x} = 0 \end{cases} \tag{6.10}$$

边界条件为

$$\begin{cases} p\big|_{x=0} = p_{\mathrm{q}} \\ v\big|_{x=0} = 0 \\ v\big|_{x=x_{\mathrm{p}}} = v_{\mathrm{p}} \end{cases} \tag{6.11}$$

式中，p_{q} 为气室压强，气室长度通常为 10cm 量级，与炮管长度相差数个数量级，因此认为气室内的参数是集中的，并且与初始状态的气体满足等熵关系。

因此，气室压强可描述为

$$p_{\mathrm{q}} = p_0\left(1-\frac{\pi D_{\mathrm{f}}^2}{4V_{\mathrm{q}}}\int_0^x \frac{\rho(\xi)}{\rho_0}\mathrm{d}\zeta\right)^{\gamma} \tag{6.12}$$

式中，γ 为气室内气体的绝热指数；$\rho(\xi)$ 为活塞运动引起的一级气体炮管内部密度分布；下标 0 表示发射初始状态参数。

为了使问题封闭，还需要增加气体状态方程和内能方程

$$\begin{cases} e = \dfrac{p}{\rho(\gamma-1)} \\ p = \rho RT \end{cases} \tag{6.13}$$

若作简化处理，可以采用简单波理论估计弹底压强，即

$$p = p_0\left(1-\frac{v_{\mathrm{p}}}{a_0}\frac{\gamma-1}{2}\right)^{\frac{2\gamma}{\gamma-1}} \tag{6.14}$$

式中，a_0 为气室内气体的初始声速。

将式(6.14)代入式(6.9)，迭代进行数值求解即可得到弹体发射速度。为了反映弹体摩擦等阻力的影响，在建立计算模型时也可引入附加质量的概念，即在弹体质量的基础上乘以一个大于 1 的质量系数 φ，φ 可根据试验结果进行标定。

2. 高压释放装置

一级气体炮发射前高压气体和弹丸之间由高压释放机构隔离，要求承压能力强且密封性好；发射时高压释放机构迅速开启，要求开启速度快且连通面积大，以保证发射效率。常用的高压释放装置有活塞式和双破膜式两种。

1）活塞式高压释放装置

活塞式高压释放装置原理示意图如图 6.7 所示[7]。试验时先将 B 阀门关闭，然后打开 A 阀门，高压气体经 A 阀门进入排气腔，推动阀体将高压气室封闭并通过单向阀进入高压气室。当气室压强达到目标值后，关闭 A 阀门。发射时，快速打开 B 阀门，排气室内的高压气体迅速排出，压力差推动下阀体回退，高压气体经阀体和气室壁面之间的间隙流入发射管，推动弹丸加速运动。装置配套有弹簧和缓冲腔以避免阀体和舱壁刚性碰撞，保证活塞阀体可以重复使用。

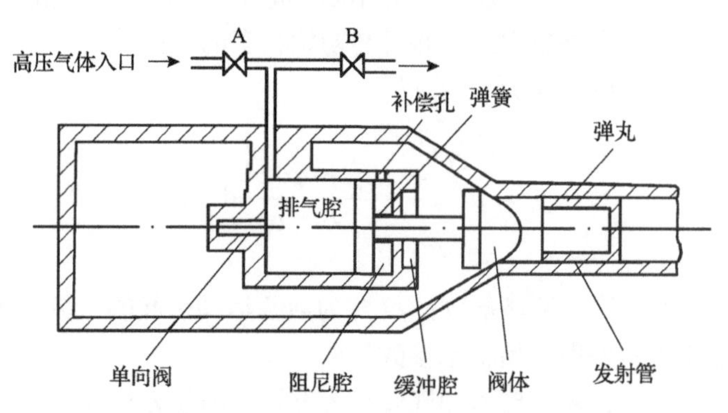

图 6.7　活塞式高压释放装置原理示意图[7]

2）双破膜式高压释放装置

双破膜式高压释放装置原理示意图如图 6.8 所示[7]。在弹丸和高压气室之间装配两个强度相同的膜片，膜片之间构成排气室。高压气室的目标压力为 p_{cz}，为了达到这一要求，首先在排气室预充 $p_{cz}/2$ 压力的气体，然后向高压气室充气，直到达到目标压力 p_{cz}。这时两个膜片两侧的压差都是 $p_{cz}/2$，若所用膜片的破膜压强为 $p_{cz}/2\sim p_{cz}$，则膜片系统可保持稳定。发射时，打开 A 阀门，排气室压力降低、左侧膜片的压差增大，当压差达到破膜压力阈值时左侧膜片破裂；随后高压气室中的气体占满排气室，右侧膜片压差随即超过阈值并立即破裂。双膜顺次破裂后，高压气体推动弹丸加速运动，飞离发射管后完成发射。

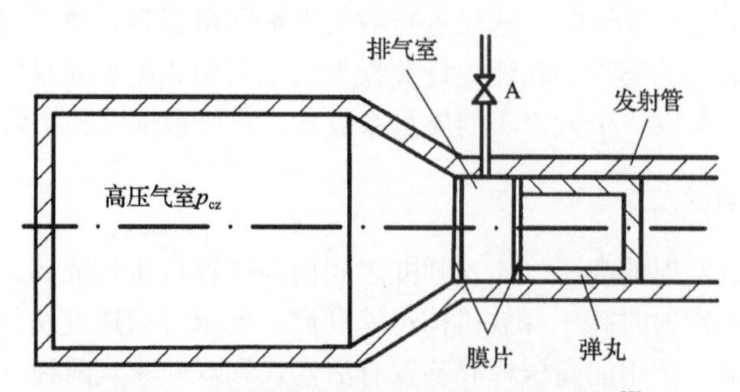

图 6.8　双破膜式高压释放装置原理示意图[7]

6.2.3　一级气体炮的加载试验方法

1. 动高压加载试验原理

采用一级气体炮实现动高压加载的主要试验为飞片撞击试验。飞片撞击是指两个表面平行的物体相对高速撞击，由此产生的冲击波作用原理是介质动高压加载试验的理论基础。

平板撞击过程示意图如图 6.9 所示。假设两块径向尺寸远大于厚度方向尺寸的薄片状物体以相对速度 U 发生正碰撞，平板 1 以速度 U 撞向静止的平板 2，平板 1 和平板 2 对应介质的密度分别为 ρ_1 和 ρ_2，撞击后形成两道冲击波分别在两种介质内传播，记冲击波速分别为 D_1 和 D_2，波后粒子速度分别为 v_1 和 v_2，波后压力分别为 p_1 和 p_2，根据连续性条件和界面压力平衡可知

$$\begin{cases} v_1 = v_2 \\ p_1 = p_2 \end{cases} \tag{6.15}$$

两道冲击波在平板 1 和平板 2 中传播，均满足冲击守恒方程和冲击 Hugoniot 方程，可得

$$\begin{cases} p_1 = \rho_1 (U - D_1)(U - v_1) = \rho_1 (U - v_1)\left[c_1 + s_1 (U - v_1)\right] \\ p_2 = \rho_2 D_2 v_2 = \rho_2 v_2 (c_2 + s_2 v_2) \end{cases} \tag{6.16}$$

式中，s_1 和 s_2 分别为平板 1 和平板 2 两种介质材料冲击 Hugoniot 方程的系数；下标 1 和 2 分别代表平板 1 和平板 2。

联立式(6.15)和式(6.16)，解得

$$v_2 = \frac{B - \sqrt{B^2 - 4AC}}{2A} \tag{6.17}$$

式中，$A = \rho_1 s_1 - \rho_2 s_2$；$B = \rho_2 c_2 + \rho_1 (c_1 + 2 s_1 U)$；$C = \rho_1 U (c_1 + s_1 U)$。

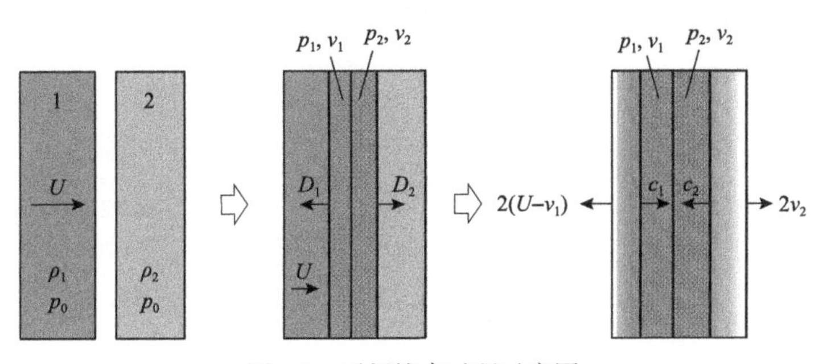

图 6.9　平板撞击过程示意图

当平板 1 和平板 2 的材料相同时，联立式(6.15)和式(6.16)，可简化为一元一次方程，并可解得

$$v_2 = \frac{U}{2} \tag{6.18}$$

即同种材料对称碰撞后冲击波后粒子速度为碰撞初速度的一半。

平板撞击波系结构如图 6.10 所示。冲击波到达平板自由面后将反射稀疏波。*AC* 表示两块平板的交界面；

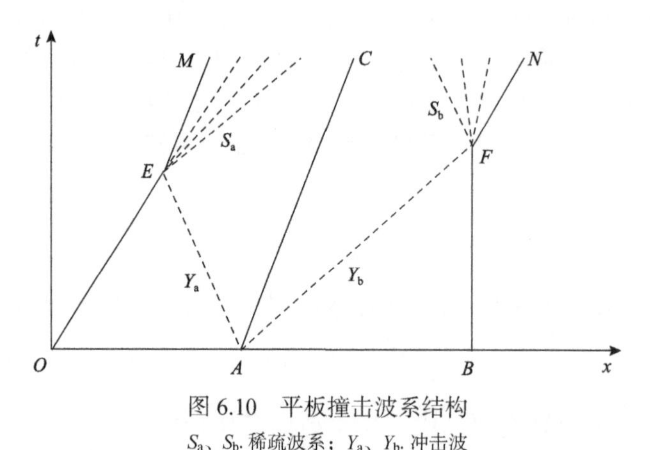

图 6.10 平板撞击波系结构

S_a、S_b. 稀疏波系；Y_a、Y_b. 冲击波

为了确定自由面速度，采用 *p-v* 图进行分析。平板撞击 *p-v* 图如图 6.11 所示。撞击平板 1 的初始状态点的坐标为$(U,0)$，被撞击平板 2 的初始状态点的坐标为$(0,0)$。在单一材料撞击问题中，冲击波后参数在 *p-v* 图中的坐标为$(U/2, DU/2)$。因此，平板 1 和平板 2 的冲击绝热曲线分别通过 $A_a[U/2, \rho_1(c_1+s_1U/2)U/2]$ 和 $A_b[U/2, \rho_2(c_2+s_2U/2)U/2]$，两条绝热曲线交点 *E* 的坐标即为冲击波后的压力和粒子速度。同样，平板 2 过 *E* 点的等熵线与 *v* 轴交点的横坐标即为自由面粒子速度。

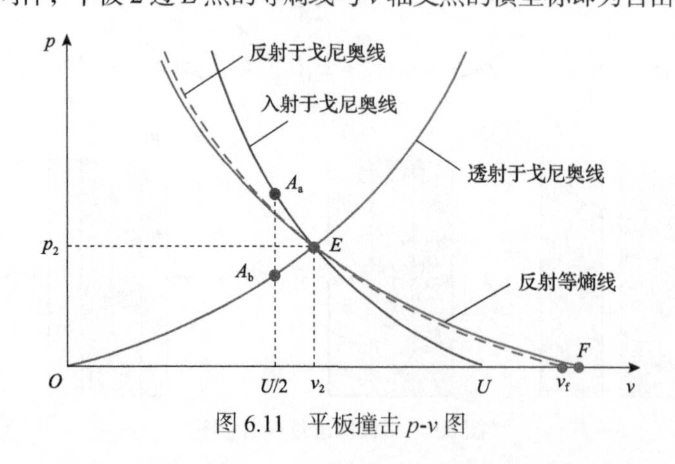

图 6.11 平板撞击 *p-v* 图

在冲击波较弱时，可以用等熵过程近似冲击绝热过程，在此近似下等熵线与冲击绝热曲线近似相同，即图 6.11 中 F 点和 O 点关于 v_2 对称，从而自由面粒子速度 v_f 和冲击波后粒子速度近似满足二倍关系，即

$$v_{\mathrm{f}} = 2v_2 \tag{6.19}$$

这一关系称为二倍自由面速度原理。对于高强度介质，二倍自由面速度关系在数十吉帕范围内均可适用，但是对于低强度介质，需要在高压范围内进行修正。

2. 动高压加载试验测量方法

根据冲击波守恒关系可知：在已知介质初始状态参数(ρ_0，p_0，E_0，v_0)时，为了确定冲击波速度 D 和介质波后压缩状态参数(ρ_1，p_1，E_1，v_1)还需要通过试验方法测定其中的任意两个参数。由于直接测量 E 难以实现、X 射线测量精度较差，p、D、v 是适宜选择的测试量，尤其是 D 和 v 的测量技术成熟、测试精度高。常用的动高压加载试验测量方法包括平板撞击法和自由面速度法[9]。

1) 平板撞击法

平板撞击法原理示意图如图 6.12 所示。采用已知材料参数的平板(飞片)以速度 U 撞击试件，测试的关键是飞片速度和试件内冲击波速度的确定。通常可以采用激光遮断法、电磁感应法和电探针法等方法确定通过一定间距测试点的时间差，从而确定飞片速度 U，即

$$U = \frac{1}{2}\left(\frac{d_1}{\Delta t_1} + \frac{d_2}{\Delta t_2}\right) \tag{6.20}$$

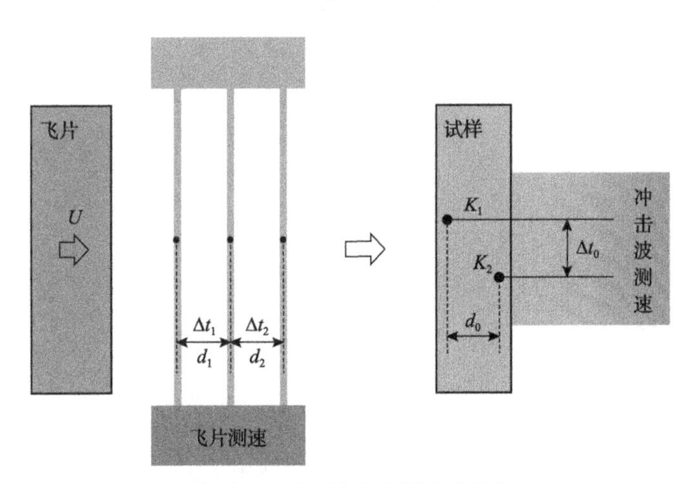

图 6.12　平板撞击法原理示意图

冲击波速度 D 通过测量冲击波到达试件内间距为 d_0 两点的时间差 Δt_0 确定，即

$$D = \frac{d_0}{\Delta t_0} \tag{6.21}$$

若飞片介质的冲击 Hugoniot 方程参数为 c_f 和 s_f，则将测得的粒子速度 U 和冲击波速度 D 代入冲击波守恒关系，可得

$$\begin{cases} v_s = \dfrac{\left[\rho_f\left(c_f + 2s_f U\right) + \rho_s D\right] - \sqrt{\left[\left(c_f + 2s_f U\right)\rho_f + \rho_s D\right]^2 - 4\lambda_f \rho_f^2 U\left(c_f + s_f U\right)}}{2s_f \rho_f} \\ p_s = \rho_{s0} D v_s \\ \rho_s = \dfrac{D}{D - v_s}\rho_{s0} \end{cases} \tag{6.22}$$

式中，下标 s 表示待测试件介质的参数，f 表示飞片介质的参数。

式(6.22)是基于飞片介质 D-v 关系为线性这一前提得到的，当压力更高时需要考虑二次或更高次项的影响，按照类似的求解方法可以得到对应的粒子速度表达式，进而确定压力、密度、能量等冲击波后状态参数。平板撞击法的原理是严格成立的，但是 c_f 和 s_f 等材料参数是以一定的初态得到的，因此，试验过程中要求碰撞平板到达被撞平板前必须满足相同的初态条件。

2) 自由面速度法

自由面速度法原理示意图如图 6.13 所示。该方法通过测量冲击波在自由面反射后自由面的粒子速度，从而分析待测介质的冲击响应。通过测量试件不同位置处自由面的粒子速度 v_{fs}，一方面可以根据二倍自由面速度原理确定冲击波后粒子的速度 v_s，即

$$v_s = \frac{v_{fs}}{2} \tag{6.23}$$

另一方面可以根据间距为 d 的两点的粒子速度起跳时间差 Δt 间接确定冲击波传播速度 D_s，即

$$D_s = \frac{d}{\Delta t} \tag{6.24}$$

进而确定试件的冲击绝热关系，并可根据冲击间断守恒关系确定压强和密度等冲击波终态参数。

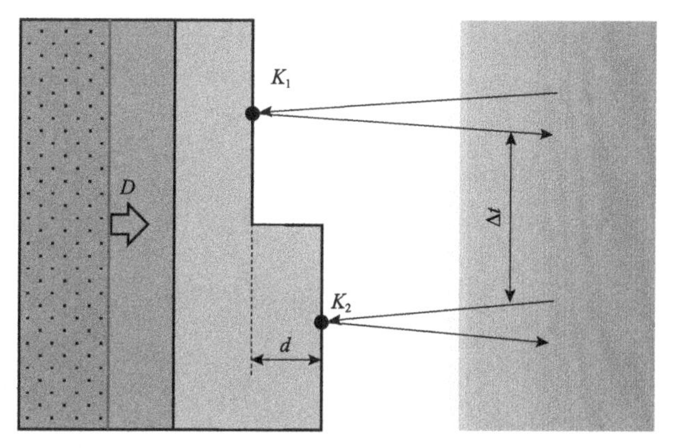

图 6.13 自由面速度法原理示意图

自由面速度可以通过电探针组测定，也可以采用任意反射面速度干涉系统或全光纤干涉测速仪等光探针确定，采用光探针得到的是粒子速度连续变化的时间-速度曲线，从中可以解读出除冲击绝热参数之外的更多信息。

6.3 块系岩体动力特性试验装置

自然界中岩体被大量的不同等级、不连续的间断面分割为尺度大小不同的结构单元。岩石的块状层次结构对岩土材料和岩石的非线性动力学行为起着重要作用，块系构造岩体力学已逐渐成为非线性岩石力学的重要研究方向[10,11]。本节介绍的块系岩体动力特性试验装置主要用于研究动力扰动作用下块体界面的法向与切向动力变形特性。

6.3.1 块系岩体动力特性试验装置的工作原理

研究块系岩体中动态力学特性时，必须获得块体在冲击扰动作用下的运动情况，包括冲击能和由块体振动引起的位移、加速度等力学参数[12]。

考虑由若干相同尺寸的岩块叠放组成试验模型。图 6.14 为三种加载方案下块体模型冲击扰动试验示意图。方案Ⅰ为块体模型仅受垂直方向的冲击作用；方案Ⅱ为块体模型受水平方向的静载荷和垂直方向的冲击作用；方案Ⅲ为块体模型受存在延时控制的水平和垂直方向冲击作用。通过测量各块体的垂直加速度响应，揭示块系构造介质中波传播的基本特性。通过测量工作块体水平动力响应，可以为揭示冲击扰动诱发块体滑移现象的规律、影响因素及临界条件提供试验数据支持。

块系岩体动力特性试验装置组成如图 6.15 所示。块系岩体动力特性试验装置主要由工作台、静力加载以及动力加载三部分组成。

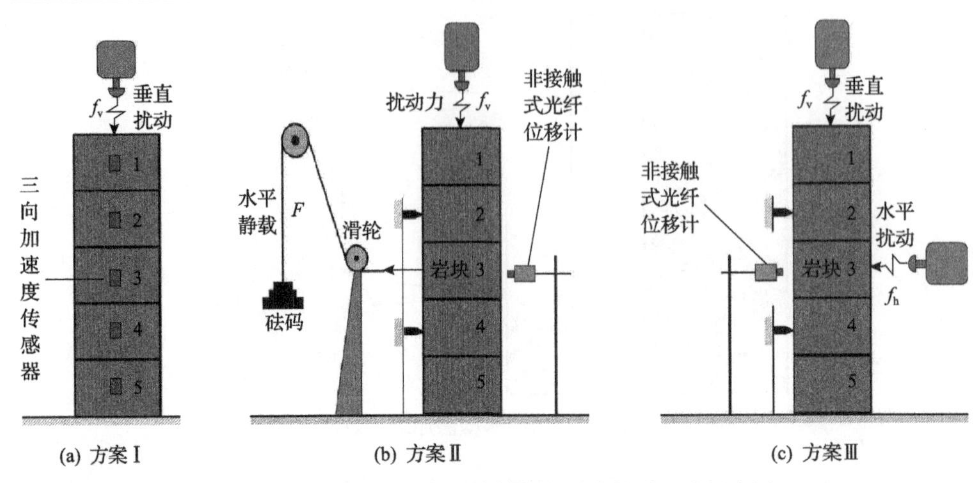

图 6.14　三种加载方案下块体模型冲击扰动试验示意图

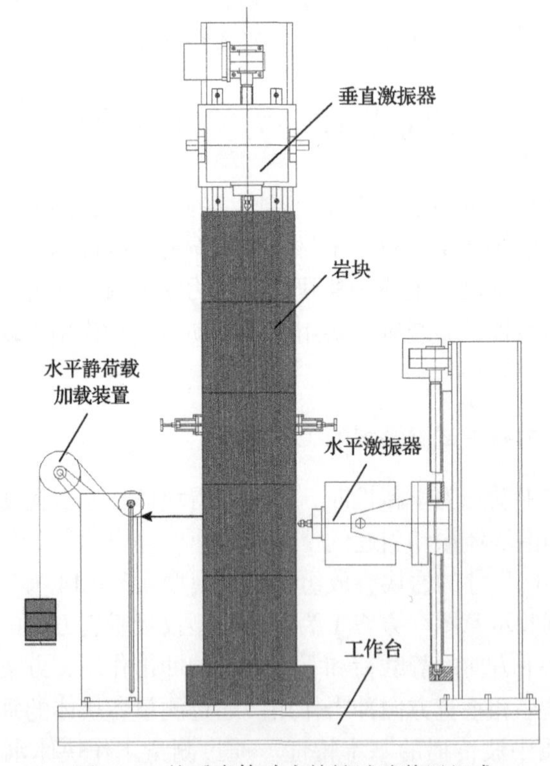

图 6.15　块系岩体动力特性试验装置组成

工作台用于承载块系岩体模型，其水平方向上设有导向槽，水平冲击加载单元可沿着导向槽滑动，便于适应不同尺寸的模型试件。

静力加载部分实现对块系岩体施加水平静荷载，模拟岩体初始应力。通过一根钢丝可拆卸地连接于岩块试件上，钢丝的另一端穿过滑轮组与砝码盘相连，试验过程中改变砝码的重量，实现水平静力的大小调节。

动力加载部分包含垂直冲击加载单元和水平冲击加载单元。上述冲击加载均采用电动式激振器实现。电动式激振器是一种电动转换器，即将电能转换为机械能，对试件提供激振力的一种装置[13]。相较于落锤冲击，激振器冲击加载能够快速调节作用于模型试件的冲击力学参数，定量地展开试验研究，整体稳定性好、易于操作，可重复性强。

冲击加载系统延时控制原理图如图 6.16 所示。信号发生器通过调节信号源的时间差，可以调节水平、垂直冲击加载激振器作用时间起点及作用时长，用于模拟不同工况下块系岩体受冲击的现象，实现施加单一冲击扰动，或同时施加冲击扰动，或考虑延时的双向冲击扰动。

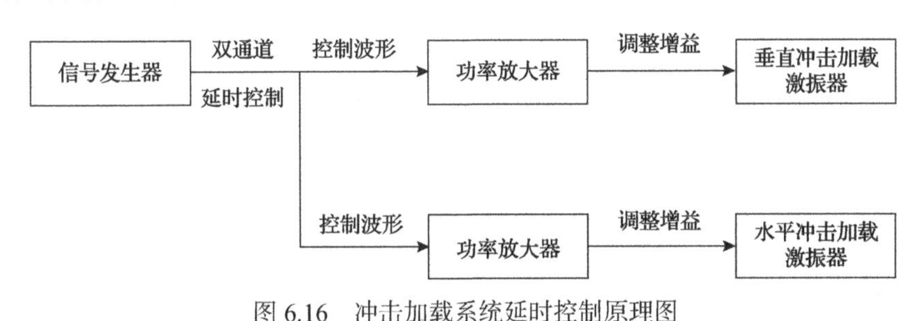

图 6.16　冲击加载系统延时控制原理图

6.3.2　块系岩体动力特性试验的测试方法

试验过程中需要测量激振器输出的冲击力、块体振动加速度以及块体水平方向的位移响应。

1. 冲击力的测量

采用轮辐式力传感器，将传感器安装于激振器冲击头之上，可输出激振器作用在块系岩体模型的冲击力时程曲线。

2. 加速度的测量

采用三向加速度计能同时测量同一点的 X、Y、Z 三个方向上的加速度。加速度传感器安装方式为螺钉固定，该方法连接牢固，可获得最佳的频响特性。

3. 水平位移的测量

试验过程中岩块位移量集中在微米量级，一般接触式位移计无法满足测量要求，因此采用非接触式光纤位移计或者光学图像进行测量。

4. 试验控制软件

块系岩体动力特性试验采用基于 LabVIEW 编程实现的控制软件，该软件集实时信号控制触发、采集参数设置、加载参数控制、激振器位置调节、数据浏览显示、数据保存等模块化功能于一体。

参考文献

[1] Hopkinson B. A method of measuring the pressure produced in the detonation of high explosives or by the impact of bullets. Proceedings of the Royal Society of London, 1914, 89(612): 411-413.

[2] Kolsky H. An investigation of the mechanical properties of materials at very high rates of loading. Proceedings of the Physical Society. Section B, 1949, 62(11): 676-700.

[3] Krafft J, Sullivan A, Tipper C. The effect of static and dynamic loading and temperature on the yield stress of iron and mild steel in compression. Proceedings of the Royal Society of London. Series A. Mathematical and Physical Sciences, 1954, A221: 114-127.

[4] Lindholm U. Some experiments with the split Hopkinson pressure bar. Journal of the Mechanics and Physics of Solids, 1964, 12(5): 317-335.

[5] Chen R, Xia K, Dai F, et al. Determination of dynamic fracture parameters using a semi-circular bend technique in split Hopkinson pressure bar testing. Engineering Fracture Mechanics, 2009, 76(9): 1268-1276.

[6] Xing H, Zhang Q, Ruan D, et al. Full-field measurement and fracture characterisations of rocks under dynamic loads using high-speed three-dimensional digital image correlation. International Journal of Impact Engineering, 2018, 113: 61-72.

[7] 王金贵. 气炮原理与应用. 北京: 国防工业出版社, 2001.

[8] 林俊德. 弹速 1400m/s 的 57 毫米气炮阀门. 爆炸与冲击, 1985, 5(3): 60-67.

[9] 谭华. 试验冲击波物理导引. 北京: 国防工业出版社, 2007.

[10] 戚承志, 钱七虎, 王明洋, 等. 岩体的构造层次及其成因. 岩石力学与工程学报, 2005, 24(16): 2838-2846.

[11] 王明洋, 戚承志, 钱七虎. 深部岩体块系介质变形与运动特性研究. 岩石力学与工程学报, 2005, 24(16): 2825-2830.

[12] 蒋海明, 李杰, 王明洋. 块系岩体动态特性测试系统研制及其应用. 振动与冲击, 2018, 37(21): 29-34.

[13] 赵淳生, 鲍明. 电动式激振器的研究及其在工程中的应用. 南京航空航天大学学报, 1993, 25(5): 70-77.

第 7 章　抗侵爆结构试验装置

7.1　核爆炸压力模拟装置

核爆炸压力模拟装置是一种利用非核爆炸来模拟核爆炸荷载的动力试验设备。本节主要介绍直立圆筒式核爆炸压力模拟装置。

7.1.1　核爆炸压力模拟装置的主要功能

核爆炸压力模拟装置的主要特点是压力作用时间可达 1s 以上，与核爆炸压力比较接近。核爆炸压力模拟装置可用于进行构件的动力性能试验，预定爆炸压力的防护门和结构的抗力试验，浅埋地下结构与人防工事的抗爆试验及土壤介质中压缩波参数的试验，也可用于进行通风系统相关设备的抗力试验等，是进行防护结构抗爆试验的一种有效设备。

核爆炸压力模拟装置内不能形成激波阵面运动的空气冲击波，因此它可以进行防护结构的抗爆试验、防护门抗预定超压的强度试验、活门的强度及关闭时间试验等，但不能进行空气冲击波的传播和其他要求产生激波运动的试验。核爆炸压力模拟装置存在有边界效应影响区和试验结构影响区。边界效应对试验结构的影响示意图如图 7.1 所示。因此，模拟装置设备尺寸不宜太小，否则可能给埋置较深的结构试验带来较大的误差，侧壁的边界效应可以在设备上采取一些构造措施以减小其影响。

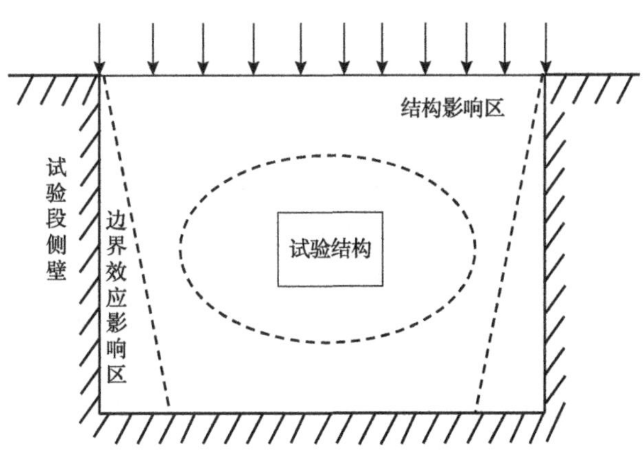

图 7.1　边界效应对试验结构的影响示意图

7.1.2　直立圆筒式核爆炸压力模拟装置的工作原理

直立圆筒式核爆炸压力模拟装置示意图如图 7.2 所示。直立圆筒式核爆炸压力模拟装置由爆炸段、过渡段、试验段及点火控制系统等部分组成。爆炸段有时还装有开孔的爆炸管，爆炸段筒壁上预留有可根据需要开启的泄气孔；过渡段内设有栅板；试验段则包括充气腔、试验介质与结构和平衡基础。模爆器的试验段与自然土体相连通，平衡基础用于平衡爆炸过程中顶盖所受的反冲力。

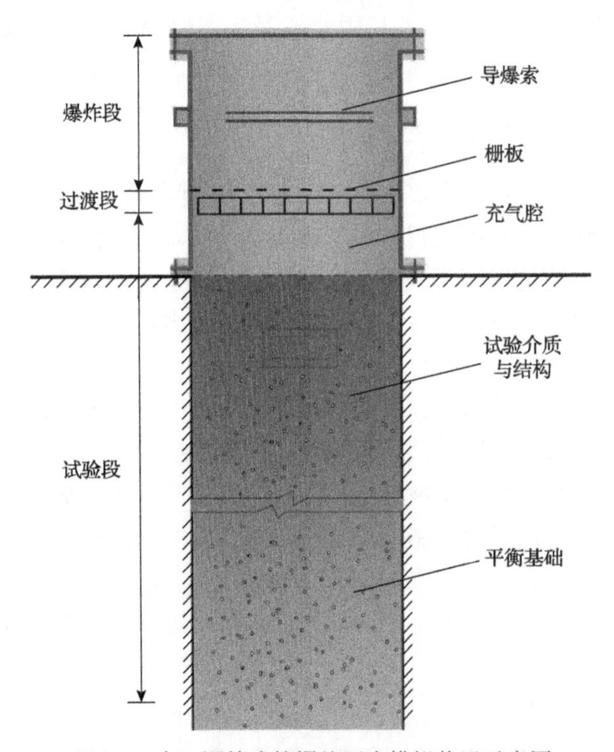

图 7.2　直立圆筒式核爆炸压力模拟装置示意图

直立圆筒式核爆炸压力模拟装置的爆源采用内装高能炸药的导爆索。试验开始时，在爆炸段的空腔内均匀地放置导爆索。点火起爆后，由于爆炸产物不能迅速泄放出去，于是在腔内形成了混乱翻滚的高压气团。高能炸药爆炸产生的激波也因四周腔壁的作用来回反射。在爆炸腔内，爆炸产物和空气介质的运动状态是很不规律的。上述混合介质的高压气流通过过渡段中设置的栅板时，受到栅板小孔的阻尼作用，改变了混乱的运动状态。此时，高压气流通过栅板小孔，能比较均匀地向试验段充气，在爆炸后数毫秒内，试验段内压力由零迅速上升到预定的峰值压力。由于在筒壁上预留泄气孔的漏泄及自然冷却等因素的作用，试验段腔内压力由峰值压力逐步下降到零。因此，上述全部过程可以实现在试验段的加载面上施加一个类似于核爆炸压力的荷载。图 7.3 为作用于试验段加载面的实测压力波形图。

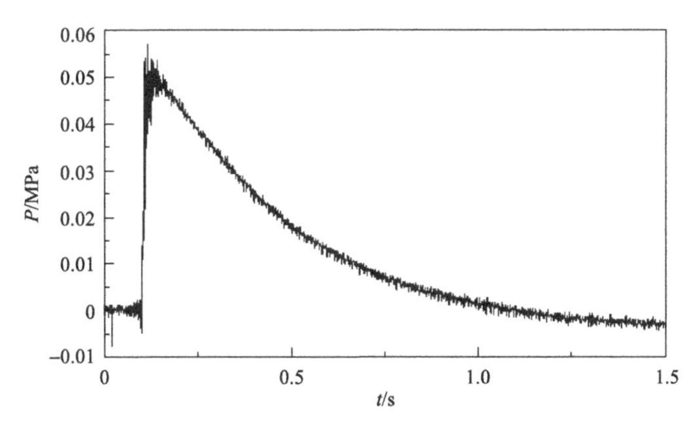

图 7.3　作用于试验段加载面的实测压力波形图

根据不同的试验目的，模拟核爆炸压力荷载的控制参数有：压力峰值 ΔP_m、升压时间 t_0、正压持续时间 t_+ 以及压力随时间的衰减规律 $f(t)$。

压力峰值 ΔP_m 和升压时间 t_0 与炸药量(导爆索长度)、爆腔体积、试验段充气腔体积及栅板孔径大小有关。炸药量越大，爆腔及充气腔越小，栅板孔径越大则加载面上 ΔP_m 值越大，而 t_0 越小。当要求 ΔP_m 较大、t_0 又较小时，应将试验段充气腔空间尽量缩小，并适当增大栅板孔径。

正压持续时间 t_+ 主要取决于爆腔和充气腔筒壁结构的密封程度，以及泄气孔的多少。为了获得不同的 t_+，可适当增减泄气孔的开启数量。

压力随时间衰减规律的调整，可以通过起爆后按一定程序开启泄气孔(由电子系统控制)来实现。试验表明，在爆前预先调整泄气孔的开启数量，爆后在加载面上所获得的压力衰减波形已基本能满足试验要求。对于防护结构的强度试验，当其他参数相同仅波形变化规律略有差异时，其影响是不大的。因此通常不必使用复杂的电子控制系统进行泄气孔的开启，只需要在爆前调整泄气孔的开启数量即可满足试验要求。

直立圆筒式核爆炸压力模拟装置设备采用了不封闭基础、小孔型栅板和缩小充气腔等措施，使得爆炸试验时振动小，爆炸压力波形光滑、重复性及均匀度均较好。设备试验段部分底部直接和大地的自然土层相通，大大减少或消除了底部反射压力波对试验过程的影响，提高了试验精度。小孔型栅板的阻尼作用，使得加载面上不直接承受爆炸气体第一次扩散形成的压力。否则，爆炸腔中的压力由于高压气团的不规律运动和反射压力波的影响，试验加载的压力波形必然会包含许多高频干扰的“毛刺”。当高压气流通过栅板小孔后，经过二次扩散再对试验结构加载，小孔栅板与充气腔构成了相当于一个阻尼腔的作用，能够滤掉爆炸压力波形的大部分高频“毛刺”。采用小体积充气腔，既有利于提高加载面上压力的均匀度与稳定性，也有利于减小压力波形的升压时间。

另一种核爆炸压力模拟装置是采用没有平衡基础的密封直立圆筒结构，爆炸压力在筒体结构内部自身平衡。该设备的优点是试验压力指标容易提高，缺点是由于爆炸压力到达顶盖与底部存在时差，试验时设备振动较大，压力波形容易出现高频“毛刺”，在很低试验压力时，压力波形的重复性和稳定性要差一些。此外，核爆炸压力模拟装置还有采用马鞍形模爆器，爆炸腔是一个横卧的圆柱形结构。这种结构形式的模爆器一般只能进行梁和平面框架一类的结构试验，应用范围较小。

7.2　大型抗爆试验装置

大型抗爆试验装置(也称爆炸试验坑)，是一种利用化学爆炸对结构进行动态加载的试验设备，主要用于结构设备的爆炸毁伤效应研究。大型抗爆试验装置的主要功能包括：大尺寸防护结构抗爆试验、岩土介质中压缩波传播特性研究和大型防护设备抗爆性能检测。通过大型抗爆试验装置的爆炸试验，可实现常规武器爆炸对工程结构的不同破坏作用，为结构的爆炸毁伤效应分析以及防护结构设计提供科学依据，可直接指导国防(人防)工程地下大型防护结构的设计和制造。

7.2.1　大型抗爆试验装置的工作原理

大型抗爆试验装置示意图如图 7.4 所示。大型抗爆试验装置由顶盖结构、爆

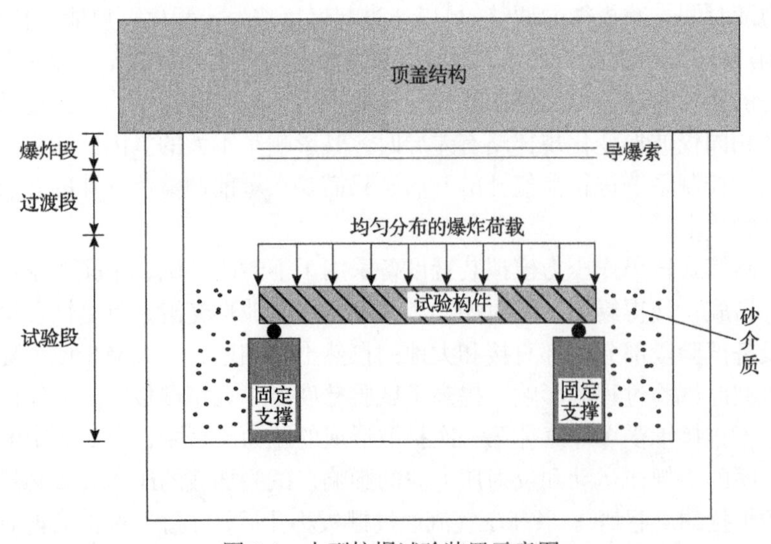

图 7.4　大型抗爆试验装置示意图

炸段、过渡段、试验段、起爆控制系统、测量系统以及顶升系统等部分组成。其爆炸加载原理与核爆炸压力模拟装置相似，但施加的爆炸荷载特性不同，同时由于试验段空间尺寸较大，可进行大型防护结构和设备的爆炸试验。

试验准备时，顶盖结构利用顶升系统顶起，经过牵引小车拖离工作区域。待试验构件、测量仪器、导线、导爆索布置安装完成后，将顶盖结构牵引回固定位置，依靠顶盖结构自身巨大的重量实现试验装置内部空间的封闭。

大型抗爆试验装置的爆源主要采用内装高能炸药的导爆索。试验开始时，在爆炸区域内相同水平面上等间距布置一定数量的导爆索，导爆索的间距根据荷载强度调整，导爆索要多点同时起爆点火。起爆后产生高压气团，由于导爆索的平面布置特点和内部空腔特点，产生较为均匀且主要沿竖向传播的空气压力。过渡段内爆炸荷载向下面传播，形成近似一维平面波作用到试验段内的结构构件上表面，使结构承受接近均匀分布的爆炸荷载作用。试验段除承受爆炸荷载作用的构件以及固定支撑外，周边应填满试验用的砂介质，防止爆炸荷载绕射到结构背面。

顶盖结构的重量达 350t 以上，顶盖底面积约为 36m^2，爆炸产生的超压荷载直接作用到顶盖底面，顶盖结构会被爆炸荷载瞬间顶起造成泄压，然后自由落下，试验装置的内部空间不能完全封闭，使得压力波形的正压时间变短。作用于试验段加载面的实测压力波形图如图 7.5 所示。

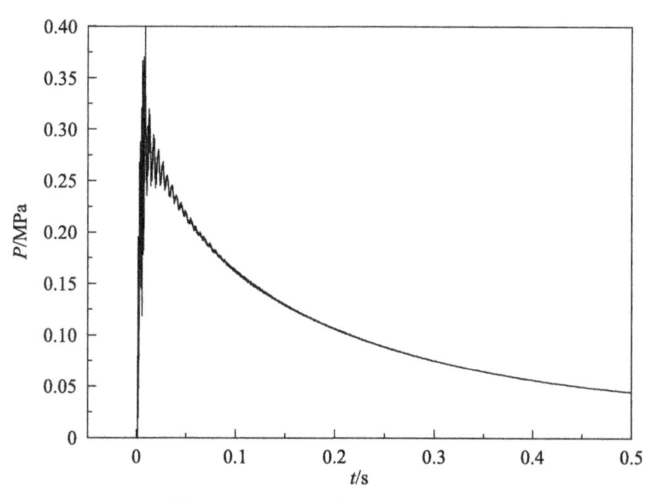

图 7.5　作用于试验段加载面的实测压力波形图

根据不同的试验要求，大型抗爆试验装置施加于结构上的爆炸压力荷载参数有：压力峰值 ΔP_{m}、正压持续时间 t_+ 和压力随时间的衰减规律 $f(t)$。由于上述各参数之间没有明确的理论解析或者理想的经验公式，在试验开始前，应作相应的调试试验，以便获得试验所需要的压力波形。

7.2.2　大型抗爆试验的测试方法

大型抗爆试验装置的测量系统主要通过该装置试验段内布置的传感器和与之相连通的测量设备实现动态测量，根据试验方案，可测量爆炸超压、结构的动态应变与位移以及结构的破坏形态等。大型抗爆试验装置的测量布置示意图如图 7.6 所示。

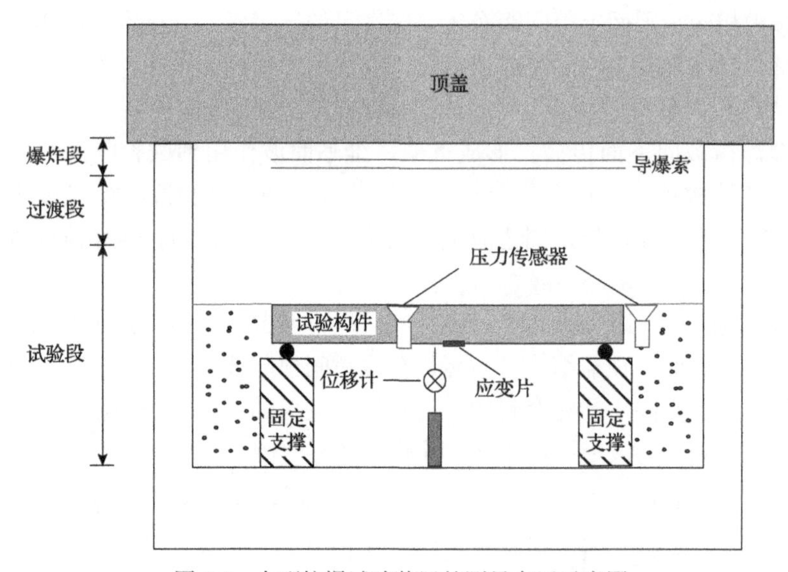

图 7.6　大型抗爆试验装置的测量布置示意图

1)爆炸压力的测量

通常在结构内部预埋空压传感器的安装固定件，待结构安装完毕后，将空压传感器装入固定，要求其受荷面与结构外表面平齐。如果结构试件在制作时未预埋传感器固定装置，也可以在试件附近安装空压传感器及其固定装置，同样可以测量结构所受的爆炸压力。

2)结构的动态应变测量

通过提前粘贴于结构受力钢筋并良好密封于结构内部的应变片，以及结构表面主要变形处的外贴应变片，可实现结构内部钢筋应变、结构外表面应变的有效测量。

3)结构的位移测量

通过布置于结构主要变形特征位置，如跨中、支座等的位移传感器，可测量结构的动态位移。

7.3 爆炸冲击震动模拟装置

7.3.1 爆炸冲击震动模拟装置的主要功能

爆炸震动可以分为感生地震动和直接地震动。感生地震动是空中爆炸和触地爆炸产生的空气冲击波沿地面传播时在岩土介质中引起的地震动；直接地震动是触地爆炸和钻地爆炸时，部分能量直接耦合进入岩土介质引起的地震动，也被称为直接地冲击。钻地武器爆炸作用引起的地震动效应示意图如图 7.7 所示。在核武器和常规武器打击条件下，即使工程结构不直接承受爆炸波和冲击局部作用，但其产生的强烈震动仍能使工程结构发生破坏，并引起内部人员伤亡和仪器设备受损[1]。因此，有必要研究核武器和常规武器爆炸冲击震动下工程结构及内部人员、仪器设备的损伤特征和防护措施。现场试验是研究爆炸冲击震动效应的主要手段，但这种研究手段存在以下不足：①试验次数有限、周期长、投资大；②可重复性差；③现场爆炸试验是在三向地震动同时作用下进行的，难以分离出单一方向冲击震动分量及效应物的响应；④目前，在全面禁止核试验条件下，对核爆震动的现场试验研究也随之停止。因此，在实验室条件下利用爆炸冲击震动模拟装置模拟爆炸冲击震动环境就显得十分必要。

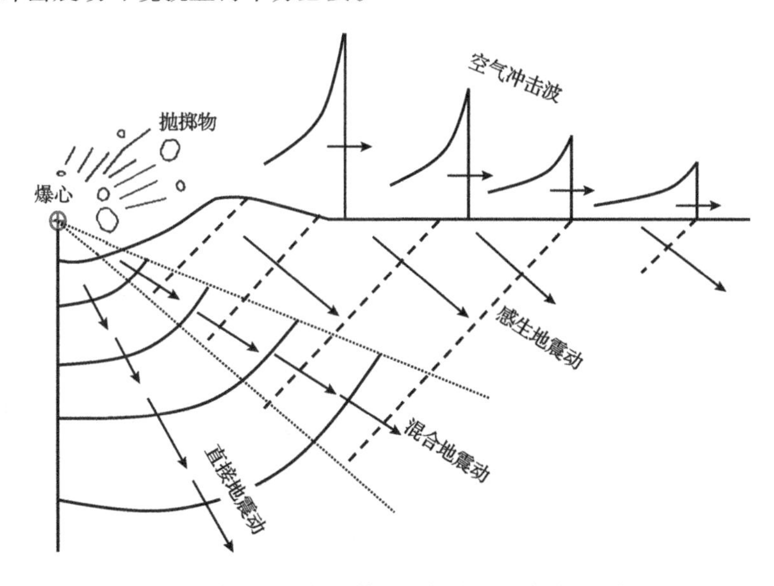

图 7.7　钻地武器爆炸作用引起的地震动效应示意图

爆炸冲击震动模拟装置既可用于人员、工程结构、野战工事、内部设备与武器装备的爆炸震动效应试验，也可用于上述目标的抗震和隔震试验。陆军工程大学爆炸冲击防灾减灾全国重点实验室研制了悬挂回摆式爆炸冲击震动模拟装置，如图 7.8 所示[2]。该装置可以实现水平方向和竖直方向爆炸冲击震动环境的模拟，具有设计合理、布局紧凑、运行安全、数据可靠的特点，能够实现近似半正弦脉冲的单次冲击。

(a) 装置现场图　　(b) 钢板屏蔽设备隔震试验

图 7.8　悬挂回摆式爆炸冲击震动模拟装置[2]

7.3.2　爆炸冲击震动模拟装置的工作原理

1. 整体布局

悬挂回摆式爆炸冲击震动模拟装置由支撑结构、冲击锤Ⅰ、冲击锤Ⅱ、台体、转轴、调节器、挂钩、摆臂、地槽等组成。悬挂回摆式爆炸冲击震动模拟装置各部分示意图如图 7.9 所示。

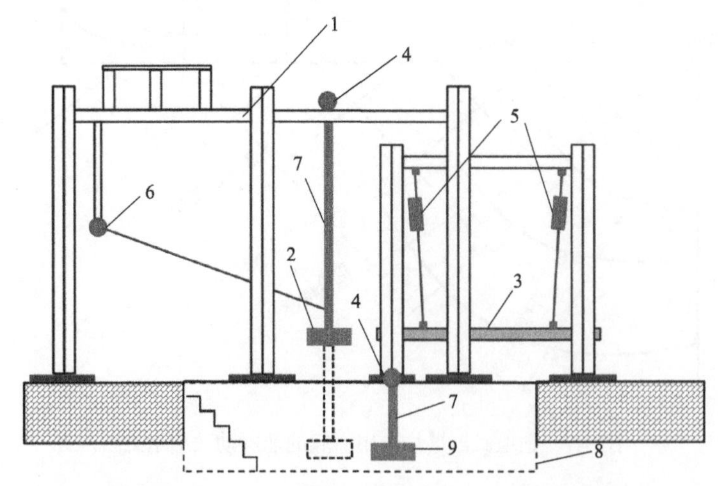

图 7.9　悬挂回摆式爆炸冲击震动模拟装置各部分示意图

1. 支撑结构；2. 冲击锤Ⅰ；3. 台体；4. 转轴；5. 调节器；6. 挂钩；7. 摆臂；8. 地槽；9. 冲击锤Ⅱ

2. 基本工作原理

悬挂回摆式爆炸冲击震动模拟装置主要根据能量守恒和碰撞原理设计而成。装置的工作原理为：试验前先明确所需加速度峰值大小和脉冲宽度，调整好冲击锤前缓冲垫层的厚度、冲击锤重量和提升高度。水平冲击时将冲击锤Ⅰ提升到一定高度，然后释放使之成单摆状态自由落下，运动到水平位置与台体侧边碰撞，使台体产生一定作用的水平冲击震动。竖直冲击时，增加冲击锤Ⅰ的摆臂长度，然后重复锤的提升、下落过程，当冲击锤Ⅰ运动到水平位置时正好与基础地槽中的冲击锤Ⅱ碰撞，使冲击锤Ⅱ获得一定的初速度向上摆动，当冲击锤Ⅱ运动到与地面垂直位置时与台体底部发生碰撞，使台体产生一定的竖直向冲击震动。台体的水平和竖直加速度峰值主要由冲击锤Ⅰ的质量和相对台体的初始高度差来决定，冲击加速度的作用时间主要由摆锤和台体之间的垫层材料和厚度来决定。

该装置采用了两个冲击锤，冲击锤Ⅰ作为冲击台的动力源，并借助冲击锤Ⅱ实现了水平向和竖直向的转换，冲击锤Ⅱ安装在地槽的钢筋混凝土基础上。为限制台体冲击后的位移过大，在台体上安装了限位钢丝绳。摆锤和台体的支撑结构为钢结构，支撑结构基础为钢筋混凝土基础。台体通过可调节装置悬挂在支撑结构上，方便不同负载时台体高度的调整。该装置采用了机械限位装置以防止二次碰撞。

3. 摆锤下落初始高度的确定

冲击锤Ⅰ、Ⅱ的摆锤质量为 m_c，空心矩形截面薄壁钢杆杆长 l，杆的质心位于 $l/2$ 处，钢杆质量为 m_g。当摆锤刚好与台体接触时，摆锤下落的高度为 h_1，钢杆中心下落的高度为 h_2。根据机械能守恒方程，撞击瞬时的动能完全由摆锤和钢杆的势能转化而来，即

$$m_c g h_1 + m_g g h_2 = \frac{1}{2} m_c v_c^2 + \frac{1}{2} J_1 \omega^2 \tag{7.1}$$

式中，g 为重力加速度；J_1 为钢杆绕转轴的转动惯量；v_c 为摆锤的瞬时撞击速度；ω为摆锤和钢杆的转动角速度。

由运动学关系

$$\begin{cases} v_c = \omega l \\ J_1 = \dfrac{1}{3} m_g l^2 \end{cases} \tag{7.2}$$

将式(7.2)代入式(7.1)，可得

$$m_c g h_1 + m_g g h_2 = \frac{1}{2}\left(m_c + \frac{1}{3}m_g\right)v_c^2 \tag{7.3}$$

由式(7.3)可知，冲击锤Ⅰ和摆臂从初始位置摆动到水平位置时其冲击能量相当于冲击锤Ⅰ的质量加上1/3的摆锤质量作单摆运动。因此，在已知目标加速度峰值和脉冲宽度后，关键在于确定所需冲击能量，并根据冲击能量改变摆锤的重量或初始位置。下面给出台体空载条件下摆锤下落初始高度的计算方法。

1)水平冲击时摆锤下落初始高度的计算

根据冲击台试验实测，台体冲击震动加速度信号可视作半正弦脉冲信号，即

$$a_h = a_{h0}\sin\frac{\pi t}{\tau} \tag{7.4}$$

式中，a_h为水平加速度值；a_{h0}为水平加速度峰值；τ为脉宽；t为时间且满足$0 \leqslant t \leqslant \tau$。

根据设计指标，台体在冲击锤碰撞后获得速度v_1为

$$v_1 = \int_0^{\tau} a_{h0}\sin\frac{\pi t}{\tau}\mathrm{d}t = \frac{2a_{h0}\tau}{\pi} \tag{7.5}$$

由于冲击锤和台体之间有垫层，因此两者之间的碰撞为非弹性碰撞，已知冲击锤Ⅰ与台体撞击前的速度为v_c，台体质量为M，碰撞过程中回弹系数e为常数，根据动量守恒定律

$$v_c = \frac{Mv_1}{(1+e)(m_c+m_g)} \tag{7.6}$$

现有试验研究表明，橡胶的回弹系数e取0.6~0.9[2]。将式(7.5)代入式(7.6)，可得

$$v_c = \frac{2a_{h0}\tau M}{\pi(1+e)(m_c+m_g)} \tag{7.7}$$

将式(7.7)代入式(7.3)，可得摆锤下落的初始高度h_1。

2)竖直冲击时摆锤下落初始高度的计算

竖直冲击的能量是通过冲击锤Ⅰ碰撞冲击锤Ⅱ得到的，且竖直向碰撞台体的竖直向加速度信号也近似为半正弦脉冲，即

$$a_v = a_{v0} \sin \frac{\pi t}{\tau} \tag{7.8}$$

式中，a_v 为竖直加速度值；a_{v0} 为竖直加速度峰值。

台体在冲击冲击锤Ⅱ碰撞后获得的速度 v_1' 为

$$v_1' = \frac{2a_{v0}\tau}{\pi} \tag{7.9}$$

根据非弹性碰撞的动量守恒定律，碰撞前冲击锤Ⅱ的速度 v_2' 为

$$v_2' = \frac{M v_1'}{(1+e)m_2} \tag{7.10}$$

式中，m_2 为冲击锤Ⅱ的质量。

设冲击锤Ⅱ在冲击锤Ⅰ撞击后的速度为 v_3，则根据能量守恒定律得到

$$\frac{1}{2}m_2 v_3^2 + \frac{1}{2}J_2\left(\frac{v_3}{\Delta h}\right)^2 = m_2 g\Delta h + \frac{1}{2}m_2 v_2'^2 + \frac{1}{2}J_2\left(\frac{v_2'}{\Delta h}\right)^2 \tag{7.11}$$

式中，Δh 为冲击锤Ⅱ撞击后上升的高度，也等于冲击锤Ⅱ的摆臂长度；J_2 为冲击锤Ⅱ摆臂的转动惯量。

化简式(7.11)，可得

$$\frac{1}{2}\left(m_2 + \frac{1}{3}m_3\right)v_3^2 = m_2 g\Delta h + \frac{1}{2}\left(m_2 + \frac{1}{3}m_3\right)v_2'^2 \tag{7.12}$$

式中，m_3 为冲击锤Ⅱ摆臂的质量。

设冲击锤Ⅰ和冲击锤Ⅱ之间为完全弹性碰撞，冲击锤Ⅰ在碰撞后的速度为 v_4，碰撞前速度为 v_5，根据能量和动量守恒定律得到

$$\begin{cases} \frac{1}{2}\left(m_c + \frac{1}{3}m_g\right)v_5^2 = \frac{1}{2}\left(m_c + \frac{1}{3}m_g\right)v_4^2 + \frac{1}{2}\left(m_2 + \frac{1}{3}m_3\right)v_3^2 \\ m_c v_5 + m_g \frac{v_5}{2} = -m_c v_4 - m_g \frac{v_4}{2} + m_2 v_3 + m_3 \frac{v_3}{2} \end{cases} \tag{7.13}$$

根据关系式(7.13)可以求得 v_5，进而根据式(7.3)求得摆锤下落的初始高度 h_1。

7.3.3　爆炸冲击震动模拟试验的测试方法

台体实际输入冲击加速度的大小可通过在台体布设加速度传感器来确定，台体不同位置冲击加速度的均匀性误差可通过设置多个加速度传感器来确定。测试

系统采用瞬态采样方式，为了兼顾较高的采样率和信号的完整，数据采集仪和触发装置配合使用，即数据采集仪的触发信号由触发装置的信号提供，在撞击前触发采样。

7.4　二级轻气炮

空间碎片撞击、高压物理及武器试验研究都需要基于超高速撞击模型试验，对超高速弹丸发射技术提出很高的要求。目前，超高速撞击试验加载技术主要包括炸药爆轰加载技术、气体炮加载技术、电炮加载技术、强激光驱动发射技术以及磁压缩驱动发射技术。二级轻气炮属于气体炮，使用氢气、氦气等轻质气体作为第二级驱动，一般可以获得 2~8km/s 的速度[3]。轻气炮能够发射各种形状的弹丸，弹丸尺寸、质量和材料具有较宽的适用范围，而且具有同一速度可重复性强的特点，是超高速弹丸驱动中最广泛采用的技术之一。

7.4.1　二级轻气炮的工作原理

二级轻气炮的驱动方式分火药驱动和非火药驱动两种。非火药驱动气炮采用压缩氮气或空气作为发射能源，火药驱动气炮采用火药爆燃后产生的高压气体作为驱动能源。二者在试验能力上并无太大区别，气炮试验效率高、清洁方便、运行成本低，省却了火工品管理等诸多不便[4]。20 世纪 90 年代以来，国内火工品管控日益严格，压缩气体驱动轻气炮逐渐成为多数科研单位的超高速发射装置的首选。

二级轻气炮由压缩气炮(首级驱动)、弹丸发射装置(二级驱动)、真空靶室组成。二级轻气炮结构示意图如图 7.10 所示[5]。弹丸发射装置(二级驱动)由二级气室、膜片、弹丸、发射管组成。真空靶室中有靶架以及用于弹速测量、脉线 X 射线照相和高速摄影的光学观察窗口等。气炮的配套系统包括真空系统、控制系统、

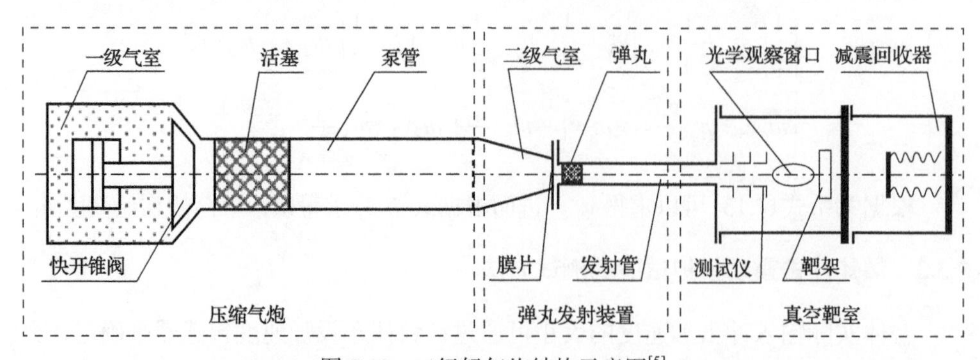

图 7.10　二级轻气炮结构示意图[5]

加气系统和测量系统等。

二级轻气炮的工作原理是：泵管(一级段炮管)抽真空后注入一定气压的轻质气体，高速运动的活塞压缩该气体使其在泵管末端形成一个新的高压气室，当该气室的气压超过隔离膜片的承受能力后，隔离膜片破裂，随后高压小分子量气体驱动发射弹丸。其试验步骤是：首先将泵管和发射管抽为真空，在一级气室内充入高压氮气，再在泵管中充入一定量的小分子量气体(氢气或氦气)；释放一级气室发射机构，活塞在高压氮气的推动下压缩泵管中的轻质气体；当压缩达到隔离膜片破裂的压力后，膜片破裂，轻质气体推动弹丸与弹托至一定速度发射；弹托分离后，弹丸继续向前飞行并通过测速装置，测速信号被存储示波器记录，用于计算弹丸速度；弹丸撞击位于真空靶室的靶体，撞击过程被光、电测试系统记录。

7.4.2　二级轻气炮的关键技术

1. 内弹道设计

二级轻气炮的工作过程为：一级气室打开后，活塞开始在一级段炮管内运动，进入锥段后迅速减速至静止；二级气室在活塞持续压缩下压强达到破膜压力时，膜片破裂，随后弹丸开始加速运动，直至从二级段炮管出口飞出。由于一、二级段炮管的口径远远小于炮管长度，因此在内弹道设计时采用一维简化。

1)活塞运动过程

二级轻气炮一级段结构示意图如图 7.11 所示。活塞运动的控制方程为

$$M_1 \frac{\mathrm{d}v_\mathrm{p}}{\mathrm{d}t} = (P_\mathrm{pl} - P_\mathrm{pr})A - F_\mathrm{f,p} \tag{7.14}$$

式中，A 为一级段炮管的横截面积；$F_\mathrm{f,p}$ 为活塞所受摩擦力；M_1 为活塞的质量；P_pl 为活塞左侧所受的压力；P_pr 为活塞右侧所受的压力；v_p 为活塞的运动速度。

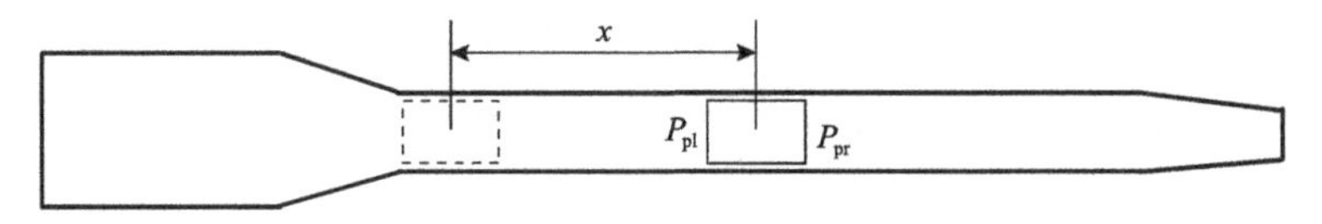

图 7.11　二级轻气炮一级段结构示意图

因此，预测活塞速度需要确定的参数包括活塞两侧的压强以及活塞所受的摩擦力。活塞左侧压力可由一级段气炮弹底压强计算方法确定，活塞右侧气体压缩满足控制方程为

$$\begin{cases} A\dfrac{\partial\rho}{\partial t}+\dfrac{\partial A\rho v}{\partial x}=0 \\ A\dfrac{\partial\rho_{\mathrm{H}}}{\partial t}+\dfrac{\partial A\rho_{\mathrm{H}}v}{\partial x}=A\omega_{\mathrm{H}} \\ A\dfrac{\partial\rho v}{\partial t}+\dfrac{\partial}{\partial x}A\left(\rho v^2+p\right)=\pi Df_{\mathrm{w}}+p\dfrac{\partial A}{\partial x} \\ A\dfrac{\partial}{\partial t}\rho\left(e+\dfrac{v^2}{2}\right)+\dfrac{\partial}{\partial x}A\rho\left(e+\dfrac{v^2}{2}+\dfrac{p}{\rho}\right)=\pi D\dot{q} \end{cases} \tag{7.15}$$

式中，D 为管道直径；f_{w} 为工质与壁面的摩擦力；$\dot{q}$ 为工质与壁面间的热流率；ρ_{H} 和 ω_{H} 分别为H原子的质量密度和质量源项。

边界条件为

$$\begin{cases} v\big|_{x=x_{\mathrm{c}}}=0 \\ v\big|_{x=x_{\mathrm{p}}}=v_{\mathrm{p}} \end{cases} \tag{7.16}$$

式中，x_{c} 为锥段底部对应位置坐标；x_{p} 为活塞的位置坐标。

活塞运动过程中承受滑动摩擦力的作用，根据经典弹塑性理论和摩擦定律，活塞所受的摩擦剪应力可以表示为

$$\tau_{\mathrm{f\text{-}p}}=\min\left(\mu_{\mathrm{f}}\sigma_{\mathrm{n}},\frac{\sigma_{\mathrm{y}}}{\sqrt{3}}\right) \tag{7.17}$$

式中，μ_{f} 为摩擦系数；σ_{n} 为活塞所受法向应力；σ_{y} 为屈服应力。

活塞所受法向应力为

$$\sigma_{\mathrm{n}}=\max\left[0,\frac{\mu p-E\left(r_{\mathrm{t}}/r_{\mathrm{p}}-1\right)}{1-\lambda}\right] \tag{7.18}$$

式中，E 为弹性模量；p 为压力场；r_{t} 和 r_{p} 分别为管道和活塞半径；μ 为泊松比。

由于活塞两侧的压强不同，因此活塞内的压力场是变化的，全弹性条件下，活塞中压力场的分布为

$$p=p_{\mathrm{pl}}\frac{\mathrm{e}^{\eta_{\mathrm{p}}x_{\mathrm{p}}}-\mathrm{e}^{\eta_{\mathrm{p}}l}}{1-\mathrm{e}^{\eta_{\mathrm{p}}l_{\mathrm{p}}}}+p_{\mathrm{pr}}\frac{1-\mathrm{e}^{\eta_{\mathrm{p}}x_{\mathrm{p}}}}{1-\mathrm{e}^{\eta_{\mathrm{p}}l_{\mathrm{p}}}} \tag{7.19}$$

当压力过大时活塞将发生塑性变形，而过小时摩擦力为零，因此需要进一步就活塞两侧的压力分区间讨论，区间节点为最小压强 $p_{\min}=\dfrac{r_{\mathrm{t}}-r_{\mathrm{p}}}{r_{\mathrm{p}}}\dfrac{E}{\lambda}$ 和塑性转变

压强 $p_{\mathrm{ep}}=\dfrac{1-\lambda}{\sqrt{3}\lambda}\sigma_{\mathrm{y}}+\dfrac{r_{\mathrm{t}}-r_{\mathrm{p}}}{r_{\mathrm{p}}}\dfrac{E}{\lambda}$。

2）活塞入锥过程

活塞入锥是二级轻气炮发射过程中最关键也最复杂的过程，活塞材料发生剧烈形变甚至流变，形成复杂的速度分布，进而对活塞右侧流场的发展产生重要影响。若将活塞视为不可压的，则可以认为活塞速度场满足球面分布。活塞速度场分布示意图如图 7.12 所示。

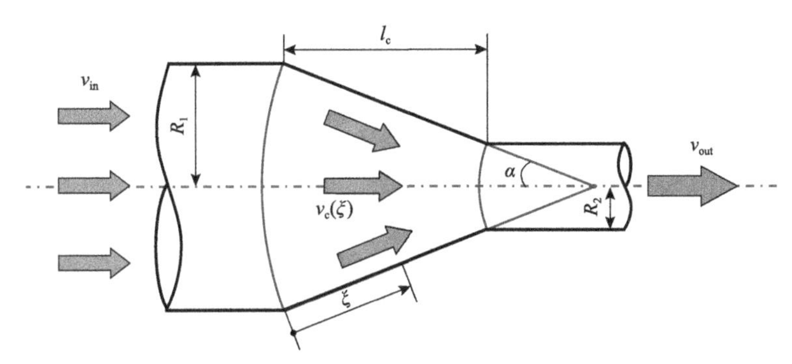

图 7.12　活塞速度场分布示意图

活塞速度可以描述为

$$v_{\mathrm{c}}(\xi)=v_{\mathrm{in}}\frac{R_1^2}{\left(R_1-\xi\sin\alpha\right)^2}\tag{7.20}$$

活塞入锥过程中锥段壁面对活塞的压力通过活塞两侧的压强、活塞速度分布和经典弹塑性理论确定。

3）弹丸发射过程

二级轻气炮二级段结构示意图如图 7.13 所示。二级段弹丸加速过程的控制方程为

$$M_2\frac{\mathrm{d}v_{\mathrm{m}}}{\mathrm{d}t}=\left(p_{\mathrm{ml}}-p_{\mathrm{mr}}\right)A_2-F_{\mathrm{f,m}}\tag{7.21}$$

式中，A_2 为二级炮管的横截面积；$F_{\mathrm{f,m}}$ 为弹丸所受摩擦力；p_{ml} 和 p_{mr} 分别为弹丸左侧和右侧的压强；v_{m} 为弹丸速度。

弹丸右侧在发射前通常抽成真空，即 $p_{\mathrm{mr}}=0$，因此弹丸出口速度主要取决于弹丸左侧压强和弹丸与炮管之间的摩擦力。

弹丸运动过程中，其左侧流场控制方程与活塞运动过程所述相同，但边界条件发生变化

$$
\begin{cases}
v\big|_{x=x_{\mathrm{p}}} = v_{\mathrm{p}} \\
v\big|_{x=x_{\mathrm{m}}} = v_{\mathrm{m}}
\end{cases}
\tag{7.22}
$$

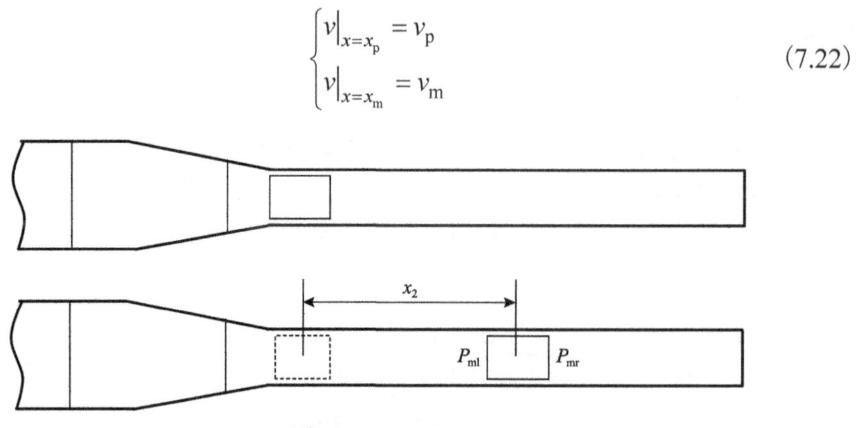

图 7.13　二级轻气炮二级段结构示意图

弹丸与管壁之间的摩擦力可以用活塞摩擦力分析模型进行计算。

按上述过程即可建立二级轻气炮内弹道分析模型。发射过程中弹体左端面压强、位移和速度随时间的变化曲线如图 7.14 所示。破膜之后弹体开始运动，在活塞持续压缩作用下弹体底部压强持续震荡提高，可以清楚观察到压缩波在活塞和弹体之间震荡；随着弹体速度增大，弹后稀疏波效应逐渐呈现，导致弹后压强降低。弹体在发射过程中弹底压强变化显著，这是压缩波和稀疏波相互作用引起的。不同气室压强下发射速度的计算结果与试验结果对比如图 7.15 所示。可以看出，二者的偏差在 5%以内。

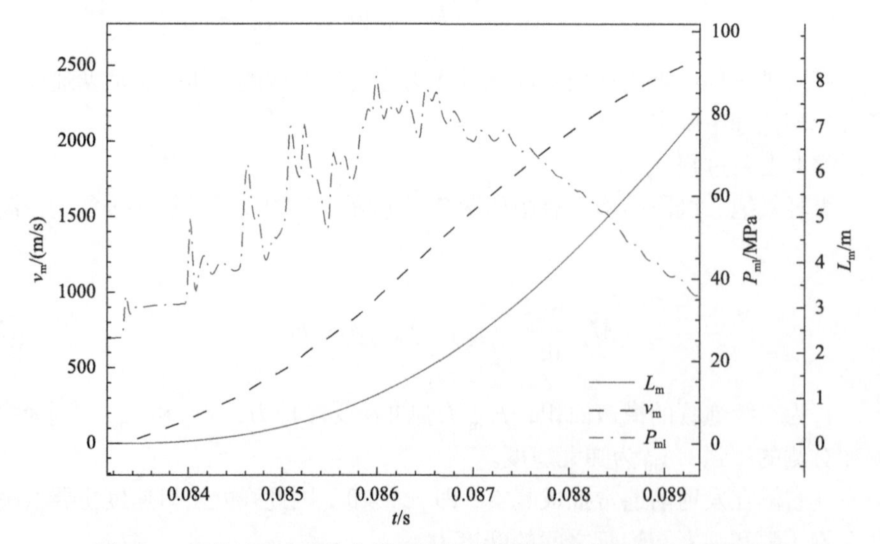

图 7.14　发射过程中弹体左端面压强、位移和速度随时间的变化曲线

（p_0=16MPa，p_1=0.3MPa，m_m=90g）

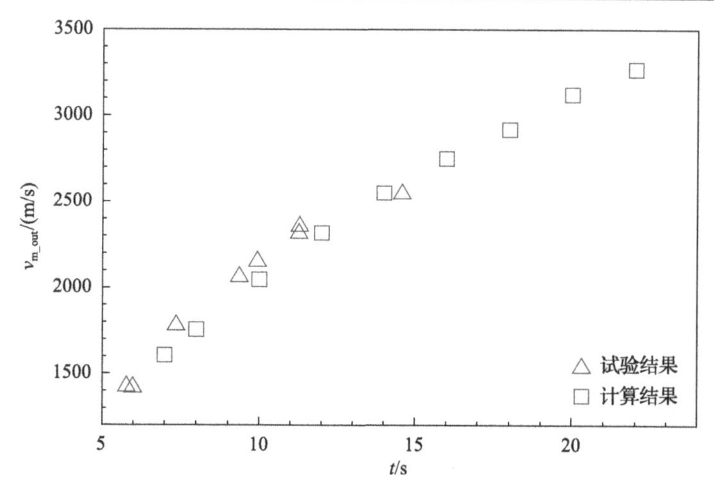

图 7.15　不同气室压强下发射速度的计算结果与试验结果对比
(p_1=0.3MPa，m_m=83.6g)

2. 关键部件设计

1) 炮管与高压气室

当发射管长度大于 200 倍发射管口径时，弹速提高很有限，但是加工制造难度与造价却显著增长，因此现有二级轻气炮发射管长度取 200~300 倍发射管口径。最高弹速随着驱动气体声速的提高而增大，而声速是与气体温度呈正比变化的，较低的初充气压有利于提高压缩比，增大驱动气体温度，有利于弹速提高。对于弹速，泵管初充气压是除了一级驱动压力外的另一个强烈影响的因素；对于最高弹速存在最佳初充气压。对于泵管直径为 100mm、发射管直径为 30mm (或 18mm) 的二级轻气炮，极限发射能力对应的泵管初充气压力为 0.1~0.2MPa。高压气室容积增大获得的活塞动能增大量十分有限，但会影响试验效率和成本[5]。

2) 发射机构

非火药驱动轻气炮的优点在于维护容易，单日发射次数高，而发射机构则是气体驱动轻气炮的关键部件。二级轻气炮的发射机构采用自励式快开锥阀。实践表明：该锥阀工作迅捷可靠，能够成功高效地运行[6]。

3) 高压锥段及一级、二级柔性连接机构

二级轻气炮泵管与发射管之间大多采用锥形过渡，这样的过渡形式形成新的二级气室。过渡锥角通常选在 4°~16°，小锥角有利于活塞平稳入锥，减少活塞对二级轻气炮结构的冲击，但要消耗更多能量用于活塞变形。为减少活塞变形能，提高对首级驱动能的利用效率，二级轻气炮高压段采用大锥角设计，由于大锥角会造成活塞对高压段的较大冲击，冲击力最终将传递到二级轻气炮的基座。因此，设计有效的柔性连接，减小传递到二级轻气炮基座的推力是保证二级轻气炮安全运行的关键之一。泵管同二级气室及发射管之间的柔性连接如图 7.16 所示[6]。柔性连接主要靠橡胶缓冲垫实现。

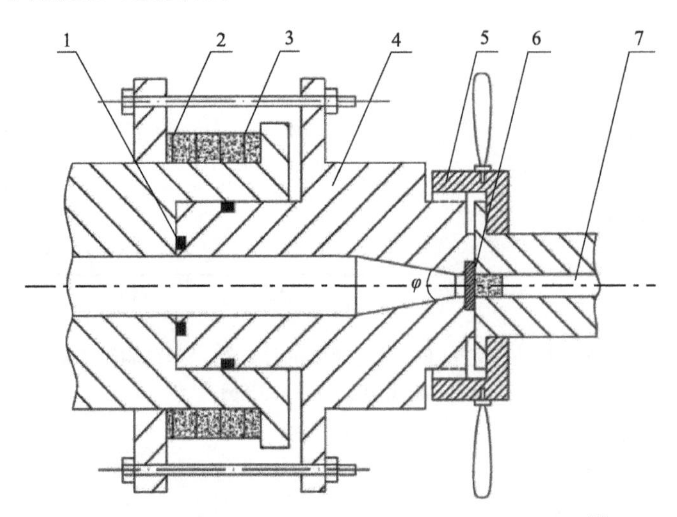

图 7.16 泵管同二级气室及发射管之间的柔性连接[6]

1. 密封圆环；2. 缓冲橡胶垫；3. 钢质隔环；4. 二级气室管段；5. 连接细纹套圈；6. 隔离膜片；7. 发射管

4) 隔离膜片及其夹持机构

隔离膜片位于高压锥段和发射管之间、弹体之后。当高压锥段的压力达到预定值时，膜片破裂，弹体开始启动。隔离膜片有两个功能：一是隔开充气泵管和真空发射管；二是制造一个尽可能高的二级气室发射气压，以提高弹速。数值模拟结果表明膜片破裂压力越高越有利于弹速的提高，同时对于膜片的要求包括开启时间短，开口要尽可能大，但又不能有金属碎片脱落，如果碎片脱落，这样不仅等效增加了弹体质量也容易损伤炮管。

7.4.3 二级轻气炮的试验方法

基于二级轻气炮的高速弹靶相互作用试验系统示意图如图 7.17 所示。该试验系统主要包括二级轻气炮、粒子测速系统、弹丸脱壳与测速系统、阴影成像系统、闪光 X 射线摄影系统、地冲击压力精细测量系统、靶体破坏形态立体重构系统和弹体金相分析系统，试验时根据测试需求组合相应模块以达到试验目的[7]。试验时，通过二级轻气炮次口径发射动能弹，通过调整高压气室和一级泵管的工作介质和压强，实现弹丸发射速度精确控制；弹体发射后，经过脱壳舱完成弹托分离，然后通过激光遮断测速仪测量弹速，采用激光阴影成像高速摄影捕捉着靶前弹体姿态和着靶后靶体飞散参数；侵彻过程中采用闪光 X 射线摄影系统观测弹体实时侵彻路径、弹体变形、弹头形状、弹坑形态和弹靶界面等现象，根据需要还可以使用地冲击测量系统记录侵彻近区靶体内应力时程曲线，从而全方位把握侵彻过程中弹体和靶体的动态力学响应。侵彻后，移出靶体采用 3D 光学扫描系统和弹性波 CT 测量靶体成坑形貌和裂纹损伤分布；同时，回收弹体并测量弹体质量损伤和形状变化，通过金相分析还原侵彻过程中弹体的热力学响应。

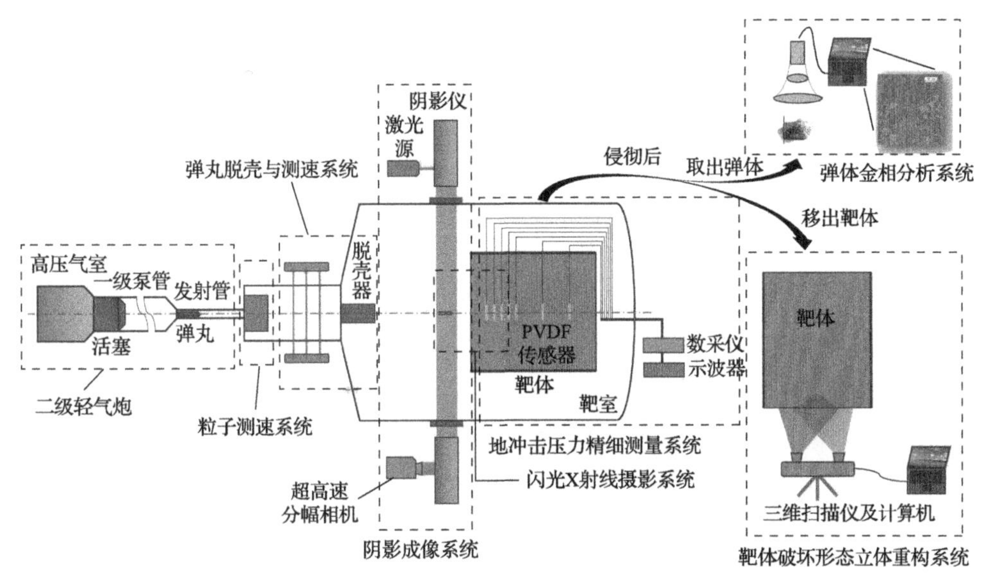

图 7.17　基于二级轻气炮的高速弹靶相互作用试验系统示意图[7]

1. 超高速弹体测速

超高速弹体速度的测试方法主要包括电探针法、激光遮断测速法、电磁测速法和 X 射线照相法，其中，激光遮断测速法和电磁测速法应用最广。激光遮断测速法原理示意图如图 7.18 所示。通过采用示波器记录弹丸遮断激光束引起的电压信号变化，确定弹丸通过不同光束的时序。激光遮断测速法典型信号如图 7.19 所示。根据光束间隔距离和对应的通过时间间隔计算弹丸速度：

$$u=\frac{1}{2}\left(\frac{l_1}{\Delta t_1}+\frac{l_2}{\Delta t_2}\right) \tag{7.23}$$

电磁测速适用于含导磁介质的弹体，电磁测速法原理示意图如图 7.20 所示。弹体通过永磁体磁环产生的强磁场时会产生感应涡流，从而导致测速拾波线圈内出现电势扰动并被示波器记录，以磁环间距除以飞片通过的时间间隔即可得到速度。电磁测速典型测速信号如图 7.21 所示。

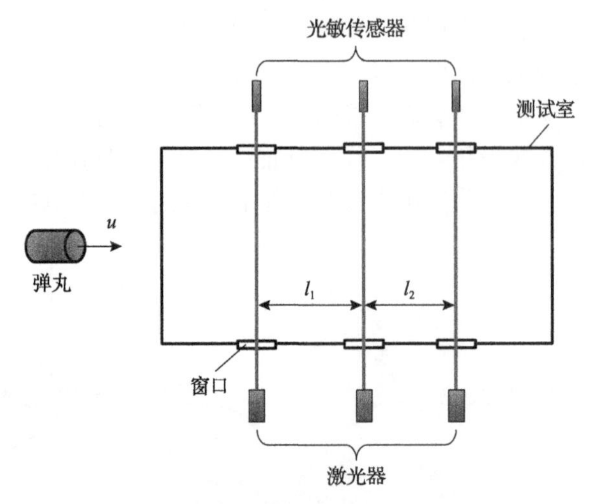

图 7.18　激光遮断测速法原理示意图

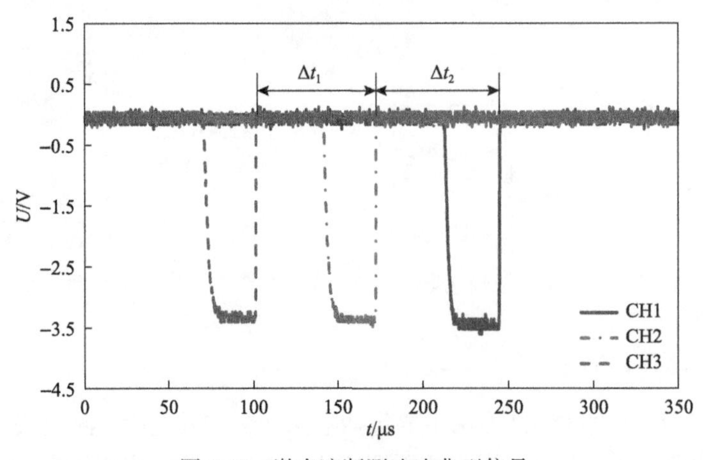

图 7.19　激光遮断测速法典型信号

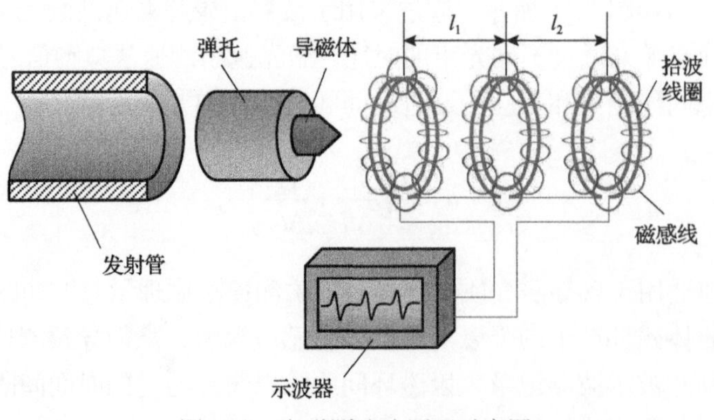

图 7.20　电磁测速法原理示意图

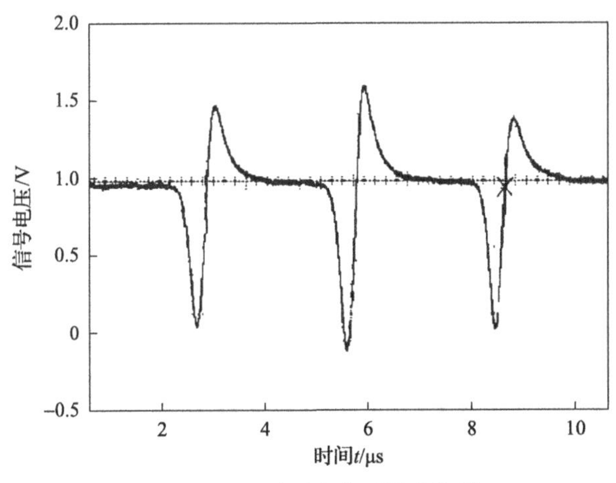

图 7.21　电磁测速典型测速信号

从测速精度来看，激光遮断测速法的测速精度取决于三个因素：光束间距测量精度、光电转换器的响应频率和记录示波器的采样频率。通常距离测试精度可达 0.1mm、光电转换器响应频率高于 1MHz，示波器采样频率可大于 10MHz；在 10km/s 速度范围内，测速精度可优于 0.1%。电磁测速法的精度取决于磁线圈距离测试精度和通过时间判读误差，其测试精度能达到 0.1%。

电磁测速法要求弹体必须包含磁导体，且不同弹体形状对测试信号的波形影响较大，给弹速测定带来一定的困难，通常用于测量小口径气体炮所发射飞片的速度。激光遮断测速法适用于任意材料，其缺陷在于速度太高时弹前逸出氢气自发光会对激光遮断信号产生较大干扰，从而影响弹速测定精度。

2. 超高速弹托分离

二级轻气炮发射的弹丸分为弹体和弹托两部分，弹托一般由聚合物加工而成，与发射管同轴同径装配；弹体由弹托支撑、保护并提供直接动力加速。弹丸出发射管后，为了避免弹托撞击靶体而干扰试验结果，需要设法使弹托和弹体分离，仅让弹体沿原弹道飞行并与靶体作用。气动分离和机械分离是最常用的两类弹托分离方法。气动式脱壳是通过设计弹托的几何形状，使弹托在高速飞行中由发射管出口激波和周围流场共同作用与弹体分离；机械式脱壳是通过外部脱壳器与弹托发生直接机械作用，实现弹托和弹体的分离。

长杆侵彻弹具有弹体长径比大、弹托长、气动迎风面小、力臂大等特点，在不同的速度范围内可分别采用机械式和气动式实现弹丸和弹托分离。机械式脱壳装置示意图如图 7.22 所示。弹体飞出发射管后进入出口延伸段，弹托与脱壳器发生碰撞，之后弹托沿锥形脱壳器与减速器 1 撞击，减速器 1 获得速度后进一步与减速器 2 和弹托回收器组成三级减速和缓冲，并最终通过卡盘 1 和 2 中的橡胶环吸能完成弹托制动。弹托碎片由弹托回收器回收，长杆弹沿脱壳器内孔飞出，射向靶体，实现脱壳。图 7.23 为 1000m/s 弹体机械脱壳过程数值仿真。试验结果表明，机械式脱壳技术适用于弹托与脱壳器撞击应力小于脱壳器屈服强度的情况，以聚碳酸酯弹托为例，当弹速小于 1500m/s 时，弹托分离效果较好，此时脱壳器损伤较小，可重复使用[8]。

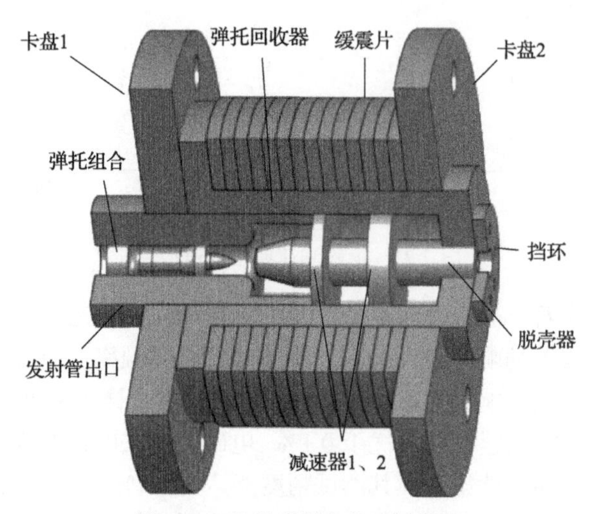

图 7.22　机械式脱壳装置示意图

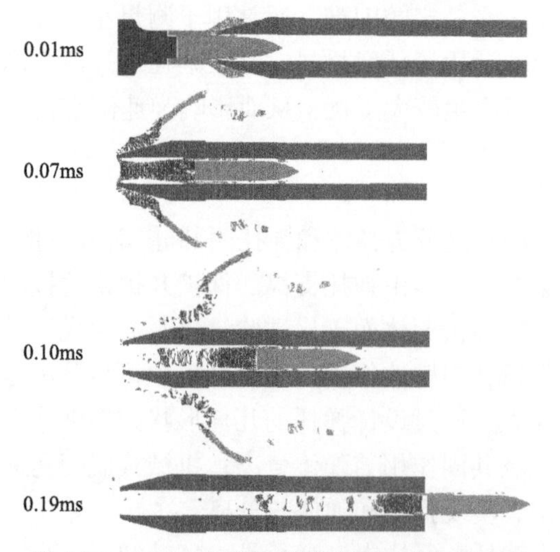

图 7.23　1000m/s 弹体机械脱壳过程数值仿真

气动脱壳装置如图 7.24 所示。典型组合式弹托如图 7.25 所示。在弹托前端采用喇叭口设计，弹丸进入分离腔后，腔内空气在喇叭口区域形成高压滞止区，使弹托获得侧向运动的力和力矩，进而偏离弹丸运动弹道，最后被弹托挡板拦截。

弹丸与弹托分离后的着靶姿态和在挡板上的撞痕如图 7.26 所示。试验结果表明，气动式脱壳装置在弹速 1000~6000m/s 的范围内均能起到良好的脱壳效果。

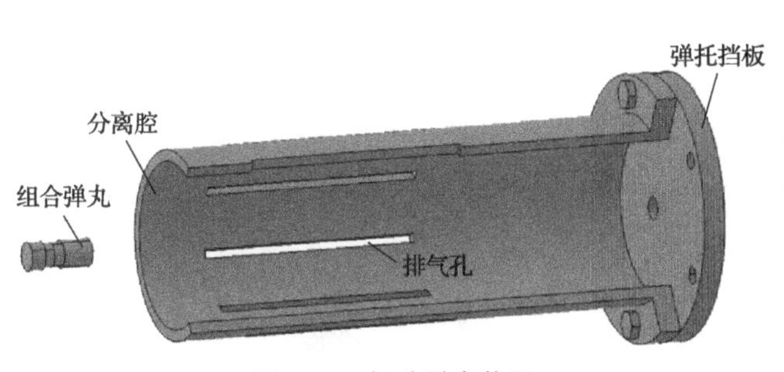

图 7.24　气动脱壳装置

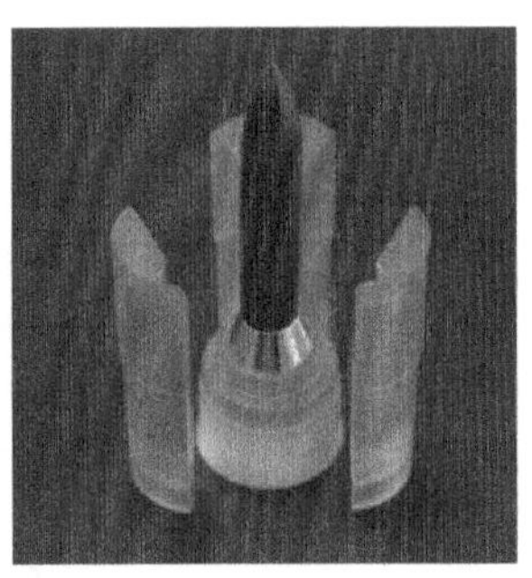

图 7.25　典型组合式弹托

(a) 弹丸与弹托分离后的着靶姿态

(b) 弹托与弹丸分离后在挡板上的撞痕

图 7.26　气动式脱壳装置脱壳效果

3. 超高速摄影技术

超高速碰撞过程伴随剧烈的能量释放而产生强烈的自发光，对试验现象的观察造成很大的干扰。阴影成像和脉冲 X 射线照相可以克服这一不良影响。

1) 阴影成像

超高速弹体侵入靶体的时间尺度为 10μs 量级，需要采用大功率光源配合超高速相机才能捕捉这一瞬态过程的光学影像信息，以大功率连续激光器为光源，辅以窄带滤光系统，建立阴影成像系统可实现超高速侵彻过程动态观察。阴影成像试验系统组成与典型成像结果如图 7.27 所示[9]。试验系统主要部件包括：大功率激光光源、阴影仪和超高速分幅相机。如采用 10W-532nm 连续激光光源可以确保高速相机以 20ns 的曝光时间获得试验图像。超高速撞击过程阴影成像系统可用于研究弹体侵彻过程加速度、侵彻过程弹体断裂破碎、侵彻初期靶体破片分布、弹体前驱冲击波与靶体间的相互作用，以及靶体自由面速度二维观测等重要信息。

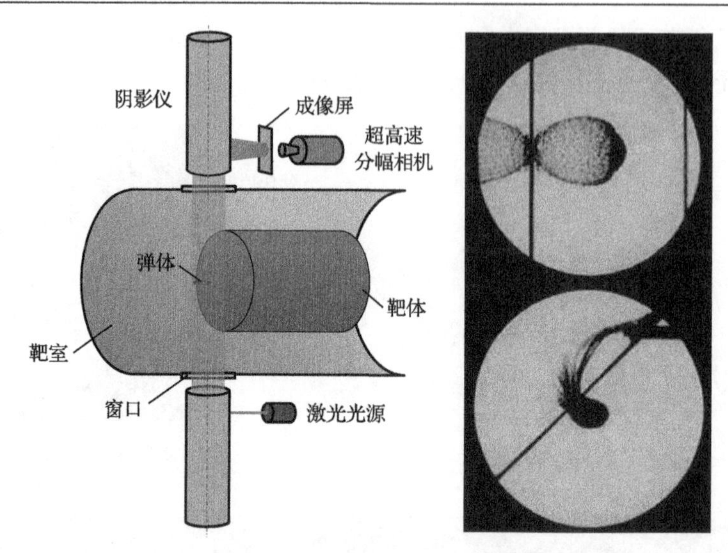

图 7.27　阴影成像试验系统组成与典型成像结果[9]

2)脉冲 X 射线照相

脉冲 X 射线照相不仅能克服超高速相互作用自发光的影响，同时能够穿透物体，发现物体内部密度的变化和内部物体位置与形状的改变。通过脉冲 X 射线照相可以观测弹体实时侵彻路径、弹体变形、弹头形状、弹坑形态和弹靶界面等现象。典型脉冲 X 射线照相装置示意图如图 7.28 所示。采用外部触发信号控制脉冲 X 射线光机发光时序，脉冲 X 射线的脉宽为亚微秒级，射线经过弹靶相互作用区之后在专用胶片(或数字成像板)上成像。由于弹靶相互作用时间短且可拍照片数量少，脉冲 X 射线照相成功的关键在于试验系统的同步触发和脉冲 X 射线光机阵列的时序触发，需准确预估目标现象的出现时刻，并提前做好试验参数设计。

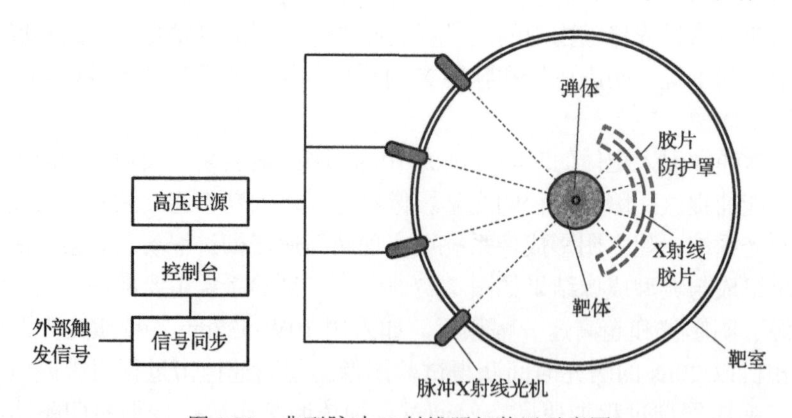

图 7.28　典型脉冲 X 射线照相装置示意图

根据成像原理，胶片的成像清晰度由静态模糊度和动态模糊度确定。为了获得更高质量的结果，一方面应减小 X 射线发光阳极尺寸(通常由光机型号决定)和胶片与靶体的距离以降低静态模糊度；另一方面应在保证曝光量的前提下尽可能缩短射线脉宽，从而降低动态模糊度。

4. 埋入式剖面参数测试技术

靶体内部参数反映了弹靶高速相互作用的时空演化规律，是研究超高速对地毁伤效应的关键。超高速对地毁伤效应的关键问题之一是地冲击应力的传播与衰减规律。在以岩石、混凝土等地质类材料为靶体的超高速试验中，地冲击压力测量面临应力波频率高、发散性强、信号弱以及介质非均匀化等难题。为了测量靶体内部应力波的传播规律，采用靶体分层浇筑、靶间布设传感器的方法，建立地冲击应力精细测量系统。采用岩石和陶瓷等材料制备分层靶时，作业过程分为以下四个步骤：

(1)将整块材料按需切割成分层块体，如果单层厚度较小，材料在切割时易产生翘曲变形，为了保证靶体层间的配合度，还需在磨床上进行精密磨削。

(2)用酒精清洗切割后的岩石或陶瓷表面，自然晾干后用 502 胶粘贴 PVDF 薄膜压电传感器，然后将整个分层靶表面涂覆环氧胶、刮平，并粘贴下一层靶体。

(3)待环氧胶固化后，重复步骤(2)，直到靶体达到所需厚度。

(4)用万用表检查传感器是否完好，确认完好后将外露的引线、接线端子等部位进行防水处理，套上钢制箍桶并浇筑混凝土，养护完成后即可开展试验。

上述步骤(2)中粘贴分层靶后，需要严格控制其层间相互错动，以防止损伤 PVDF 传感器。此外，超高速试验中采用的大尺寸靶体重量大，人工搬运困难，普通吊具无法夹持，需要设计专门的分层靶吊装系统。分层靶吊装系统示意图如图 7.29(a)所示，岩石分层靶如图 7.29(b)所示。

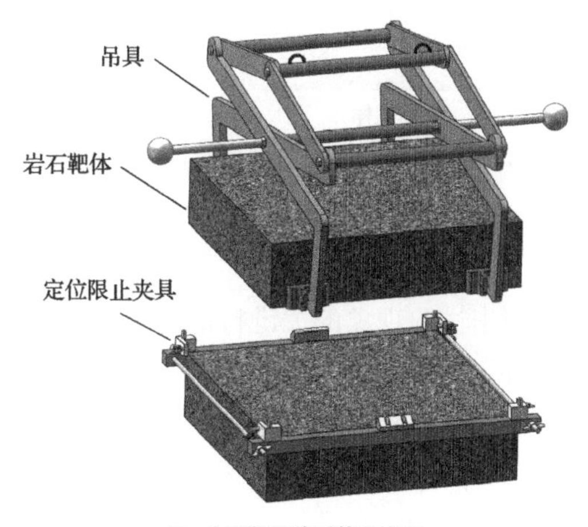

(a) 分层靶吊装系统示意图

(b) 岩石分层靶

(c) 混凝土分层靶

图 7.29　分层靶浇筑靶体示意图

混凝土分层靶制备过程为模具搭建、混凝土浇筑养护和传感器布设三个步骤的循环作业。传感器分层布设后引线如何引出是分层靶体制备的关键，可制造专门的靶架以便靶体制作。制好的混凝土分层靶如图 7.29(c)所示。

PVDF 压电薄膜传感器测量应力波示意图如图 7.30 所示。在靶体分层浇筑与传感布设完成后，将靶体吊入靶室内，按照图 7.30 所示采用 PVDF 压电薄膜传感器测量应力波。根据 PVDF 压电薄膜的压电特性可以测得不同截面应力波到达的时间、应力大小，进而计算冲击波传播速度和衰减规律。

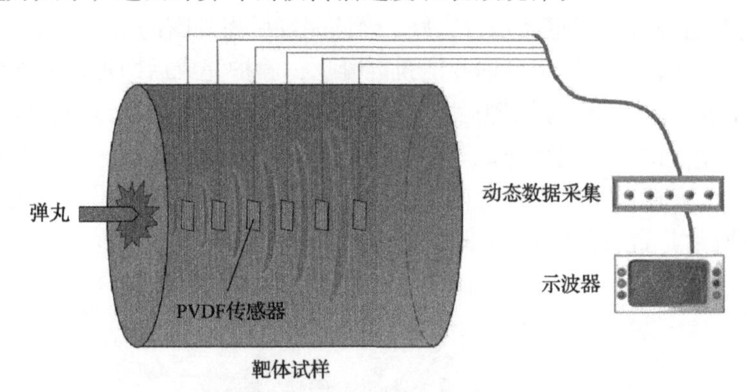

图 7.30　PVDF 压电薄膜传感器测量应力波示意图

5. 三维光学成像

成坑参数是超高速撞击试验现象的关键特征参数，传统测量手段只能通过测量获得弹坑深度和直径等二维参数。采用激光三维扫描技术可以对靶体破坏形态进行采集，然后将形貌参数导入计算机进行重构分析。靶体破坏形态立体重构系统如图 7.31 所示。利用该系统可准确获得弹坑三维形貌、最大侵深、弹坑体积和成坑轮廓等重要信息。

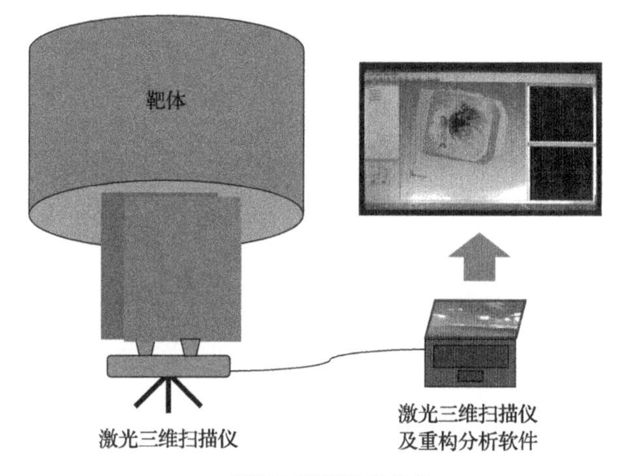

(a) 系统示意图及扫描结果

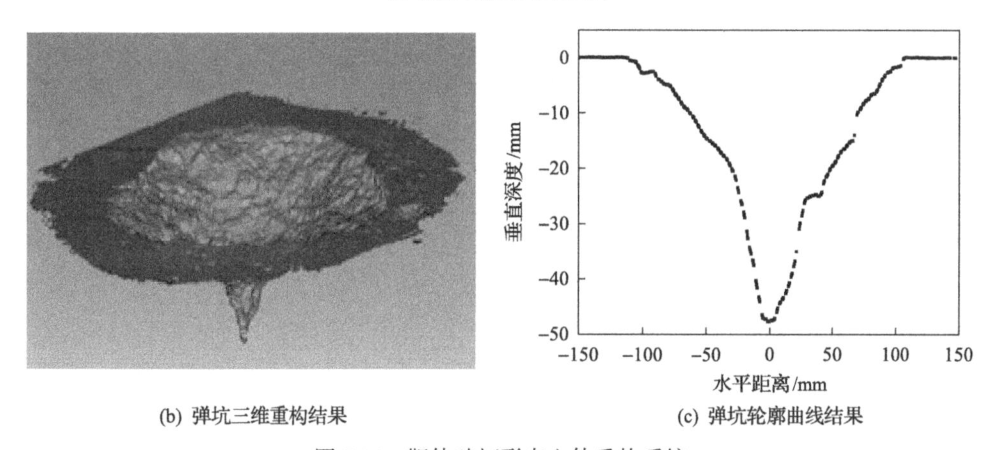

(b) 弹坑三维重构结果　(c) 弹坑轮廓曲线结果

图 7.31　靶体破坏形态立体重构系统

参 考 文 献

[1] 林大超. 爆炸地震效应. 北京: 地质出版社, 2007.

[2] 卢红标, 周早生, 严东晋, 等. 爆炸冲击震动模拟平台的研制. 爆炸与冲击, 2005, 25(3): 277-280.

[3] Seigel A E. The theory of high speed guns. Theory of High Speed Guns, 1965, 5(1): 329-338.

[4] 王金贵. 气炮原理与应用. 北京: 国防工业出版社, 2001.

[5] 林俊德. 非火药驱动的二级轻气炮的发射参数分析. 爆炸与冲击, 1995, 15(3): 229-240.

[6] 张向荣, 朱玉荣, 林俊德, 等. 压缩氮气驱动的高速气炮试验技术. 航天器环境工程, 2015, 32(4): 343-348.

[7] 李干, 宋春明, 程怡豪, 等. 二级轻气炮超高速试验技术及应用//第 5 届全国工程安全与防护技术学术会议. 南京, 2016.

[8] 张汉武, 李干, 王明洋, 等. 长杆弹机械式脱壳技术研究. 振动与冲击, 2019, 38(5): 169-172.

[9] 谢爱民, 黄洁, 宋强, 等. 多序列激光阴影成像技术研究及应用. 试验流体力学, 2014, 28(4): 84-88.

第 8 章　荷载效应试验装置

8.1　激　波　管

激波管是通过产生激波和利用激波压缩气体以模拟所要求工作条件的一种装置。激波管可应用于燃烧、爆炸和非定常波运动的研究以及压力传感器的标定。激波管结构简单，使用方便，广泛应用于空气动力学、气体物理学、化学动力学、航空声学以及防护工程等各个方面。防护工程领域是利用激波管内产生的一维非定常激波来模拟核爆炸空气冲击波，以进行防护工程效应和生物效应的试验研究。

8.1.1　激波管的工作原理

激波管的基本构造是一根内壁光滑、具有足够强度与刚度的管子，中间用一张膜片分隔成两段：高压段和低压段。激波管的低压段一般比高压段长 10 倍以上。高压段是封闭的，低压段可以是封闭的，也可以是开口的，防护工程试验用的激波管通常是开口的。开口激波管的基本构造和气体压力变化如图 8.1 所示。

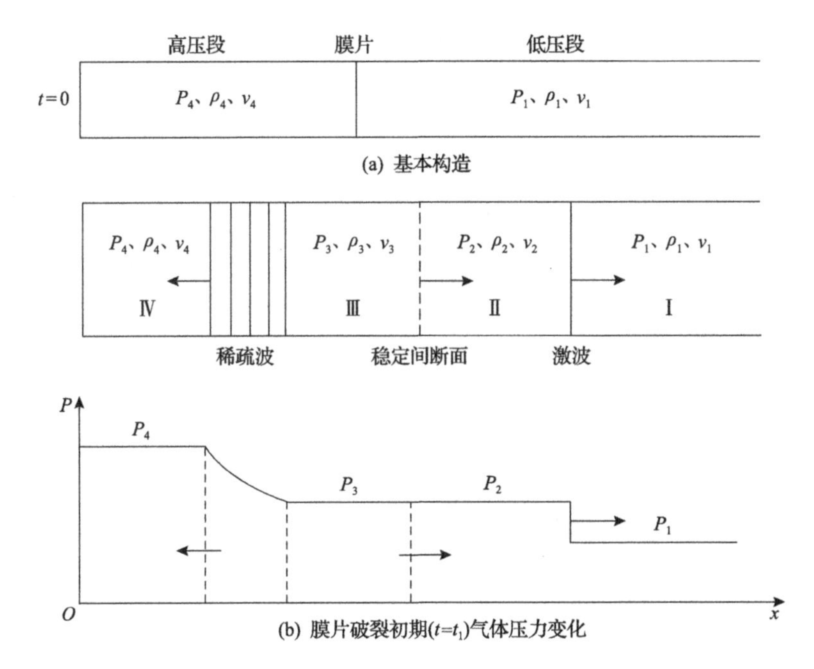

(b) 膜片破裂初期($t=t_1$)气体压力变化

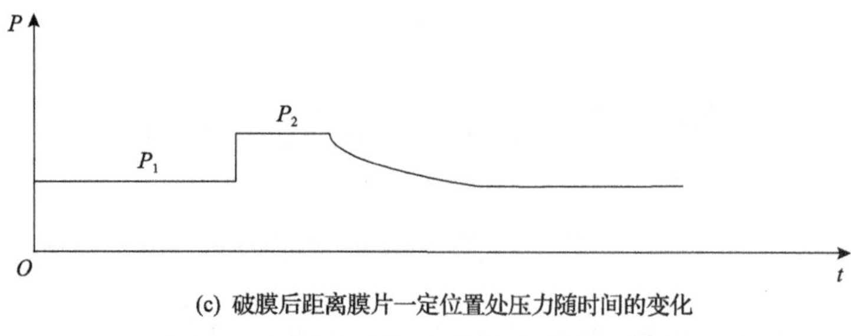

(c) 破膜后距离膜片一定位置处压力随时间的变化

图 8.1　开口激波管的基本构造和气体压力变化

激波管的高压段和低压段分别充满高压驱动气体和低压被驱动气体。膜片破裂后，高压气体膨胀，产生向右端低压气体中快速运动的激波和向左端传播的稀疏波。在这些波之间存在一个两侧气体密度不连续的界面，它以一定的速度与激波同向运动。

由冲击波理论可知，如果气流产生了激波，即出现压力的突跃(强间断)，在这个间断面的两侧，气流参数必然满足兰金-于戈尼奥条件。当激波管内膜片破裂后，膜片两侧的气体压力等参数是预先给定的，一般不满足兰金-于戈尼奥条件，膜片两侧的压力突跃是不稳定的。膜片破裂初期气体压力变化如图 8.1(b)所示。其中Ⅰ区是低压段的初始状态，在Ⅰ区中有一个激波向前传播。激波后的Ⅱ区的气流参数如压力 P_2、密度 ρ_2 和质点运动速度 v_2，相对于Ⅰ区是突跃变化的。在Ⅱ区与Ⅲ区之间有一个界面，界面两侧的气流参数关系为：$P_3=P_2$、$v_3=v_2$、$\rho_3\neq\rho_2$，且密度有突跃变化，这个界面称为稳定间断面。稳定间断面的传播速度与质点运动速度相同，所以也没有穿过该间断面的气体运动。Ⅳ区是高压段的初始状态。在Ⅲ区与Ⅳ区之间有一个从膜片位置发出的中心稀疏波向Ⅳ区方向传播，气流参数由Ⅳ区连续变化过渡到Ⅲ区。

Ⅰ区和Ⅳ区的气体参数是预先给定，现定性地说明Ⅱ区和Ⅲ区的气流参数是如何确定的。决定运动气体的状态需要 3 个独立的参数，如 P、ρ 和 v。Ⅱ区和Ⅲ区则共有 6 个未知量，在Ⅰ区传播的激波波阵面的传播速度 D 也是未知的，因此一共有 7 个未知量。根据冲击波理论，可以建立 P_2、ρ_2、v_2、D 与 P_1、ρ_1、v_1 的 3 个独立方程式；由气体一维非定常流动理论，可以建立 P_3、ρ_3、v_3 和 P_4、ρ_4、v_4 的两个独立方程式；再加上稳定间断面上的两个条件 $P_2=P_3$，$v_2=v_3$，一共有 7 个方程式。7 个未知量有 7 个方程式，这样就确定了Ⅱ区和Ⅲ区的气流参数和激波波阵面传播速度。在连续介质力学中，这类问题的提法，称为可压缩气流一维运动初始条件的间断。

选择高压段的气体参数时，初始状态的激波强度计算式为

$$P_{14} = \frac{1}{P_{21}}\left[1-(P_{21}-1)\sqrt{\frac{\beta_4 E_{14}}{a_1 P_{21}+1}}\right] \tag{8.1}$$

式中，$P_{14}=\dfrac{P_1}{P_4}$；$P_{21}=\dfrac{P_2}{P_1}$；$E_{14}=\dfrac{C_{v1}T_1}{C_{v4}T_4}$，其中，$C_v$ 为气体定容比热，T 为气体绝对温度；$\beta_4=\dfrac{\gamma_4-1}{2\gamma_4}$；$a_1=\dfrac{\gamma_1+1}{\gamma_1-1}$，其中，$\gamma_1=\dfrac{C_{p1}}{C_{v1}}$，$\gamma_4=\dfrac{C_{p4}}{C_{v4}}$，$C_p$ 为气体定压比热。

试验时，激波强度一般由仪器系统直接测试得到，而不用初始参数来计算，压力值也可通过激波马赫数来换算。

当中心稀疏波到达高压段的端部后将产生反射，反射稀疏波将又向低压段方向传播。破膜后距离膜片一定位置处压力随时间的变化曲线图如图 8.1(c)所示。此时反射稀疏波已在Ⅱ区向前传播。这种有一段短时间恒定压力的衰减波形，或者是衰减的三角形压力波形，就是防护工程试验所需要的模拟核爆炸冲击波。激波管内的该处位置就是进行工程或生物效应试验的试验段位置。在防护工程试验中，激波管的气流参数通常是在实际试验中通过测量系统调试确定的。

8.1.2　激波管的性能与用途

激波管高压段的驱动源可以是压缩空气或火药燃烧，也可以是氧、氢混合气体燃烧或炸药爆炸。现有防护工程试验用的激波管是采用压缩空气和火药燃烧两种方法。用压缩空气驱动，在激波管内产生的冲击波超压一般是低于 1MPa。冲击波超压较高的试验，则需要用火药燃烧来驱动。一般来说，压缩空气比火药燃烧所获得的气流状态要稳定一些。

膜片材料应根据试验压力的大小来选择。试验冲击波超压较高时，可采用碳钢和纯铝质膜片；冲击波超压较低时，可采用薄钢膜片或赛璐珞膜片。若进行很低的冲击波超压试验，如生物效应或通风过滤设备的抗爆试验，也可用硬纸板膜片。试验中，为了实现膜片有规则地撕裂，避免膜片碎块损坏试验模型和测量仪器，通常选用质地均匀、纯度高且塑性较好的膜片材料，在膜片刻槽或用机械击针装置破膜，以保证膜片破裂按预定形式展开。

对于防护工程试验，激波管管内气流参数主要是冲击波超压和压力波形的正压作用持续时间。这可由压力测量系统和冲击波速度测量系统测定。根据兰金-于戈尼奥条件，激波运动速度与激波压力之间是有严格对应关系的。

激波管设备具有操作简便、模拟能力强、气流状态参数易于控制等优点，在

防护工程中得到广泛应用。由于激波管内能够产生冲击波的一维运动，激波管设备可以用于浅埋工事平面构件弹塑性工作阶段和破坏形态的模型试验，也可以用于出入口通道的防护性能试验，防护设备的抗力试验，以及生物抗冲击的效应试验。此外，激波管还可以用作压力测量系统的标定设备。

激波管设备的主要局限性是模拟冲击波的正压作用时间较短。实际核爆炸冲击波的正压作用时间为秒级左右，而激波管内冲击波正压作用时间大致要低一个量级(0.1s 左右)，但是比化爆冲击波正压作用时间(毫秒级)要长。此外，用于防护结构试验的激波管，由于试验模型的加载面积受到限制，加载范围较小，受到试验边界与尺寸效应的影响，试验误差可能会增大。

8.2　地下核爆炸成坑效应模拟装置

地下核爆炸成坑效应模拟装置主要用于模拟地下核爆炸引起的地表抛掷飞散、鼓包隆起和塌陷成坑等破坏效应。该装置以真空室爆炸模拟试验方法[1,2]为基础，能够开展不同装药类型、地形和爆破参数条件下的大当量浅埋爆炸模拟试验，通过对模拟介质成坑形态、运动参数等物理参数的测量，定量揭示大当量地下浅埋爆炸作用的成坑规律；同时具备拓展功能，能为不同介质(水、空气、土)中化学爆炸模拟、爆炸冲击作用下小型结构和构件的动力响应、受限空间内部和生命线工程燃爆效应以及不同压力环境下爆炸冲击效应(潜艇、飞行器)等方面的研究提供试验平台。

8.2.1　地下核爆炸成坑效应模拟装置的工作原理

以真空室爆炸模拟试验方法为基础，爆源采用充有一定体积压缩气体的空腔模拟真实条件下充满气状生成物的地下爆炸腔体，真空室采用卧式不锈钢板容器罐体结构，通过真空泵组对密闭容器抽真空，降低模拟材料自由面的大气压力 P_a，采用与原型材料密度相近、黏聚力很小的散体材料如细石英砂作为模拟材料。将相似模拟材料放置于真空室中，相似材料一定深度处放置充有压缩气体的玻璃球罩，当相似材料自由面压力到达指定真空度时，启动爆源装置，玻璃球罩释放压缩气体把散体材料推挤出去，形成飞散弹坑，整个抛掷过程有高速摄影机记录。地下核爆炸成坑效应模拟装置的工作原理示意图如图 8.2 所示。

地下核爆炸成坑效应模拟装置主要由容器罐体、快开门密闭机构、爆源系统、真空泵组、测量控制系统组成。地下核爆炸成坑效应模拟装置主体结构如图 8.3 所示。地下核爆炸成坑效应模拟装置主体结构效果图如图 8.4 所示。

真空室是整个装置的主体，是试件样品和其他系统的搭载平台，主要包括基

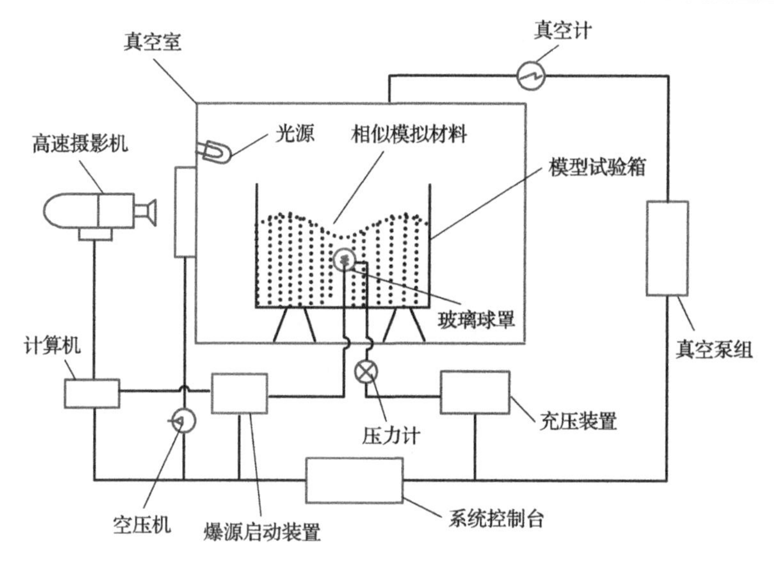

图 8.2　地下核爆炸成坑效应模拟装置的工作原理示意图

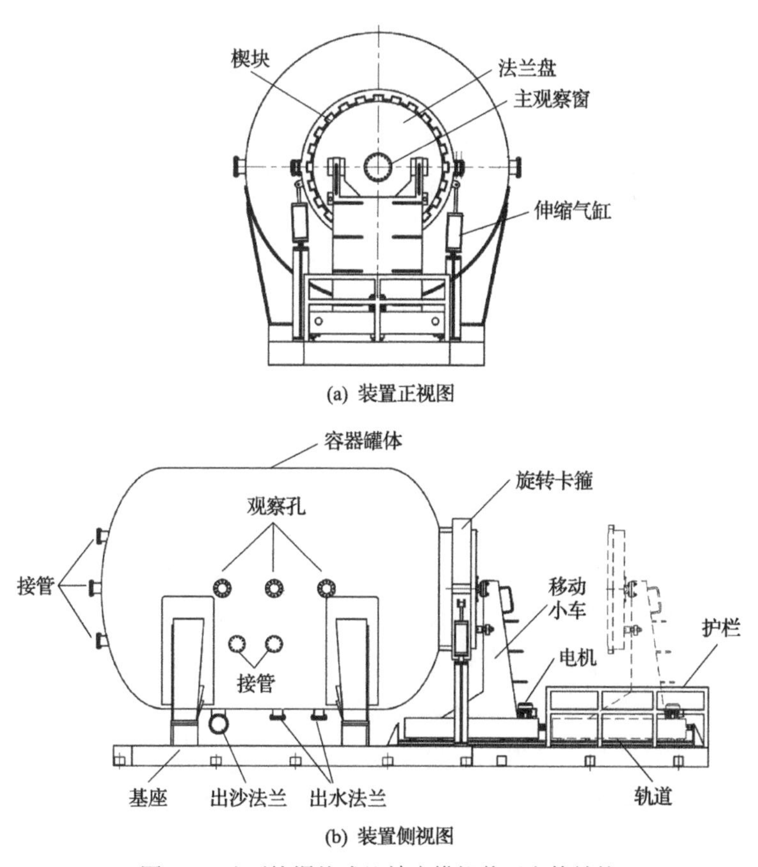

图 8.3　地下核爆炸成坑效应模拟装置主体结构

图 8.4 地下核爆炸成坑效应模拟装置主体结构效果图

座、罐体和辅助设备。罐体主体结构采用卧式设计，由不锈钢板和 Q345R 容器板组成的复合钢板加工而成。罐体外部缠绕隔音材料和玻璃钢层，内部放置高低可调的模型试验箱，四周为光学防弹玻璃，且满足高速摄影要求。罐体一端的法兰盘中心留有观察窗口，用于样品的进出和高速摄影图像数据采集。辅助设备包括轨道、护栏和各类标准法兰接管，用于测控线缆、起爆线缆的进出。

快开门密闭机构主要实现真空室的快速开启和密闭，由法兰盘、移动小车、旋转卡箍、伸缩气缸和空压机等组成。法兰盘置于移动小车上，通过电机驱动小车前后移动实现法兰盘与容器罐体的分开和闭合。采用齿啮式卡箍连接结构实现法兰盘和容器罐体的密闭连接。旋转卡箍两端与气动伸缩杆相铰接，气动伸缩杆的另一端固定在基座上，并通过换向电磁阀、气管与空压机相连。旋转卡箍和法兰盘外圆周方向上有均匀分布的楔块，两者楔块的倾斜方向相反，当气动伸缩缸驱动旋转卡箍转动一定角度时，法兰盘楔块和卡箍楔块之间利用斜面摩擦自锁原理实现旋转卡箍的锁紧和松开，达到容器罐体密闭和承压的功能要求。

地下核爆炸成坑效应模拟试验中，采用准静态压缩气体模拟爆炸空腔的高压爆生气体，爆源装置的功能要求是保证压缩气体瞬态释放的均匀性。陆军工程大学自主开发了一套柔爆索中心起爆爆源系统[2]，采用薄壁玻璃球罩模拟爆炸空腔，在玻璃球罩中心内置一定长度的螺旋状银皮导爆索，利用导爆索炮轰传爆产生的冲击波及飞散覆皮碎片击碎玻璃球罩，达到释放压缩气体的目的。

爆源装置由玻璃球罩、柔性导爆索、电雷管、起爆器、空压机、真空泵、电磁阀以及密封连接构件组成。当试验模拟比尺较大时，模拟爆源玻璃球罩中的气体压力可能低于 1 个标准大气压，因此也配置了小型真空泵。爆源装置工作原理示意图如图 8.5 所示。柔性导爆索一端拧成螺旋状置于玻璃球罩中心，另一端通过不锈钢管穿出密封塞，并与电雷管的锥形端相接，电雷管的起爆导线与起爆器相连。为了避免电雷管爆炸对周围设备及人员的伤害，电雷管外部用开孔钢制防护罩保护。玻璃罩底端通过气针、电磁阀与压力缓冲容器相连，压力缓冲容器上配有空压机和小型真空泵，为玻璃球罩提供压缩气体。电磁阀与直流电源相连，主要作用是避免多余气体进入玻璃球罩内部。

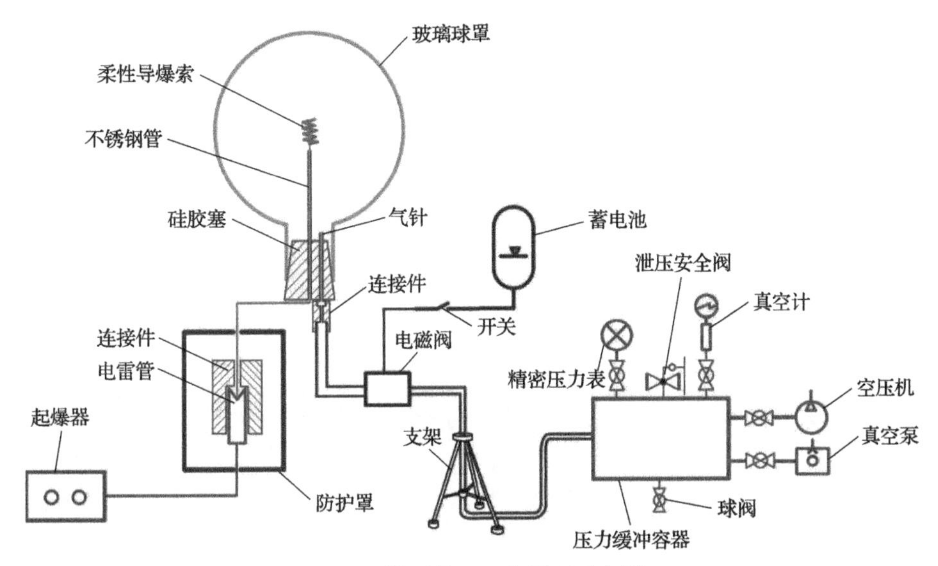

图 8.5　爆源装置工作原理示意图

真空泵组主要为容器罐体提供真空环境，由旋片泵、罗茨泵和各类连接管道和截止阀组成。真空泵组可在 0.5h 内使容器罐体内部的真空度达到试验指标。

8.2.2　地下核爆炸成坑效应模拟试验的测试方法

地下核爆炸成坑效应的测试控制系统主要包括相似散体材料的基本物理力学性能测量、抛掷飞散介质的动态追踪和整套装置的联动控制。相似材料关键力学性能指标参数如剪切强度参数的精确测量，可采用 FT4 多功能粉末流动性测试仪，利用剪切盒测试模块中的旋转剪切技术实现模拟相似材料的微弱剪切强度参数的测量。在爆炸飞散介质的动态测量方面，飞散介质动能参数主要通过高速摄影机、LED 投光灯、数据采集设备及分析软件测得；在地下爆腔的演化过程及地表塌陷弹坑形成过程动态模拟方面，通过采用半对称结构爆源结构设计和铺置多层示踪彩砂，追踪地层地表的塌陷运动变化情况。操控平台实现爆源装置、快开门密闭机构、真空泵组、高速摄影机等设备的联动控制。图 8.6 为美国 Neptune 地下核爆炸真空室模拟试验弹坑飞散发展变化镜头。

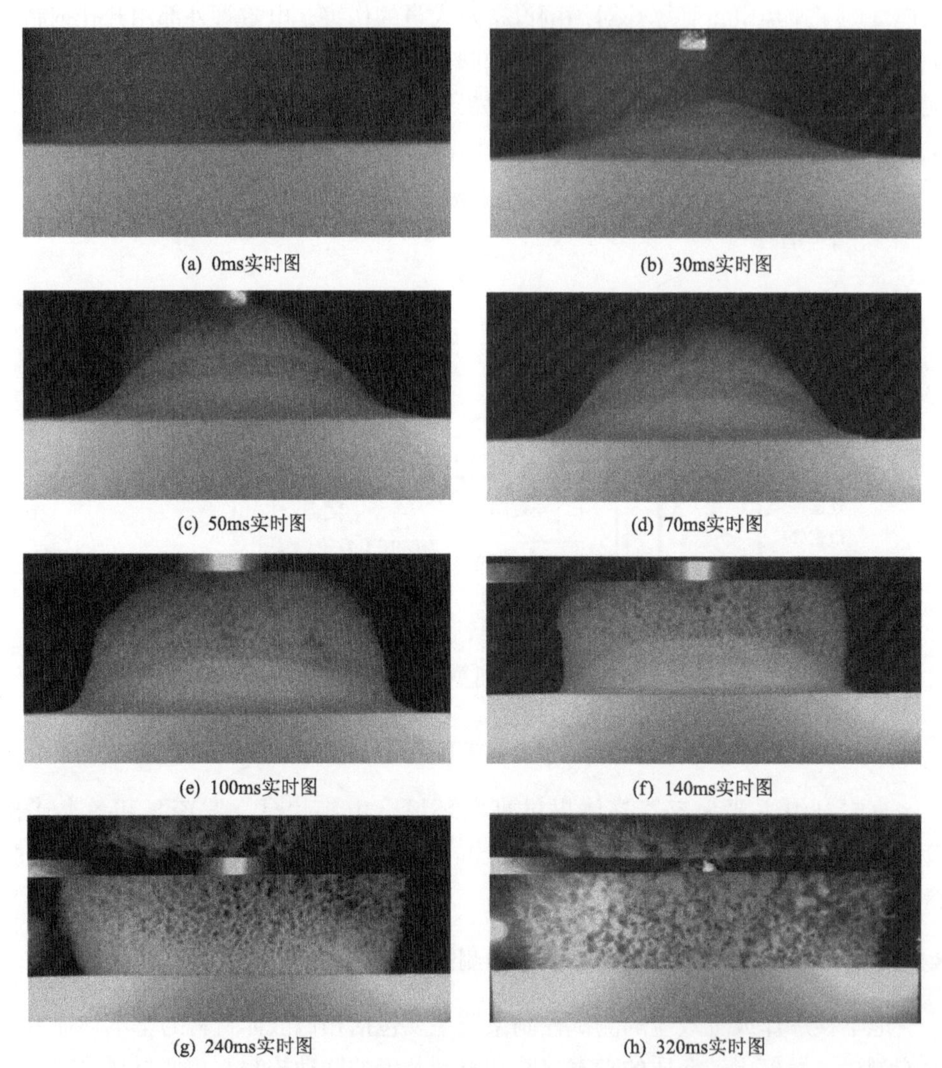

(a) 0ms实时图　(b) 30ms实时图　(c) 50ms实时图　(d) 70ms实时图　(e) 100ms实时图　(f) 140ms实时图　(g) 240ms实时图　(h) 320ms实时图

图 8.6　美国 Neptune 地下核爆炸真空室模拟试验弹坑飞散发展变化镜头

8.3　深地下爆炸效应模拟试验装置

8.3.1　深地下爆炸效应模拟试验装置的主要功能

深地下爆炸效应模拟试验装置能够表征高地应力赋存环境条件下岩石中封闭

爆炸产生的空腔膨胀[3-5]、介质变形和地冲击效应[6,7]，揭示高地应力与爆炸耦合作用对爆腔位移、介质运动破坏特征、应力波传播的影响机制[8]，获取爆炸近区和非破坏区的变形运动特征参数及地冲击参数[9,10]，为理论研究和深地下防护工程构筑提供直接的试验数据支撑。

8.3.2　深地下爆炸效应模拟试验装置的工作原理

深地下爆炸效应模拟试验装置的基本组成和内部结构如图 8.7 和图 8.8 所示。深地下爆炸效应模拟试验装置的工作原理：利用有机玻璃等透明工程材料模拟岩石，超高气压或液压模拟深部岩石的高地应力赋存环境，中心起爆微型药球作为爆源，粒子速度计测量爆炸近区介质的运动规律，高速摄影机记录爆炸近区介质破坏过程。深地下爆炸效应模拟试验装置测试流程如图 8.9 所示。试验准备就绪后，利用空气压缩机向承压容器中充入预定气压，由起爆控制系统发出放电控制信号，脉冲电源放电产生脉冲磁场，经过恰当延时，当脉冲磁场开始进入磁感应强度相对稳定的平台段时，控制系统发出起爆信号和多路触发信号，电磁粒子测试系统、脉冲照明系统和高速摄影被触发，最终得到粒子速度信号和高速摄影照片。试验后通过排气孔泄压，然后取出试验样品分析。

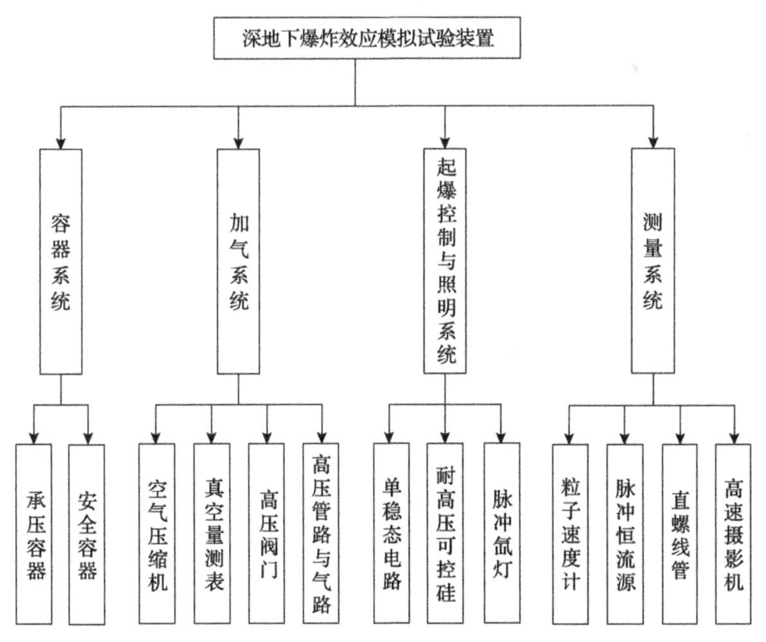

图 8.7　深地下爆炸效应模拟试验装置的基本组成

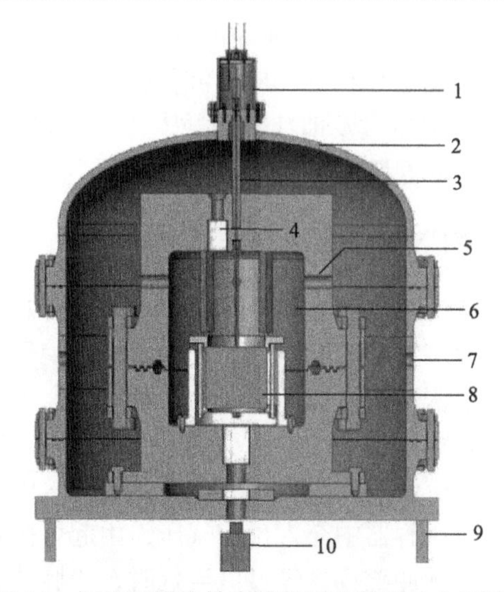

图 8.8　深地下爆炸效应模拟试验装置的内部结构

1. 雷管及雷管罩；2. 安全容器；3. 导爆索管；4. 脉冲氙灯；5. 空气压缩机注气通道；
6. 承压容器；7. 测试线缆出口；8. 岩石试件；9. 支座；10. 高速摄影机

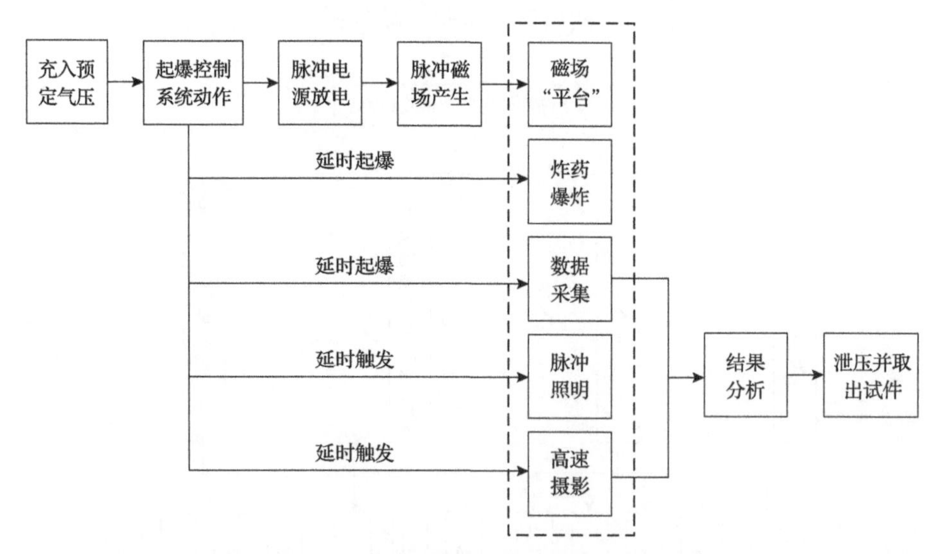

图 8.9　深地下爆炸效应模拟试验装置测试流程

8.3.3　深地下爆炸效应模拟试验的测试方法

1. 粒子径向速度测量

粒子径向速度测试原理示意图如图 8.10 所示。试件外侧包围有直螺线管，在直流电作用下将产生恒定的电磁场；当球形炸药爆炸时，固定在试件内部的圆

环型线圈向外快速扩张，每一环线圈垂直切割磁力线，根据法拉第电磁感应原理，有

$$\Delta E = BLnv_r \tag{8.2}$$

式中，ΔE 为感生电动势；B 为磁感应强度；L 为单个圆环型线圈周长；n 为直螺线管的匝数；v_r 为粒子径向运动速度。

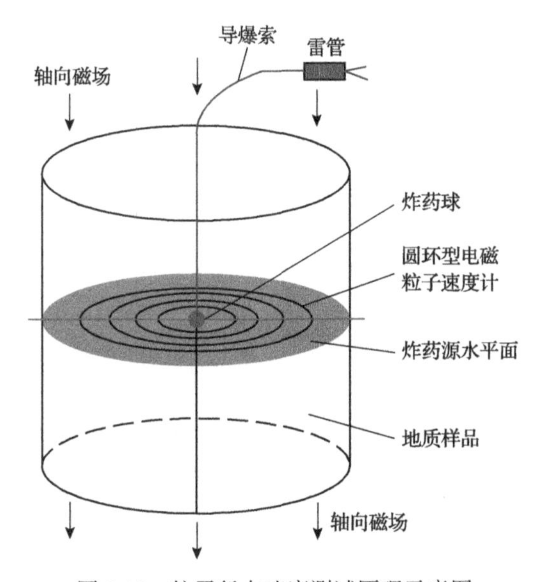

图 8.10　粒子径向速度测试原理示意图

由额定充电电压为 450V 的电容器组供电，螺线管内的磁感应强度可用精度为 ±0.1%F.S. 以上的特斯拉计进行标定，螺线管内脉冲磁场的磁感应强度与充电电压成正比。在中截面上产生的磁感应强度波形有约 4ms 的峰值平台持续时间(从雷管加电开始到测量结束，试验的有效测量时间小于 0.4ms，因此该试验系统满足脉冲磁场 4ms 持续时间的试验需求)。经过标定，在螺线管中截面上下各 15mm 的区域内磁感应强度是基本均匀的(不均匀性小于 ±0.3%)，但在径向随半径缓慢变化，越靠近螺线管壁磁感应强度越高。

由于圆环型线圈与试件始终保持完好黏结，线圈的运动与变形一致。根据式(8.2)，建立爆炸过程中介质粒子运动速度 v_r 与感生电动势 ΔE 之间的关系[11]：

$$v_r = \frac{\Delta E}{BLn} \tag{8.3}$$

利用数字示波器测得感生电动势ΔE，通过标定已知额定电压下的磁感应强度 B，已知线圈周长 L 和线圈匝数 n，因此，可得介质内部粒子的径向运动速度。

2. 压缩波波速测量

由于可以预先确定圆环型电磁粒子速度计的间距(即为设定的圆环型线圈间距)，假设第 i 个和第 i+1 个圆环型电磁粒子速度计测得的粒子径向运动速度时程曲线如图 8.11 所示。已知第 i 个与第 i+1 个速度计的距离为 s_{i+1}，由图 8.11 可以得到它们开始运动瞬间的时间差 t_{i+1}，可以得到爆炸压缩波在模型介质内部的传播速度，即

$$C_{\mathrm{P}}=\frac{s_{i+1}}{t_{i+1}} \tag{8.4}$$

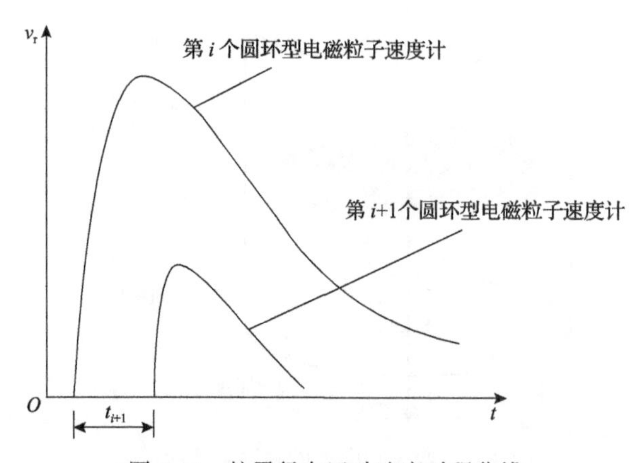

图 8.11　粒子径向运动速度时程曲线

3. 径向应力计算

根据爆炸近区径向应力与粒子运动速度之间的关系，可以得到模型全区域范围内的径向应力分布规律及时程曲线。粒子径向应力与径向速度关系为[12]

$$\sigma_{\mathrm{r}}=\rho C_{\mathrm{P}} v_{\mathrm{r}} \tag{8.5}$$

因此，可以得到爆炸过程中的 P-v 曲线和 C-v 曲线，为高地应力条件下岩石中爆炸效应研究提供直接的试验数据。

4. 间接试验数据

爆炸近区有 $\varepsilon_{\mathrm{r}} \gg \varepsilon_{\theta}$ (短应力波)，则有 $\varepsilon_{\mathrm{v}} \approx \varepsilon_{\mathrm{r}}=V/C_{\mathrm{P}}$ ，进一步可以得到爆腔附近的压力 P 与体积应变 ε_{v} 之间的关系，即[13]

$$P=f(\varepsilon_{\mathrm{v}}) \tag{8.6}$$

式(8.6)为爆炸近区状态方程，为高围压条件下爆炸近区动力响应研究提供了的试验数据。

5. 爆腔位移及裂纹观测

利用有机玻璃等透明工程材料模拟岩石，利用高速摄影等光学测试手段可以获取爆炸空腔膨胀过程以及裂纹扩展过程[14-18]。试验中有机玻璃模拟材料介质的裂纹尖端运动速度为783~1175m/s，空腔膨胀速度为600~800m/s。假设高速摄影机拍摄参数为200000帧/s，每帧时间间隔为 t=1/200000=5×10^{-6}s=5μs；每帧裂纹开展长度为3.92~5.88mm；每帧空腔膨胀位移为 S_2=3~4mm。对于0.6g TNT球形装药，最大装药半径为4.42mm；爆炸全过程可采集的裂纹帧数为17~21帧；可采集的爆腔位移帧数为2~3帧。高速摄影采集参数设定为200000帧/s满足试验测量要求。

参考文献

[1] 徐小辉, 邱艳宇, 王明洋, 等. 大当量地下浅埋爆炸真空室模拟相似材料研究. 岩石力学与工程学报, 2018, 37(A01): 3550-3556.

[2] 徐小辉, 邱艳宇, 王明洋, 等. 大当量浅埋地下爆炸效应抛掷成坑效应缩比模拟试验装置研制. 爆炸与冲击, 2018, 38(6): 1333-1343.

[3] 王明洋, 李杰. 爆炸与冲击中的非线性岩石力学问题Ⅲ: 地下核爆炸诱发工程性地震效应的计算原理及应用. 岩石力学与工程学报, 2019, 38(4): 695-707.

[4] Shi C C, Wang M Y, Li J, et al. A model of depth calculation for projectile penetration into dry sand and comparison with experiments. International Journal of Impact Engineering, 2014, 73: 112-122.

[5] 解东升, 宋春明, 王明洋, 等. 爆炸荷载下深地下硬岩的动力模型及其数值分析. 解放军理工大学学报(自然科学版), 2012, 13(3): 305-310.

[6] 王明洋, 李杰, 邱艳宇, 等. 基于能量原理的大规模地下爆炸不可逆位移计算方法. 爆炸与冲击, 2017, 37(4): 685-691.

[7] 王明洋, 李杰, 李凯锐. 深部岩体非线性力学能量作用原理与应用. 岩石力学与工程学报, 2015, 34(4): 659-667.

[8] 王礼立, 任辉启, 虞吉林, 等. 非线性应力波传播理论的发展及应用. 固体力学学报, 2013, 34(3): 217-240.

[9] 赵章泳, 王明洋, 邱艳宇, 等. 爆炸波在非饱和钙质砂中的传播规律. 爆炸与冲击, 2020, 40(8): 76-91.

[10] 邓国强, 杨秀敏. 由封闭核爆试验结果研究钻地核爆效应方法探讨. 防护工程, 2019, 41(6): 21-27.

[11] 唐阳纯. 爆轰测试方法基础(一)电测技术. 爆炸与冲击, 1984,(4): 78-85.

[12] 李运良, 王占江, 李进, 等. 重塑黄土内球面应力波粒子速度测量波形的拉格朗日分析. 工程力学, 2016, 33(9): 227-234.

[13] 付跃升, 张庆明. 钢筋混凝土中爆破漏斗特征尺寸研究. 北京理工大学学报, 2006(9): 761-764, 769.

[14] 龚敏, 贾聚平, 王德胜. 爆破模型的动态光测力学方法研究综述. 爆破, 2005(1): 7-12.

[15] Qiu P, Yue Z W, Zhang S, et al. An in situ simultaneous measurement system combining photoelasticity and caustics methods for blast-induced dynamic fracture. Review of Scientific Instruments, 2017, 88(11): 115113.

[16] 李清, 徐文龙, 郭洋, 等. 柱状炮孔端部爆生裂纹动态扩展力学行为研究. 岩石力学与工程学报, 2019, 38(2): 267-275.

[17] 王雁冰, 杨仁树, 丁晨曦, 等. 双孔爆炸应力波作用下缺陷介质裂纹扩展的动焦散试验. 煤炭学报, 2016, 41(7): 1755-1761.

[18] 郭东明, 刘康, 王雁冰, 等. 爆炸荷载对邻近巷道裂纹群影响规律动焦散试验. 煤炭学报, 2014, 39(S1): 64-69.

第 9 章　岩土介质中的结构试验装置

9.1　带软硬环的土中平面波加载装置

土中平面波传播是地下防护结构研究的重点，主要目标是根据爆炸波在土中传播规律确定土中防护结构上的荷载，用于防护结构的设计。带软硬环的土中平面波加载装置可用于研究典型或成层土中压缩波传播特性；测定土的动力性能参数；进行不同埋深的刚壁反射模型试验及无绕射情况下工事底板荷载特点试验；还可以进行土压传感器的标定。该装置采用了软硬环试验箱体以及保证箱体的轴向柔性和径向刚性技术，可以有效减少边壁摩擦力，保证加载器试验箱体中波传播的平面性。

9.1.1　带软硬环的土中平面波加载装置的工作原理

带软硬环的土中平面波加载装置如图 9.1 所示。该装置主要包括模爆器、软硬环箱体、支撑结构、钢筋混凝土基础等四部分。

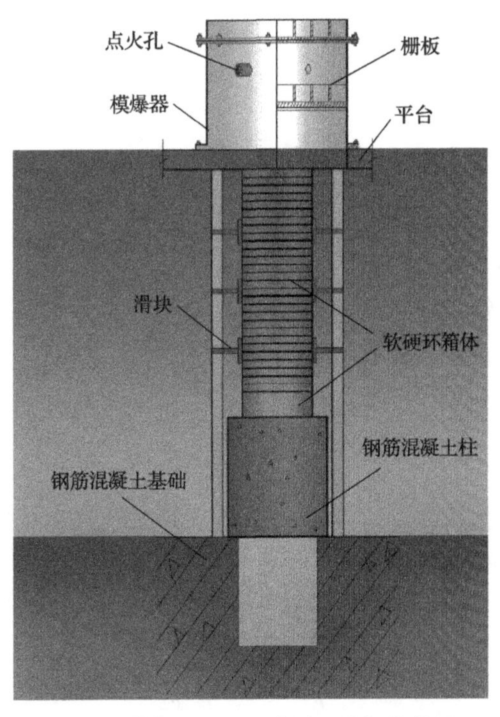

图 9.1　带软硬环的土中平面波加载装置

模爆器的作用是提供土介质表面超压动荷载。爆炸能量经扩散室扩散，然后从均压栅板过滤，经过过渡段作用到试验介质表面，形成均布的超压动荷载。通过改变爆炸药量、扩散室气孔开闭、栅板上均压孔大小及过渡段长度，可调整超压动荷载的峰值大小、升压时间及正压作用时间。

软硬环箱体是试验段主体，也是此设备的核心部分。软硬环箱体是由铝合金硬环和橡胶软环相间黏接而成，由软环保证箱体的轴向刚度足够小，使箱体和土体介质一起作轴向运动，从而实现轴向柔性。由于介质中压缩波传播时实现无横向变形的单轴应变条件，加之采用轴向柔性结构，大大消除了侧壁摩擦对平面波的影响。

支撑结构是一个钢框架结构，由四根立柱和钢平台组成。钢平台上安装模爆器，钢平台与基础台上端由四根立柱与下端的基础连接成一个整体，以保证试验时模爆器的稳定性。

钢筋混凝土基础为一筒状钢筋混凝土结构，上端固定钢平台，下端固定立柱及试验箱体下端。筒状钢筋混凝土结构基础下端采用抗拔锚杆，此锚杆一方面平衡因地下水位高时筒体的上浮力，另一方面平衡加载时由立柱传到基础的上拔力。

1. 装置的主要技术指标

1）加载性能

最大超压峰值≤1MPa，升压时间 5~25ms 可调，正压持续时间>50ms，平面波范围直径为 0.9m 圆面积大小。

2）试验土样

土样直径为 0.9m，高度小于 9.4m。土样类型为标准砂、砂质土、黏性土及饱和土。

3）主要尺寸

爆炸荷载发生器的高度为 1.4m，重量为 2.0t。软、硬环的内径为 0.9m，外径为 0.94m，单只硬环高度为 26mm，单只软环高度为 3.5mm，组环单节高为 0.3m，设备外形的总高度为 11m。

2. 装置的工作原理

如果试件箱壁在轴向比土样更柔软，则沿箱壁产生相对滑动仅仅发生在土样上端部分，直到由摩擦传给箱壁的力足以使它和土样协调变形为止，土样下端部分不再有土与箱壁之间的相对运动，也就不存在摩擦力，力的传递比公式为

$$\frac{F-V}{F}=1-\frac{2t}{r}\frac{E_{\mathrm{w}}}{E_{\mathrm{s}}} \tag{9.1}$$

式中，E_s 为土样平均变形模量；E_W 为箱体轴向平均变形模量；F 为施加总力；r 为土柱半径；V 为总摩擦力；t 为箱壁厚度；。

若取 t=2cm，r=45cm，$E_W/E_s = 1/4$，得 $(F-V)/F = 0.977$。即式(9.1)估算摩擦损耗约为 2%。因此采用软、硬材料轴向交替组成的试验箱体，由软环来保证箱体轴向刚度足够小，就能使箱体和土样一起作轴向运动，从而实现轴向柔性。

刚性试件箱的侧壁摩擦损耗沿试件全高度不断积累，而软硬环箱体只是在每一应力增量传播的初始阶段，在土柱顶部一小段箱壁上有侧壁摩擦损耗的积累，在此以下不再出现损耗。

假设试件箱上表面受载瞬间不动，当应力增量进入土柱传播时，试验箱顶部的土和箱体将会发生相对滑动，此时滑动摩擦力将使土中应力波中的很小部分能量传到箱体上，箱体被压缩与土体一起运动。与此同时，箱体具有的轴向刚度和惯性对箱壁附近的土起迟滞作用，使应力波阵面邻近箱壁土体部分落后其余部分。随着土中应力波的传播，在土的带动下，箱体的动能和弹性势能在软硬环组合单元之间向下传递。箱体逐步达到和土体同步运动，此后不再吸取能量。

对于软硬环组合单元，铝合金硬环的初始弹性模量比橡胶软环的初始弹性模量高 10^5 倍，这样硬环几乎不变形，变形主要集中于软环上，使得软硬环组合单元的应力分布是不连续的。然而土中应力波的质点速度和应变的分布却是连续变化的。因此，就软硬环组合单元体尺度而言，组合单元体和土体之间并非完全同步。但是试验证明，土体与单元内壁的相对滑动并没有增加侧壁摩擦损耗。分析其原因，第一，单元体高度远比应力波长小，在一个硬环高度上土体应变和质点速度变化不大；第二，单元体局部产生的摩擦力，在单元体附近被均匀化，在土体和单元体之间产生幅值很小的能量互相传递，彼此抵消，不存在土体在各单元体上的能量耗损累积。

因此，软硬环管体完全可以满足消除侧壁摩擦影响的基本要求。它吸取的轴向荷载能量很少，并且不随深度增加。因此，采用软硬环管做试验箱理论上是可行的。7m 高的干细砂中一维波传播试验表明，在整个试验砂样高度上，同一平面内土样中心和侧壁附近传感器的峰值大小差别小于 10%，波形走势基本一致，验证了软硬环管体消除侧壁摩擦的效率。

9.1.2　带软硬环的土中平面波加载装置的测试方法

箱体的软环和硬环用 502 胶或树脂胶黏结成为一体，对于饱和土试件需要保证箱体不漏水。试件高度可以通过调节钢筋混凝土柱的高度来调节。

试验过程中要同时监测硬环的环向应变大小，使得整个硬环的环向应变小于其屈服应变的四分之一，以保证整个试验装置的安全。对于不同的土样，重点关注的区域不同，对于非饱和土，重点关注和模爆器连接的区域；对于饱和土，要重点关注底座附近的区域。

在加载开始前，所有环体要通过图 9.1 中的滑块来保证其稳定性，加载时方可松开滑块约束，加载结束后要及时拧紧滑块。

模爆器产生的超压峰值与导爆索长度和栅板孔径的关系为

$$\Delta P_{\mathrm{m}} = \begin{cases} -0.01268L^2 + 0.18884L - 0.02928, & R = 1\mathrm{cm} \\ -0.01867L^2 + 0.22182L - 0.05712, & R = 1.5\mathrm{cm} \\ -0.0197926 + 0.24697L - 0.08579, & R = 2\mathrm{cm} \end{cases} \tag{9.2}$$

式中，ΔP_{m} 为超压峰值，MPa；L 为导爆索长度，m；R 为栅板孔径。

当预定试验超压峰值时，式(9.2)也可用于估算试验导爆索的长度。

9.2　深部围岩动静组合加载模拟装置

深部地下工程涉及矿山、交通、水利水电、核废料的深层地质处置、国家战略能源储备和国家战略防护工程等领域。超过 1000m 深的地下工程施工和遭受爆炸地冲击扰动，形成在高地应力作用下的“一高两扰动”(高地应力、开挖卸荷扰动、爆炸地冲击扰动)特征，出现的静、动特征科学现象，如分区破裂、岩爆、超低摩擦等，成为研究的热点和难点。

深部岩体构造特征具有非连续、非均匀、块系构造和含能特点，是复杂的含能地质体，变形破坏特征具有加卸载耦合、动静变形叠加、时空变化相关、破坏状态剧烈的特点，是复杂的非线性力学问题[1]。

深部岩体在开挖卸荷或爆炸扰动作用下的变形破坏具有非协调非相容特性，物理过程复杂，影响因素众多，理论分析和数值模拟难以准确进行。采用相似物理模拟试验的方法可以真实、直观地反映地质构造和工程结构的空间关系，能够准确地模拟开挖施工过程和爆炸扰动的影响，使人们更容易全面把握岩体工程的整体受力特征、变形趋势及稳定性特点，是研究大型岩土工程问题，特别是深部地下工程问题的一种行之有效的方法。

9.2.1　深部围岩动静组合加载模拟装置的主要功能

深部围岩动静组合加载模拟装置基于相似模拟原理，能够真实反映深部岩体的“一高两扰动”复杂地质力学环境[2]。利用该装置能够重复开展不同参数条件的试验，通过对试件内部应力场、应变场、损伤等物理量的监测，定量揭示“一高两扰动”下深部岩体灾变演化机制，建立深部地下工程灾害发生的条件与判据。

深部围岩动静组合加载模拟装置的主要功能如下：

(1)基于相似原理设计试件尺寸，具备多路液压同步加载能力，能够在试件不同边界长期稳定地施加不同压力边界，真实模拟深部岩体各种复杂的赋存地质力学状态。

(2)可模拟研究深部工程施工过程中开挖扰动对岩爆、分区破裂大变形、大体积塌方等灾害的诱导演化机制。

(3)能够施加爆炸载荷扰动，可模拟研究爆炸扰动对深部工程灾害演变的影响规律。

(4)具备多接口、多功能的测量系统，可实时监测仪器运行状态，及时准确获取试验条件件下试件内各物理参数，为基础理论研究提供数据支撑。

9.2.2　深部围岩动静组合加载模拟装置的工作原理

深部围岩动静组合加载模拟装置的总体结构框架如图 9.2 所示。深部围岩动静组合加载模拟装置主体部分主要包括基体平台、地应力模拟加载系统、开挖扰动模拟加载系统、爆炸扰动模拟加载系统。

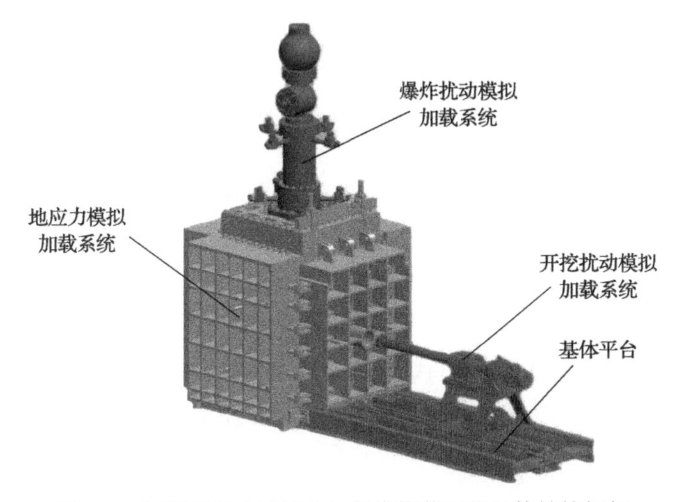

图 9.2　深部围岩动静组合加载模拟装置的总体结构框架

1. 基体平台

基体平台是整个装置的支撑部分，也是其他子系统的搭载平台。其组成部分为：地基平台，是整个试验装置的基础；反力架系统，承载模型试件，为地应力模拟加载系统、爆炸扰动模拟加载系统以及开挖扰动模拟加载系统提供接口。

基体平台作为整个装置的基础，在其上设置有快开门推拉油缸、模型试件升降移动平台，以及辅助开孔盖板、模型试件等部件移动的导轨，基体平台结构如图 9.3 所示。其中快开门推拉油缸主要用于推拉开孔盖板以及模型试件等，并使上述部件可在导轨上直线移动，以便于模型安装、定位以及传感器引线等。

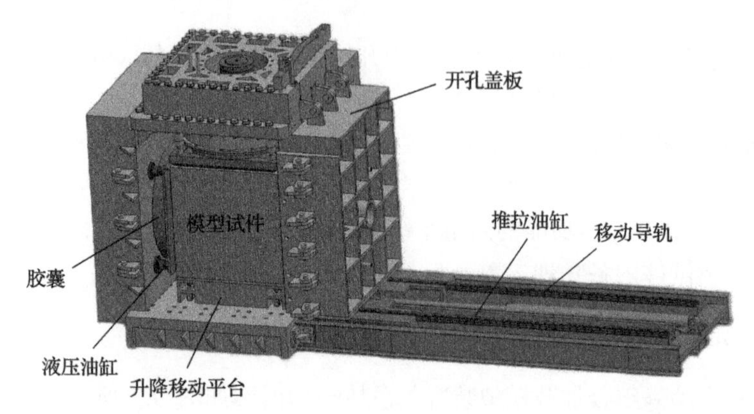

图 9.3　基体平台结构

2. 地应力模拟加载系统

地应力模拟加载系统用于模拟深部岩体初始赋存力学环境，能够对模型试件进行长期稳定的静态压力加载。主要包括液压站系统、液压加载智能控制系统和压力加载装置(液压油缸、胶囊)。

深部岩体初始赋存的高地应力环境属于静态荷载，采用液压油缸的方式施加静载，油缸作用面前端与模型表面之间放置较高强度耐压胶囊，胶囊内部加压充清水，以保证模型加载边界上的均匀应力场要求。为了保证模型加载时的稳定性，模型试件底部被动承载，其余五个方向主动加载。使用液压控制系统控制油缸内液体压力，具备多路液压同步加载能力，由于各个油缸之间相互独立，因此能够在模型试件不同边界上施加不同静态荷载，实现对模型进行真三轴加载。

3. 开挖扰动模拟加载系统

开挖扰动模拟加载系统的目的是模拟研究开挖强卸荷扰动下深部岩体的力学行为。开挖扰动模拟系统能够在计算机控制下完成圆形洞室的开挖，并实现开挖过程的实时监控，主要包括刀盘、刀柄、减速箱、交流伺服电机及支撑台架等组成。

4. 爆炸扰动模拟加载系统

爆炸扰动模拟加载系统的功能是产生动荷载扰动，并对模型施加爆炸地冲击扰动，主要包括储气罐、电磁阀、发射管、冲击弹、整形胶囊和活塞等。爆炸扰动模拟加载系统示意图如图 9.4 所示。

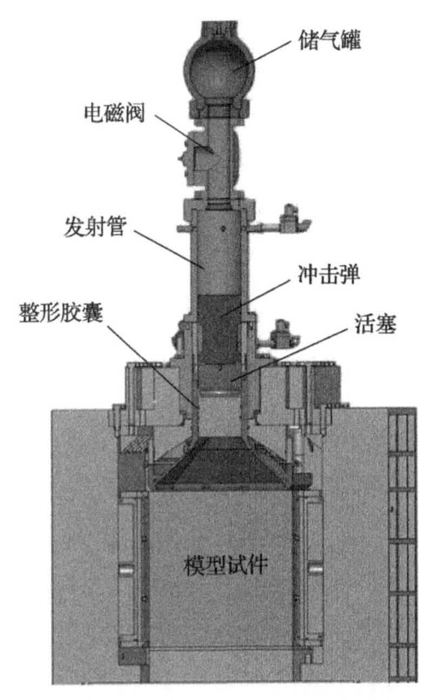

图 9.4　爆炸扰动模拟加载系统示意图

采用高压储能器进行动荷载压力脉冲的加载。储气罐内储存高压氮气，电磁阀打开之后，高压氮气驱动炮管里的冲击弹撞击活塞，经过锥形胶囊，最终作用于模型边界上，实现对模型试件的动态加载。锥形胶囊内部充满一定压力的清水，可实现对冲击波平面度的整形。

9.2.3　深部围岩动静组合加载模拟试验的测试方法

深部围岩动静组合加载模拟装置一方面需要监控装置的运行状态，主要包括液压装置压力和高压气体压力；另一方面需要准确获取模型试验过程中所需的物理量，通常包括模型内部压力、模型内部应变、模型内部位移和洞周收敛位移四个参量。

1. 模型内部压力的测量

在模型内部埋入压力传感器，可测试各测点处径向、环向和轴向压力，得到模型内压力场的分布情况。常用传感器有应变式传感器、压阻式传感器、压电式压力传感器。

2. 模型内部应变的测量

模型内部的应变可采用光纤光栅传感器和分布式光纤技术[3,4]。光纤光栅传感器由于其体积小，灵敏度高，耐腐蚀，抗电磁干扰，准分布式测量，可实现远距离的监测与传输等优点，在工程中得到广泛应用。分布式光纤传感系统原理是同时利用光纤作为传感敏感元件和传输信号介质，探测出沿着光纤不同位置的应变的变化，实现真正分布式应变的测量。

3. 模型内部位移的测量

模型内部位移的测量可采用光栅尺多点位移计的方法，是一种利用光栅的光学原理进行测试的方法[5]。光栅尺工作原理示意图如图 9.5 所示。由一对光栅尺中的主光栅（标尺光栅）和副光栅（指示光栅）进行相对位移时，在光的干涉与衍射共同作用下产生明暗相间的规则条纹图形，即莫尔条纹。然后经光电器件转换成正弦波变化的电信号，再经电荷放大及整形，得到两路相差 90° 的正弦波或方波，然后通过对脉冲计数，即可以得到光栅尺的位移。

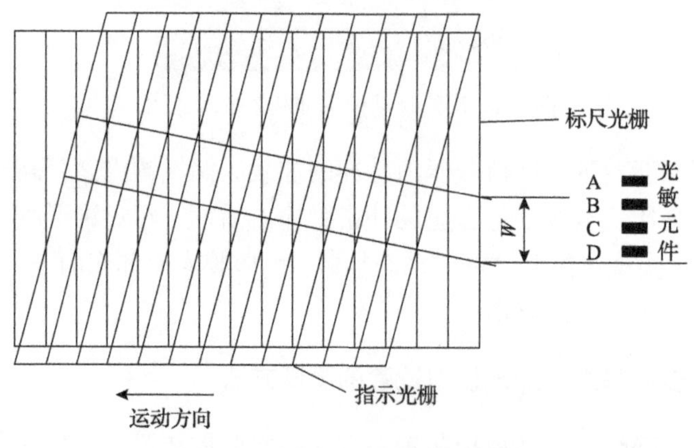

图 9.5　光栅尺工作原理示意图

4. 洞周收敛位移的测量

在深部地下工程中开挖隧道，因开挖卸荷作用，开挖好的隧道一般会向洞内收敛，洞周收敛位移一般为微小位移。小角法原理示意图如图 9.6 所示。基于此原理，通过全站仪测量测点的角度变化量，则其位移量δ的计算式为[6]

$$\delta = \frac{\Delta\beta}{\rho}L \tag{9.3}$$

式中，ρ=206265；L 为测点与观察点之间的距离；$\Delta\beta$ 为两次测量的偏移角值。

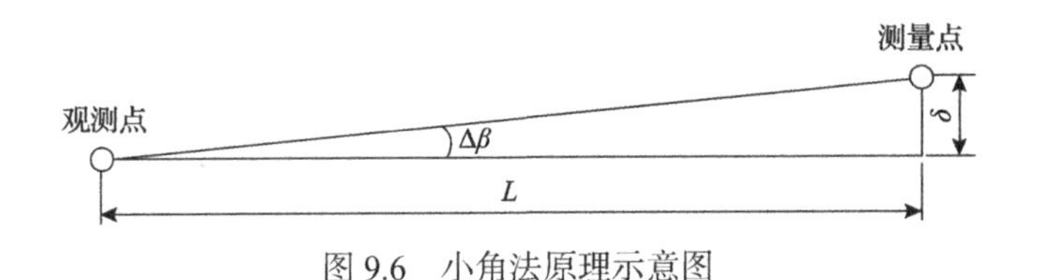

图 9.6　小角法原理示意图

参 考 文 献

[1] 钱七虎. 非线性岩石力学的新进展——深部岩体力学的若干关键问题//中国岩石力学与工程学会第八次全国岩石力学与工程学术大会. 成都, 2004.

[2] 李杰, 周益春, 蒋海明, 等. 非线性摆型波问题的提出及科研仪器研制. 湘潭大学自然科学学报, 2017, 39(4): 22-28.

[3] 董建华, 谢和平, 张林, 等. 光纤光栅传感器在重力坝结构模型试验中的应用. 四川大学学报: 工程科学版, 2009, 41(1): 41-46.

[4] 朱鸿鹄, 施斌, 严珺凡, 等. 基于分布式光纤应变感测的边坡模型试验研究. 岩石力学与工程学报, 2013, 32(4): 821-828.

[5] 王爱民, 陶记昆, 李仲奎. 微型高精度多点位移计的设计及在三维模型试验中的应用. 试验技术与管理, 2002, 19(5): 21-26.

[6] 祝昕刚. 小角法在变形监测中的应用. 地矿测绘, 2011, (4): 38-39.